高等学校教材

导弹可靠性、维修性、保障性理论与技术

刘 力　仵 浩　陈锋莉　段志伟
王 颖　李润玲　孙荣志　曹 健　编著
刘宇铮　左倍璘

西北工业大学出版社

西安

【内容简介】 本书系统阐述了导弹可靠性、维修性和保障性的基本概念、参数及指标、模型与方法、设计与分析等，围绕导弹维修保障系统的建立及运行规律，并对导弹系统可用度、导弹系统效能、导弹系统寿命周期费用分析、以可靠性为中心的维修、修理级别分析、导弹维修工作分析、导弹维修资源的确定与优化、导弹战场抢修和导弹贮存与延寿等内容也进行了论述。

本书可作为高等学校机械工程专业、系统工程专业、管理工程专业、导弹工程专业、可靠性工程专业、维修保障专业的教材和参考书，也可供导弹工程技术人员参考和使用。

图书在版编目（CIP）数据

导弹可靠性、维修性、保障性理论与技术 / 刘力等编著． —— 西安：西北工业大学出版社，2024.8.
ISBN 978-7-5612-9471-0

Ⅰ．TJ760.2;E927

中国国家版本馆 CIP 数据核字第 2024JY9188 号

DAODAN KEKAOXING、WEIXIUXING、BAOZHANGXING LILUN YU JISHU

导 弹 可 靠 性 、维 修 性 、保 障 性 理 论 与 技 术

刘力 仵浩 陈锋莉 段志伟 王颖 李润玲
孙荣志 曹健 刘宇铮 左倍璘 编著

责任编辑：朱晓娟		策划编辑：杨 军	
责任校对：张 潼		装帧设计：高永斌 李 飞	
出版发行：西北工业大学出版社			
通信地址：西安市友谊西路 127 号		邮编：710072	
电　　话：(029)88491757，88493844			
网　　址：www.nwpup.com			
印 刷 者：兴平市博闻印务有限公司			
开　　本：787 mm×1 092 mm	1/16		
印　　张：16.75			
字　　数：418 千字			
版　　次：2024 年 8 月第 1 版	2024 年 8 月第 1 次印刷		
书　　号：ISBN 978-7-5612-9471-0			
定　　价：69.00 元			

如有印装问题请与出版社联系调换

前 言

随着科学技术的不断进步,导弹正朝着体系化、电子化、自动化、高速化、智能化和精确化的方向发展。导弹越先进,对于导弹可靠性、维修性和保障性的要求就越高。这不仅是为了保持和恢复导弹良好战术/技术状态,而且是为了改善导弹战术/技术性能不可缺少的措施。

近几次的高科技局部战争表明,在空袭和反空袭作战中,导弹首当其用,很大程度上影响着现代战争的进程和结局,是信息化战场的"撒手锏"。导弹可靠性、维修性和保障性是发挥导弹作战效能的决定性因素,也是导弹质量的重要保障,直接影响部队战斗力的生成。导弹不但要求战术/技术性能优越,而且要求寿命长、故障少、易维修、易保障,以期达到最佳的费效比。

本书全面地介绍了导弹可靠性、维修性、保障性的基础理论,注重体现新武器装备和工程技术人才知识需求的特点。全书内容丰富,结构合理,涵盖面广,知识性强,基本反映了国内外导弹可靠性、维修性、保障性理论成果。全书共9章。第1章主要介绍导弹维修的定义和分类、维修保障系统、导弹维修设计和要求等;第2~5章主要介绍导弹可靠性和维修性的基本概念、参数及指标、模型与方法和设计与分析等;第6~9章是导弹维修工程分析和方法内容,紧紧围绕导弹维修保障系统的运行规律,介绍导弹保障性、导弹系统可用度、导弹系统效能、导弹系统寿命周期费用分析、以可靠性为中心的维修、导弹维修工作分析、导弹维修方案的确定与优化、导弹战场抢修和导弹贮存与延寿等内容。这些内容既适合于导弹论证、研制、生产过程,又涵盖整个导弹的使用和贮存过程,是导弹工程技术人员需要掌握的主要内容。

本书是笔者结合十几年教学和实践活动的体会编写而成的。本书的具体编写分工如下:段志伟负责第1章的编写工作,刘力负责第2~4章的编写工作,陈锋莉负责第5章的编写工作,仵浩负责第6章的编写工作,王颖负责第7章的编写工作,刘宇铮负责第8章的编写工作,孙荣志负责第9章的编写工作,曹健负责附录的编写工作,李润玲负责全书的绘图和公式编辑工作,左蓓璘负责全书的校核工作。

在编写本书的过程中,得到了空军工程大学校院领导、机关和西北工业大学出版社的鼎力支持,同时也参考了国内外相关的文献资料,在此一并表示诚挚的感谢!

由于水平有限,书中的不足之处在所难免,敬请广大读者批评指正。

编著者
2024年1月

书中的符号及其含义

可靠度 $R(t)$ 不可靠度 $F(t)$

故障密度函数 $f(t)$ 故障率函数 $\lambda(t)$

平均寿命 θ 可靠寿命 t_r

平均故障间隔时间 $\overline{T}_{bf}$ 维修度 $M(t)$

维修时间密度函数 $m(t)$ 修复率 $\mu(t)$

平均修复时间 $\overline{M}_{ct}$ 平均预防性维修时间 $\overline{M}_{pt}$

预防性维修频数 f 平均维修时间 $\overline{M}$

维修停机时间率 M_{DT} 任务准备时间 T_R

维修工时数 M_I 重构时间 M_{rt}

故障检测率 r_{FD} 故障隔离率 r_{FI}

虚警率 r_{FA} 战备完好率 P_{or}

固有可用度 A_i 可达可用度 A_a

使用可用度 A_o

目 录

第 1 章 绪论 ··· 1
   1.1 维修和维修保障系统 ·· 1
   1.2 装备维修思想及装备维修的发展趋势 ··· 3
   1.3 导弹维修性设计和要求 ·· 6

第 2 章 可靠性基础 ·· 8
   2.1 可靠性概念 ·· 8
   2.2 可靠性函数 ·· 12
   2.3 可靠性参数及指标 ·· 22
   2.4 寿命分布 ··· 28
   2.5 可靠性模型 ·· 30

第 3 章 可靠性技术 ··· 42
   3.1 可靠性分配 ·· 42
   3.2 可靠性预计 ·· 48
   3.3 主次图 ··· 55
   3.4 特征因素图 ·· 57
   3.5 故障模式、影响及危害性分析法 ··· 59
   3.6 故障树分析法 ··· 70
   3.7 可靠性试验 ·· 90
   3.8 导弹可靠性设计 ·· 96
   3.9 导弹可靠性影响因素 ·· 109

第 4 章 维修性基础 ··· 113
   4.1 维修性 ··· 113

4.2	维修性定性要求	114
4.3	维修性定量要求	118
4.4	维修性模型	124

第 5 章 维修性技术 … 129

5.1	维修性分配	129
5.2	维修性预计	132
5.3	测试与测试性	138
5.4	导弹基于状态的维修	148
5.5	导弹维修性分析	151

第 6 章 保障性基础 … 156

6.1	保障性与保障性分析	156
6.2	导弹系统可用度	160
6.3	导弹系统效能分析	164
6.4	导弹系统寿命、周期、费用分析	171

第 7 章 维修工程分析及方法 … 176

7.1	以可靠性为中心的维修	176
7.2	预防性维修周期的确定	190
7.3	修理级别分析	191
7.4	维修工作分析	197
7.5	维修资源的确定与优化	200

第 8 章 战场抢修与抢修性 … 208

8.1	战场抢修	208
8.2	制定战场抢修方案	212
8.3	战场损伤分析	216
8.4	战场损伤评估与修复分析	219

第 9 章 导弹贮存与延寿 … 230

9.1	概述	230
9.2	工作内容与原因和计划	233
9.3	技术措施和基本途径	235
9.4	导弹贮存可靠性	238

附录 ·· 242

    附录 1 常见的寿命分布及其模型 ··· 242

    附录 2 可靠性、维修性和保障性术语 ·· 245

    附录 3 环境因素对导弹可靠性的影响 ·· 248

    附录 4 固体火箭发动机的 FMECA 分析 ···································· 251

    附录 5 某导弹"引信瞎火"故障 FTA 分析 ································ 256

参考文献 ·· 258

第 1 章 绪 论

武器装备是军队战斗力的重要组成部分,武器装备的维修是保持、恢复乃至提高战斗力的重要因素。导弹具有结构复杂、技术先进、精度高、威力大等突出特点,必须确保导弹平时的稳妥、可靠,发射时的万无一失。认真学习导弹维修工程的有关理论和方法,实施科学、精细的维修,不但有利于导弹维修效益的提高,而且也有利于新型武器装备的研制与发展。本章主要介绍维修和维修保障系统、装备维修思想及其发展趋势、导弹维修性设计和要求。

1.1 维修和维修保障系统

1.1.1 维修的定义

维修是为了使武器装备保持、恢复或改善到规定状态所进行的全部活动。

维修及其活动应把握以下几个方面:

1)维修贯穿于武器装备全生命周期的各个阶段,包括论证阶段、方案阶段、工程研制阶段、生产阶段、使用阶段和退役阶段等。

2)维修的直接目的是保持武器装备处于规定状态,即预防故障及其后果,而在其状态受到破坏(即发生故障或遭到损坏)后,使其恢复到规定状态。现代维修还扩展到对武器装备进行改进,不断提升武器装备战术/技术性能。

3)维修既包括技术性的活动(如故障识别、定位和隔离、拆装卸、检测、调整和修复等),又包括管理性活动(如使用或贮存的监测、使用或运转时间及维修频率的控制等)。

1.1.2 维修的分类

按照维修的目的与时机分类,维修分为预防性维修(Preventive Maintenance,PM)、修复性维修(Corrective Maintenance,CM)、应急性维修(Emergency Maintenance,EM)和改进性维修(Improvement Maintenance,IM)。

1. 预防性维修

预防性维修是为预防产品故障或故障引发的严重后果,使其保持在规定状态所进行的全部活动。预防性维修活动包括清洗、擦拭、润滑、检测、调整、定期拆装卸和更换等。这些活动的目的是发现并消除潜在故障,或避免故障引发的严重后果,防患于未然。贯彻以可靠性为中心的维修思想,预防性维修适用于故障后果危及安全和任务完成或导致较大经济损失的情况。预防性维修通常可分为定期(时)维修和视情维修两种方式。

1)定期维修(Hard Time Maintenance)是装备使用到预先工作的间隔期,按事先安排的内容进行的维修。如军机每飞行 300 h 或 600 h 的定时检修,导弹的日、月、年维护和换季维护等。定期维修的优点是易制定维修方案,便于开展维修工作、组织维修人力和准备物资。定期维修适用于已知其寿命分布规律且确有耗损期的装备(如发动机、轮胎等)。这类装备的故障与使用时间有明确的关系,大部分装备能工作到预期的时间,以保证定期维修的有效性。

2)视情维修(On-condition Maintenance)是对产品进行定期或连续的监测,发现其有功能故障征兆时进行的有针对性的维修。视情维修适用于耗损故障初期有明显劣化征候的装备,并需有适当的检测手段和标准。视情维修的优点是维修针对性强,能够充分发挥设备的工作寿命,又能有效地预防故障发生。另外,部队作战训练中,如果兄弟单位发生事故,上级协查通报对特定装备(产品)进行排查也属于视情维修范畴。

2. 修复性维修

修复性维修也称修理(Repair)或排除故障维修。修复性维修是装备发生故障或遭到损坏后,使其恢复到规定状态所进行的维修活动。修复性维修包括下述一个或全部维修活动:故障识别、定位和隔离、拆装卸、分解、更换、再装、调校、检验及修复损坏件。

3. 应急性维修

应急性维修是作战或紧急情况下,采用应急的手段和方法,使损坏装备迅速恢复必要功能所进行的突击性修理。其中,最主要的是战场抢修,它又称为战场损伤评估与修复(Battlefield Damage Assessment and Repair,BDAR),是指在战斗中遭受损伤或发生故障后,采用快速诊断与应急修复技术恢复、部分恢复必要功能或自救能力所进行的修理。战场抢修虽然也是修复性的,但环境条件、维修时机、要求和所采取的技术措施与一般修复性维修不同。应急性维修包括切换、切除、重构、拆换、替代、原件修复和制配等。

4. 改进性维修

改进性维修是利用完成装备任务的时机,对装备进行经过上级批准的改进和改装,以提高装备的战术/技术性能、可靠性或维修性,或使之适合某一特殊用途的维修。

维修还有其他分类。按是否预先有计划安排,维修可分为计划维修(Planned Maintenance)和非计划维修(Unplanned Maintenance)。按照产品发生故障前主动预防还是发生后处理,维修可分为主动性维修(Active Maintenance)和非主动性维修(Reactive Maintenance)。

1.1.3 维修保障系统

维修的根本目的是保证武器装备的使用,进而保障部队的作战、训练和战备。因此,维修对军队来说属于保障工作。维修保障工作需要有人力、财力、物力的支持,特别是人员训练,备件及原材料、油料等消耗品供应,仪器设备工具及其补充,技术资料的准备及分发等。

维修保障系统(Maintenance Support System)是由装备维修所需的物质资源、人力资源、信息资源和管理方式及手段等要素组成的系统,是由硬件、软件、人员及其管理组成的复杂系统。

维修保障系统的功能是完成维修任务,将待维修装备转变为战术/技术性能符合规定要求的装备。在此过程中,需要投入各种有关特定作战任务、任务要求(信息输入)、能源、物资和人员输入等。维修保障系统的能力既取决于它的组成要素及相互关系,又同外部环境因素(作战指挥、装备特性、物资供应以及运输、贮存能力等)有关。维修保障系统的组成示意图如图1-1所示。

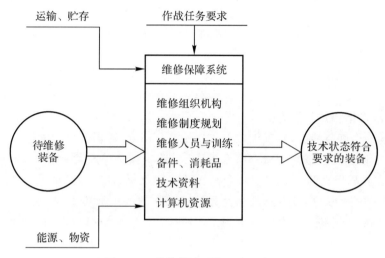

图1-1 维修保障系统组成示意图

1.2 装备维修思想及装备维修的发展趋势

1.2.1 装备维修思想

随着计算机技术和信息技术不断发展,信息化战争已经到来。为适应新军事变革,建设信息化军队,打赢未来现代战争,对武器装备维修工作的目标、规模、质量、效率、消耗等诸方面提出了新的要求,也对装备维修提出了新的思想理念。

(1)提高武器装备的战备完好性和保障能力

提高武器装备的完好性和保障能力是装备维修工作乃至整个武器装备建设的主要目标。应对作战节奏快、装备使用强度大、战损率高的战争,要求提高武器装备的战备完好性和持续综合保障能力。近几次的高科技局部战争中,美军的连续作战能力和高强度的出动能力,正是靠武器装备的高战备完好性和出勤率来保证的。海湾战争中,美军共出动飞机约36 000架次,投弹约21 000 t,平均每天出动约460架次,平均单架歼击机出动3.8架次/天,共发射巡航导弹1 300余枚,飞机、舰船的战备完好率达到90%以上。另外,提高武器装备完好性和保障能力,对提高部队的快速反应、应急机动作战能力将更为重要。

(2)高效、优质、低消耗的维修保障

高效就是要保障及时、便捷、迅速,缩短停机延误时间,适应信息化战争的要求。优质就是在保证维修安全的基础上,武器装备的维修质量高,能使武器装备达到良好的战术/技术性能,在战场抢修后能迅速恢复必要的功能或自救能力。低消耗则是维修消耗的人力、财力、物力要尽量少,达到很好的效费比,以减轻军费负担。

(3)提高武器装备的机动性和生存力

提高武器装备的机动性和生存力,是维修保障力量建设的重要内容。由于F-22战斗机取消了中继级维修,运送一个飞行中队(24架飞机)的保障设备、备件和人员等,仅需5~6架C-141B运输机。海湾战争中,美空军首批48架F-15C战斗机中有45架在接到命令后53 h内就从美国本土起飞并部署到沙特阿拉伯。目前,新型武器装备把提高维修保障系统的机动性和生存力作为装备研制的重要目标,采用各种高新技术,把许多检测、挂弹乃至制氧(冷)等设备搬到机(弹)上,减少地面保障设备、人员,以提高武器装备的机动性和生存力。

(4)提高战场损伤修复能力

提高战场损伤修复能力,实现维修与作战相结合,是应对信息化战争的迫切要求。第四次中东战争中,以色列参战坦克2 000余辆,在战斗中损坏840辆,由于及时修复,仅只有120辆损失,占参战坦克的6%,并且以色列军队将埃及军队遗弃的部分坦克进行快速修复,使战斗力得以加强。反之,埃及参战坦克为4 000辆,战斗中损坏2 500辆,由于缺少技术和配件,没有及时组织修理,坦克损失率为62.5%。结果,以色列由装备劣势转变为装备优势,而埃及由装备优势变为装备劣势,最终埃及失败。马岛战争中,英军损坏军舰12艘,在战争中修复了11艘,都是依靠战场抢修来保持和恢复军队战斗力。海湾战争中,美军动用了7艘修理船作为战区维修保障中心,对200多艘舰船实施了有效的前沿维修保障,在战争中抢修了"特里波利"号两栖攻击舰和普林斯顿号导弹巡洋舰。因此,不断提高武器装备战场损伤修复能力,对于作战空间和时间有限,但强度很大的信息化战争尤为关键。

1.2.2 装备维修的发展趋势

装备维修发展的主要趋势可以概括为以下几个方面。

(1)装备维修综合化(集成化)

集成或综合是信息化战争的要求和发展趋势。传统的维修主要是依靠少数维修人员技艺的作坊式维修作业方式。而现代武器装备结构复杂、功能多样,各种武器系统、信息系统等又构成一个庞大而紧密联系的体系,维修工作已经不能依靠个别人员技艺来完成。武器装备维修需要多方面的综合和集成,主要表现在:

1)维修与武器装备研制、生产、供应、使用等的集成。高新技术武器装备,维修问题必须在装备论证、制定方案时重视,提出维修保障要求,进行可靠性和维修性设计,建立和完善维修保障系统,真正实现全系统、全寿命管理。

2)装备维修与改进的集成。积极发展改进性维修,不断改善装备战术/技术性能,提高系统作战效能。

3)装备维修与其他保障工作的集成。装备维修与采购、验收、培训、贮存、运输、退役处理等以及装备保障与后勤保障工作,应当统一协调、紧密结合,战区主战、兵种主建,才能形成和提高战斗力。信息化战争中,这类问题压缩了时间和空间,将更加突出。

4) 联合作战与协同作战的维修集成。要把握联合作战与协同作战的特点,要求对武器装备进行系列化、通用化、组合化、模块化、电子化设计;同时,要求突破传统武器装备维修管理体系和模式,实行"集中管理,分散实施"。

5) 各种维修类型的集成。武器装备维修的发展,正在创造着新的维修方式或类型,除预防性维修(PM)、修复性维修(CM)、应急性维修(EM)和改进性维修(IM)外,还有以可靠性为中心的维修(RCM)、基于状态的维修(CBM)、预先维修(PAM)等。根据兵种和武器装备实际情况,灵活运用维修方式或类型,以便实施及时、高效、经济的维修。

(2) 装备维修精确化

装备精确维修(Precision Maintenance)是实现维修优质、高效、低消耗,提高装备可用性或战备完好性的主要途径。传统的维修是一种粗放型维修,会造成故障发生和资源浪费,甚至导致人为差错和损失。维修精确化要求在正确的时间、位置、部位,实施正确的维修。精确维修的主要基础是信息技术、故障诊断技术、人工智能技术、数据库、故障(失效)分析和各种维修工作分析与决策的研究和发展。

实现精确化维修的主要途径有:

1) 按照以可靠性为中心的维修(RCM)分析方法,制定维修大纲和方案。

2) 采用综合故障监测和诊断技术,提高故障定位、识别和隔离精确性。

3) 积极开展和应用故障预测技术、原位检测、人机智能软件和基于状态的维修。

4) 利用修理级别分析(LORA),合理确定维修级别、场所和内容。

5) 建立和发展远程支援维修方式。

6) 建立健全各级维修管理信息系统和数据库。

(3) 装备维修信息化

现代装备结构复杂,技术含量大,其维修过程已由传统的以修复技术为主,转变为以信息获取、处理和传输并做出维修技术与管理决策为主。因此,实施装备维修信息化,是缩短维修时间、提高维修效率、节约维修资源的关键。随着计算机和网络技术的不断发展,装备维修信息化将发生一系列变化:

1) 维修方案的变化。降低维修级别(许多高新装备由传统三级维修转变为二级维修),且分级维修将趋于模糊。

2) 维修方式的变化。由传统的以预防性维修和修复性维修为主,发展主动维修(预先维修、状态维修和故障检查),实现重点装备"近于零的损坏和停机"。

3) 维修目标的变化。实现精确维修,达到优质、高效和低耗损。

4) 维修资源保障的变化。通过自动识别技术、计算机和网络技术,实现全部资源可视化,达到维修资源的优化和配置。

5) 维修作业信息化。基于信息化或数字化技术及平台的应用,包括故障监测、故障自动识别、诊断和隔离、自修复(重构、余度设计等)、战场损伤快速检测与修复、远程维修作业(在线或在轨维修)、维修辅助设备(便携式维修辅助装置,Portable Maintenance Aids,PMA)、交互式电子技术手册(Interactive Electronic Technical Manual,IETM)、维修工作站/维修保障平台和基于虚拟现实(Virtual Reality,VR)技术的维修,等等。

6) 维修管理信息化。基于信息化或数字化手段的维修管理活动,如维修规划(方案)信息化、维修保障资源规划和维修组织网络化。

（4）装备维修绿色化

"绿山青山就是金山银山。"保护生态环境，倡导绿色环保是国家大战略。绿色维修是指资产维修消耗资源少、排出的废弃物少、不产生有害物质或其他污染，以利于生态平衡和社会持续发展。

实施绿色维修应当将保护环境意识贯穿于整个维修工作中，基本观点如下：

1）实现绿色维修首先在于产品设计中要考虑，绿色设计必须包括绿色维修特性的设计；产品维修性必须将减少维修对环境影响作为主要目标。

2）建立和实施故障的环境准则；把对环境的损害作为设备故障的主要判据，在新的以可靠性为中心的维修分析中已将环境危害作为安全性后果之一。

3）通过先进的技术和方法［如寿命周期评估（Life Cycle Assessment，LCA）］监测、鉴别和分析并采取消除维修过程对环境的损害。

1.3 导弹维修性设计和要求

1.3.1 维修性设计

维修性必须在导弹系统设计初期就要考虑。这样不仅有利于对导弹性能指标进行权衡与协调，而且在导弹设计中，维修性和后勤保障还存在着一种杠杆式的作用（见图1-2）；可把系统寿命周期看作是一个长杠杆，某支点所在的位置是寿命周期中考虑维修性与后勤保障的某个阶段。因此，在导弹论证和研制阶段，对维修性与后勤保障设计要求给予适当的投资，那么在使用阶段就能够节约维修保障经费，从而大大提高系统的效能。

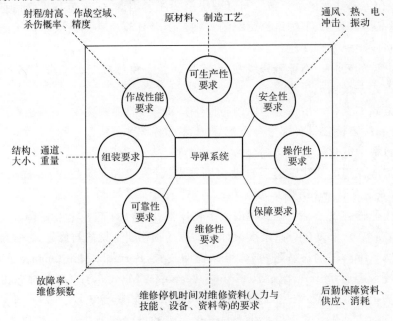

图1-2 导弹系统性能与约束条件

维修性设计是维修性工程的关键性工作,是维修工程在导弹研制与设计阶段必须考虑的主要内容,是满足导弹系统使用维修要求的不可缺少的重要设计工作。只有在导弹的研制与生产中充分考虑维修保障,做好维修性设计,才能确保导弹系统具有满意的可用性。

维修性设计一般包括维修性规范、维修性建模、维修性分配、维修性预计和维修性验证等。导弹系统维修性设计通常要考虑到导弹系统的设计阶段、维修的层次、维修工作过程和维修性设计因素。维修性设计在可行性论证、工程研制阶段、设计定型阶段要进行维修性建模、维修性分配、评审和验证,提出维修性规范,以确保系统设备的设计满足维修方案的要求。维修的层次是考虑在导弹系统的哪一个层次上进行维修。维修工作过程包括侦察、诊断、排除故障和检验。维修性设计影响所设计产品易维修程度,应对整个系统的可达性、模块化、互换性等予以考虑,缩短维修工作时间。

1.3.2 维修性要求

导弹系统是个由导弹、发射设备、制导设备、技术保障设备等组成的复杂系统。由于作战环境恶劣,战机稍纵即逝,要求整个导弹系统必须具有较高的可靠性与良好的维修性。良好的维修性集中反映在以最优的维修质量、最低的维修费用,以及最短的维修时间来保持和恢复导弹系统规定的功能。

导弹系统的维修性应有如下要求:
(1)减少维修项目和维修次数,以减少维修工作量
1)设备及其零部件应有足够长的可靠寿命。
2)定期维修的项目应尽可能少。
3)有故障自动防护措施。
4)能够预防或控制各种腐蚀,有足够的抗环境影响的能力。
(2)降低维修工作的难度与维修的复杂性
1)维修操作简单,提供良好的维修可达性和适当的维修操作空间。
2)零部件、单元位置安排要便于检查、拆装和维修,有便于检测的舱口与检测点。
3)零部件具有标准化、通用化和互换性。
4)对需要调校的参数有一定的调校裕度,有良好的稳定性,简便、易调。
(3)缩短维修停机时间
1)有自动检测与故障诊断装置,能迅速发现故障部位。
2)维修准备时间尽可能短。
3)提高单元的插件化,并有适当的储备单元,便于换件修理。
4)拆修的工具仪表简便、好用。
(4)减少维修差错,提高维修安全性
1)维修操作空间安全、可靠,对人、机有危险的部位应有防护措施。
2)具有防差错设计和识别标记。
3)操作与注意事项应有明确的规定,以文字、符号、标记作醒目的表示。
(5)注重人机结合,创造有利的维修条件
1)操作方便,便于移动、运输和贮存;
2)维修要符合人的生理条件(如体力、听力、视力、反应能力及适应性等)。
3)尽量减少笨重的、繁杂的、单调的、令人厌烦的维修操作。
4)减少维修人员,降低维修费用,便于组织、实施。

第 2 章 可靠性基础

随着科学技术的不断进步,导弹越来越先进,而使用环境日益严酷,维修保障费用不断增长,对导弹可靠性的要求也越来越高,这些都促使我们深入研究学习可靠性问题。本章主要介绍可靠性概念、可靠性函数、可靠性参数及指标、寿命分布、可靠性模型等内容。

2.1 可靠性概念

2.1.1 可靠性、故障与失效

1. 可靠性

可靠性(Reliability),是指产品在规定的条件下和规定的时间内完成规定功能的能力。可靠性是产品质量的重要特性,是产品设计目标之一。

这里所讲的"产品",是指研究的对象。产品可以是某个系统或设备、零部件或元器件等。产品与其功能和性能密切相关。例如,评价地空导弹的作战性能。地空导弹作为一类防御性武器,就要知道它的射高、射程、速度、制导方式、航路捷径、引战配合效率、杀伤概率以及武器系统抗干扰能力等战术/技术性能。若评价一部雷达的质量,就要考虑其分辨率、测角和测距精度、跟踪速度、频带范围以及峰值功率等性能。这些都是产品质量的一个重要组成部分,是使用方十分关心的指标。

可靠性定义中,"三个规定"是很重要的。

1) 规定的条件。规定的条件是指产品的工作条件和环境条件。工作条件包括能源条件、负载条件、工作方式、操作技术条件、维护条件等,环境条件包括温度、湿度、气压、振动、干扰等。这些条件都将直接影响产品的可靠性。条件越恶劣,产品的可靠性就越低,同一种产品在不同的工作条件和环境条件下可靠性是不同的。因此,在评价一种产品的可靠性时,必须明确其所处的工作条件和环境条件。例如,俄罗斯防空导弹在冬天(温度低)工作时故障率总体偏低,而在夏天(温度高)工作时故障率偏高。这是因为研制方俄罗斯是根据本国的环境条件进行设计的。

2) 规定的时间。规定的时间是指产品的使用时间或贮存时间,或相当于时间的指标,如元器件的动作次数、车辆的行驶里程等。产品可靠性是与规定时间密切相关的,这是可靠性定义的核心。一般来说,导弹使用或贮存的时间越长,由于元器件老化、设备磨损或腐蚀,其可靠性必然逐渐降低,所以一定的可靠性是对一定的时间而言。对时间的规定,视不同对象而有差别：对地面装备，往往要求十几年甚至更长时间仍能保持其功能；对导弹发动机、战斗部和其他火工品，只要求一次动作。另外，规定时间的长短，又随产品和使用目的不同而异。例如：对导弹，要求其在发射后几十秒内可靠地飞向并击毁目标；而对海底电缆，则要求其在几十年保持可靠工作。

因此，评价一种产品可靠性时，必须标明在多长时间内的可靠性，离开时间谈产品可靠性是无意义的。也就是说，可靠性是一个与多因素有关的、具有时间概念的质量指标。

3）规定的功能。可靠性是产品的质量特性，定义产品的可靠性，必须定义其功能。例如：电视机的功能是接收电台发出的电视信号，使之图像清晰、灵敏度高、伴音悦耳、色彩鲜艳；雷达的功能是搜索发现和跟踪目标，准确测出目标距离和方位。许多产品功能并不是单一的，而是多种多样的，如电视机还可以接入计算机、音响或手机。当产品达不到规定的性能指标时，称之为故障，也就是不可靠状态。因此，规定的功能要明确，它是可靠性不可缺少的标准。

能力是指在规定的条件下与时间内，完成规定功能的程度。能力是可靠性衡量的标准，无法用仪器测量，只有在大量的试验和分析基础上，进行统计估算。例如，要评价地空导弹的作战能力，一般会从对目标搜索跟踪能力、多目标攻击能力、精确制导能力、发动机能力、引战配合能力、战斗部毁伤能力、抗干扰能力、体系构建、组网作战能力、复杂战场环境作战能力等方面综合考虑。

总之，可靠性是构成导弹作战效能，并影响其全寿命周期费用的重要因素，是导弹战术/技术性能的重要组成部分，也是使用方（部队）非常关心的主要问题之一。

2. 故障与失效

故障是产品或产品的一部分不能或将不能完成（执行）规定功能的事件或状态。例如，灯管不亮，坦克、汽车不起动、方向盘失灵，枪、炮打不出去，机械产品漏油、漏液、卡死/卡滞、变形、裂纹、断裂、松动、脱落、磨损、腐蚀等，电子产品电压/电流输出/输入过大/过小、过载、线路短（断）路等都是故障。故障通常是对可修复产品而言的。

失效是产品丧失完成规定功能的事件或状态。"失效"是对不可修复产品而言的，如大多数的电子元器件等。

按照故障对产品任务的不同影响而将故障分为致命故障和非致命故障。所谓致命故障就是导致产品任务失败，即不能完成规定功能的故障。所谓非致命故障就是不会引起产品任务失败的其他所有的故障。

故障按发生的原因分随机（Random）故障和可预知（Predictable）故障。随机故障由偶然的因素（如过载、过压、过流、冲击、振动、人为差错等）引起。可预知故障主要由系统内部因素（如老化、退化、漂移等）引起。

故障按后果分灾难性（Catastrophic）故障，如人员伤亡、装备毁坏等；严重性（Critical）故障，如任务失败、重大经济损失等；轻微（Slight）故障，如指示灯坏、保险丝熔断等。

需要指出，有的武器装备一个小的故障会引发灾难性的后果，需要工程技术人员研究和反思。例如，1986年1月28日，美国"挑战者"号航天飞机升空后，因天气寒冷，发射装置结满了冰，美国国家航空航天局（NASA）却并没有取消发射，工作人员清理了仪器上的冰柱，控制台下令点火发射，最终低温导致右侧固体火箭助推器（SRB）的O形环密封圈失效，毗邻的外部燃料舱在泄漏出的火焰的高温烧灼下结构失效,使高速飞行中的航天飞机在空气阻力的作用下于发射后73 s爆炸解体,突然一声巨响,在空中形成了一个巨大的烟花(见图2-1),航天飞机消失在浓烟中,机上的7名航天员全部罹难。这次灾难性事故导致美国航天飞机飞行计划冻结长达32个月之久。其实,负责这次火箭推进器制作的工程师罗杰早就提出,低温会导致助推器O形环失效,警告NASA管理层终止发射,但因为数据不充分,没有被采纳。还有1985年的"发现者"航天飞机就是因为发射温度太低,有一个关键部件密封橡胶圈差点被烧毁。然而,这些都没有引起使用方的高度重视。

图2-1 美国"挑战者"号航天飞机升空爆炸场面

2.1.2 可靠性的分类

1. 基本可靠性与任务可靠性

从体现的目标出发,可靠性可分为基本可靠性和任务可靠性,它们分别对应寿命剖面和任务剖面。

(1)寿命剖面与任务剖面

寿命剖面(Life Profile)是指装备从制造完成到寿命终结这段时间内所经历的全部事件和环境的时序描述。寿命剖面是产品在整个寿命周期内经历的事件以及每个事件的持续时间、顺序、环境和工作方式,是确定产品将会遇到环境条件的基础。装备的寿命剖面如图2-2所示。

寿命剖面是产品在研制、生产期间进行设计、分析、试验及后勤保障分析等工作的依据,也是可靠性建模的必要前提。

导弹的寿命剖面是从产品由使用方验收合格到部队使用,将经历包装发货、运输、贮存、维护、测试、后勤运输、战勤值班、导弹发射、飞行、摧毁目标等不同事件。导弹的寿命剖面如图2-3所示。

导弹是长期贮存并一次使用的产品。在战备阶段,导弹通常处于战勤值班、待命停放状态。战斗任务期间,导弹完成发射和飞行。大多数导弹飞行时间很短,而贮存时间可以长达几十年。因此,导弹使用寿命的绝大部分时间处于非任务状态。在非任务期间由于各种事件(如装卸载、运输、贮存、维护、测试、延寿等)长时间的性能变化,将对导弹的可靠性有很大影响。

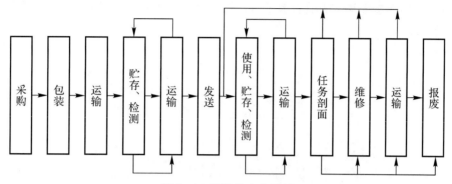

图 2-2 装备的寿命剖面

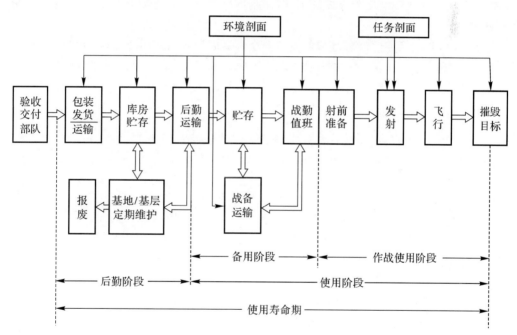

图 2-3 导弹的寿命剖面

任务剖面(Mission Profile)是指装备在完成规定或特定任务这段时间内所经历的事件和环境时序描述。它包括任务成功或致命故障的判断准则。多种产品和多类任务均可制定多种任务剖面。任务剖面一般包括产品的工作状态、维修级别、维修方案、产品工作的时间顺序、产品所处环境(外加或诱发的)时间顺序等。

导弹任务剖面是指导弹事先经过系统检查测试后,完成发射飞行任务的情况。这时导弹的任务剖面主要涉及导弹射前准备、发射、飞行、摧毁目标的各种事件、工作的时间和顺序以及整个过程所经受的各种环境条件。图 2-3 中的任务剖面指导弹在作战使用过程中完成射前准备、发射、飞行、摧毁目标等任务。

(2)基本可靠性

基本可靠性(Basic Reliability)是装备在规定条件下无故障的持续时间或能力。它说明装备经过多长时间可能要发生故障需要维修。基本可靠性可评估装备对维修和维修保障的要求，反映了对维修人力与维修费用的要求。确定基本可靠性参数时应统计整个全寿命周期内所有的故障。

(3)任务可靠性

任务可靠性(Mission Reliability)是在任务剖面规定的时间内和规定的条件下完成规定任务的能力。任务可靠性高，表示产品具有较高的任务成功率，它是评估装备作战效能的重要因素。

导弹存在的可靠性设计目标如下：

1)提高系统作战效能，用任务可靠性来表示的设计目标。

2)减少维修、后勤保障和降低寿命周期费用要求，用基本可靠性来表示设计目标。任务可靠性的度量只描述影响任务完成的事件，而基本可靠性则描述要求由后勤系统做出响应的全部有关事件。

需要指出：基本可靠性是衡量装备在整个全寿命周期内的使用能力，任务可靠性则是衡量装备在规定的任务时间内的使用效能。基本可靠性指标一般用平均故障间隔时间(MTBF)表示，任务可靠性的指标一般用任务可靠度表示。

2.固有可靠性与使用可靠性

产品的可靠性又可分为固有可靠性(Inherent Reliability)和使用可靠性(Operational Reliability)。

(1)固有可靠性

固有可靠性是指产品在设计、制造时赋予的可靠性。一种产品设计制造出来后，其结构、材料强度及制造工艺对它的影响都已固定下来了，它就具有相应先天的固有可靠性。要改变它的固有可靠性，只有产品的研发者可以控制。更改设计、更换材料与元器件、改进制造工艺及检验精度等，产品的固有可靠性随之也发生变化。

(2)使用可靠性

使用可靠性是指产品在实际使用时所呈现出来的可靠性，是产品在使用过程中，受到环境条件、使用条件、操作水平和维修等影响下所具有的可靠性。使用可靠性反映了产品设计、制造、使用、维修、环境等因素的综合影响。

2.2 可靠性函数

实际工程运用中，对于可靠性这一重要的质量指标，只有定性的定义或说明是远远不够的，必须要有定量的描述。只有这样，才能对各种产品提出明确的可靠性指标，使之在设计、生产中对产品的可靠性进行预测和评估，在使用维护中考察产品可靠性的现状和变化。

在给出可靠性数量特征时，要考虑如下两个特点：

1)在不同情况下要用不同的数量特征来表示产品的可靠性。这是因为对不同产品，人们关心其可靠性的侧面不同。例如:对一旦故障就会引起严重后果的产品(如发动机、火工品等),人们关心的是平均首次故障前的工作时间;而对一个故障后可修复,且故障后果并不严重的产品,则人们关心的是两次故障间的平均工作时间;对元器件,人们除关心它平均失效前的工作时间外,还常常关心其在某一瞬间或一段时间内失效的比例有多大;等等。这个特点决定了必须从不同侧面给出可靠性的不同数量特征。

2)故障随机性。对一个特定产品而言,到某一时刻,它可能已故障,也可能没故障;对可修复产品而言,两次故障间的工作时间可能有长有短,带有明显的随机性。这个特点决定了可靠性数量特征都是建立在概率分布的基础上。

"产品寿命"的含义。对不可修复的产品,寿命是指其失效前的工作时间 T(继电器、开关等则是指其失效前的工作次数)[见图 2-4(a)];对可修复的产品,习惯上往往是将其彻底报废前的工作时间(或次数)称为产品的寿命。在可靠性研究中,上述时间(或次数)称为产品的"全寿命",而产品的寿命是指其首次故障前的工作时间(或次数)T_1 或两次故障间的工作时间(或次数)$(T_2, T_3, \cdots)$[见图 2-4(b)]。

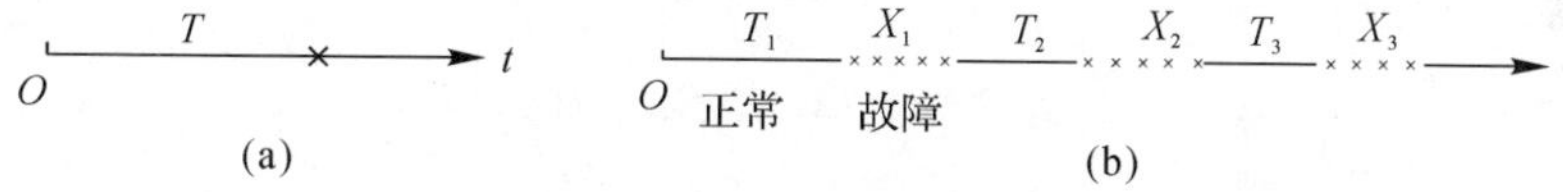

图 2-4 不可修复产品状态描述
(a)不可修复产品的寿命; (b)状态描述示意图

当然,T_1 与 $T_2, T_3, \cdots$,可能不服从同一分布,但为了叙述简便,在下面讨论中常把可修复产品的寿命记为 T,它既可代表首次故障前的工作时间(或次数)T_1,也可代表两次故障间的工作时间(或次数)$(T_2, T_3, \cdots)$ 等。

由于产品故障是随机的,因此产品的寿命 T 是个取非负值的随机变量。对大部分产品,T 是个非负的连续型随机变量,但某些产品(如继电器、开关等)的寿命 T 是个非负的离散型随机变量。有些产品的寿命本来是非负的连续型随机变量,由于测试条件的限制,只能采取等间隔的定期测试,于是得到该产品的寿命 T 是测试间隔的正整数倍,即实际上得到的寿命,是个非负的离散型随机变量。为叙述方便,下面介绍几个可靠性数量特征时,只以连续型的情况为例。

2.2.1 可靠度

1.定义

产品在规定的条件下,规定的时间 t 内,能够完成规定功能的概率称为产品在时刻 t 的可靠度,记为 $R(t)$。

若产品发生故障,把能完成其规定功能的时间称为产品的寿命 T,则"产品在规定条件下,规定的时间 t 内,能够完成规定功能"这一事件可表示为"$T>t$"。由于产品在使用或贮存中发生故障的时间(即寿命 T)是个随机变量,所以产品的可靠度 $R(t)$ 就是事件"$T>t$"的概率,即

$$R(t) = P(T>t) \tag{2-1}$$

就概率分布而言,可靠度又称为可靠度分布函数,且是累积分布函数。它表示在规定的使用条件下和规定时间内,无故障完成规定功能的产品数占全部工作产品数(累积数)的百分率。因此,可靠度 $R(t)$ 的取值范围是

$$0 \leqslant R(t) \leqslant 1$$

由于产品随着使用或贮存时间的增长,元器件不断老化和变质,机件不断磨损,其故障必然随之增多,所以产品的可靠度总是随时间递增而不断降低的,故 $R(t)$ 是 t 的递减函数(见图 2-5)。

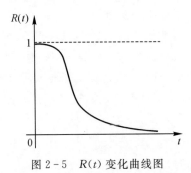

图 2-5 $R(t)$ 变化曲线图

2. $R(t)$ 计算

概率可用频率来解释,故可靠度 $R(t)$ 可用频率来近似计算。

当 $t=0$ 时,有 N 件产品开始工作,到时刻 t 共有 $n(t)$ 件发生故障,还残存 $N-n(t)$ 件继续工作,若发生故障的产品不进行更换或修理,则这批产品的可靠度为

$$R(t) = \frac{N-n(t)}{N} \quad (2-2)$$

式中:N—— 投试产品的总数;

$n(t)$——$(0,t)$ 内累积故障产品数。

按式(2-2)计算的可靠度,称为统计可靠度或经验可靠度。

由概率论可知,只有当投入使用或试验的产品总数 N 很大时,才可用频率来代替概率,否则会出现较大的误差。

例 2-1 有 100 个晶体管同时开始试验,到 1 000 h 时共有 5 个出现故障,1 500 h 时共有 14 个出现故障,求这批晶体管在 1 000 h、1 500 h 的可靠度。

解:产品总数 $N=100$;

$(0,1\,000)$ h 内累积故障数 $n(1\,000)=5$,残存数 $N-n(1\,000)=100-5=95$;

$(0,1\,500)$ h 内累积故障数 $n(1\,500)=14$,残存数 $N-n(1\,500)=100-14=86$。

由式(2-2)得

$$R(1\,000) \approx \frac{95}{100} = 0.95$$

$$R(1\,500) \approx \frac{86}{100} = 0.86$$

例 2-2 用 110 只某型号电子管进行寿命试验,每隔 400 h 测试一次,得故障数据(见图

2－6)，试估计各测试时刻的可靠度，并绘制 $R(t)$ 的图像。

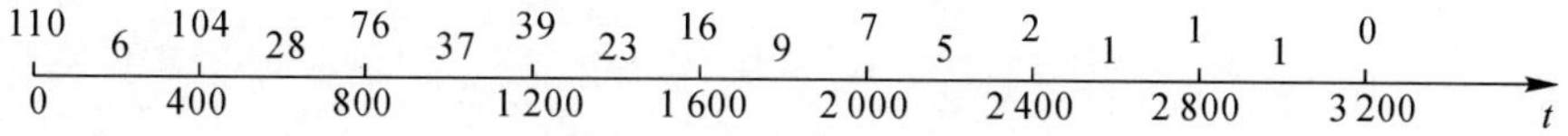

110 6 104 28 76 37 39 23 16 9 7 5 2 1 1 1 0
0 400 800 1 200 1 600 2 000 2 400 2 800 3 200
t

图 2－6　例 2－2 的故障数据图

解：由式(2－2)得

$$R(0)=1$$

$$R(400)\approx\frac{104}{110}=0.945$$

$$R(800)\approx\frac{76}{110}=0.691$$

$$R(1\ 200)\approx\frac{39}{110}=0.355$$

$$R(1\ 600)\approx\frac{16}{110}=0.145$$

$$R(2\ 000)\approx\frac{7}{110}=0.064$$

$$R(2\ 400)\approx\frac{2}{110}=0.018$$

$$R(2\ 800)\approx\frac{1}{110}=0.009$$

$$R(3\ 200)\approx 0$$

所得 $R(t)$ 的绘制图像如图 2－7 所示。

R(t)
1
0.90
0.75
0.50
0.25
0
500 800 1 000 1 600 2 400 3 200
t

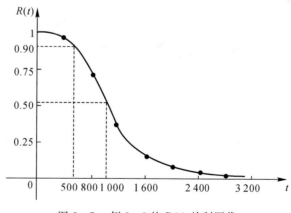

图 2－7　例 2－2 的 $R(t)$ 绘制图像

从图2－7上可以估计出不同时刻的可靠度值。例如，在 $t\approx 1\ 000$ h时刻，对应的可靠度为 $R(1\ 000)\approx 0.52$。

反之，若给定可靠度为 0.9，也可从图上估计出对应的时间 t，使得 $R(t)=0.9$，从图 2－7 可以看出 $t\approx 500$ h。

2.2.2 不可靠度

1. 定义

不可靠度定义为：产品在规定条件下，规定时间内，不能完成规定功能的概率，记为 $F(t)$。

同样，"产品在规定的条件下，规定的时间 t 内，不能完成规定的功能"这一事件可表示为" $T \leqslant t$"。这一事件的概率就是产品的不可靠度，即

$$F(t) = P(T \leqslant t) \tag{2-3}$$

不可靠度反映了产品在 t 时刻以前的累积故障情况，所以不可靠度就是 t 时刻的累积故障概率。由于 $P(T \leqslant t)$ 在概率论中表示随机变量 T 的分布函数（T 是产品的寿命），即发生故障的时间，因此，不可靠度也称累积故障分布函数。

$F(t)$ 的最大值为 1，最小值为 0，即

$$0 \leqslant F(t) \leqslant 1$$

很显然，"不可靠度"与"可靠度"是对立事件，所以，不可靠度随时间的变化规律与可靠度相反，$F(t)$ 是 t 的递增函数（见图 2-8）。

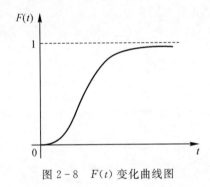

图 2-8 $F(t)$ 变化曲线图

由于

$$F(t) = P(T \leqslant t) = 1 - P(T > t) = 1 - R(t)$$

故

$$F(t) + R(t) = 1 \tag{2-4}$$

当 $t=0$ 时，$R(t)=1$，$F(t)=0$；当 $t \to \infty$ 时，$R(t)=0$，$F(t)=1$。

可见，对可靠度与不可靠度，只要知其一，就必知其二。

2. $F(t)$ 计算

$F(t)$ 与 $R(t)$ 一样也可用频率来近似计算。若 $t=0$ 时有 N 件产品投入试验，到时刻 t 有 $n(t)$ 件已出现故障，则这批产品的不可靠度为

$$F(t) = F_n(t) = \frac{n(t)}{N} \tag{2-5}$$

式中：$F_n(t)$ ——t 时刻累积故障频率，称为统计不可靠度或经验故障分布函数。

求解可得到例 2-1 中 1 000 h 与 1 500 h 的不可靠度分别为

$$F(1\,000)=\frac{n(1\,000)}{N}\approx\frac{5}{100}=0.05$$

$$F(1\,500)=\frac{n(1\,500)}{N}\approx\frac{14}{100}=0.14$$

2.2.3 故障密度函数

1. 定义

当故障分布函数 $F(t)$ 连续可求导时，$F(t)$ 对时间的导数，称为故障密度函数，记为 $f(t)$，即

$$f(t)=\frac{\mathrm{d}F(t)}{\mathrm{d}t} \tag{2-6}$$

故障密度函数是表示在时刻 t 后的一个单位时间 t 内，产品的故障数与产品总数之比，它是 t 时刻产品故障的变化速度的表征。

2. $f(t)$ 计算

故障密度函数，一般都采用统计所得数据得到的经验故障密度函数 $f_n(t)$ 表示：

$$f(t)\approx f_n(t)=\frac{\Delta F(t)}{\Delta t}$$

因为

$$F(t)\approx F_n(t)=\frac{n(t)}{N}$$

$$F(t+\Delta t)\approx F_n(t+\Delta t)=\frac{n(t+\Delta t)}{N}$$

$$\Delta F(t)=F(t+\Delta t)-F(t)\approx\frac{n(t+\Delta t)-n(t)}{N}=\frac{\Delta n(t)}{N}$$

所以

$$f(t)\approx\frac{\Delta n(t)}{N\Delta t} \tag{2-7}$$

式中： N——投试产品的总数；

$n(t)$——$(0,t)$ 内发生的故障数；

$n(t+\Delta t)$——$(0,t+\Delta t)$ 内发生的故障数；

$\Delta n(t)$——$(t,t+\Delta t)$ 内发生的故障数。

实际工程应用中，常需要根据一些统计数据计算 $f(t)$，并依据求得的 $f(t)$ 值，画出直方图，来考察可靠性的变化。

3. $f(t)$ 与 $R(t)$、$F(t)$ 的关系

由于 $F(t)$ 是一条连续曲线，所以 $f(t)$ 也是一条连续曲线。它随时间的变化过程取决于产品的寿命分布形式，但它与 $R(t)$、$F(t)$ 的关系是一定的。

由式(2-6)可知

$$\mathrm{d}F(t)=f(t)\mathrm{d}t$$

两边积分得

$$F(t) = \int_0^t f(t)\,\mathrm{d}t \tag{2-8}$$

由于 $R(t) + F(t) = 1$，因此对于连续型随机变量 t，有

$$f(t) = F'(t)\,[1 - R(t)]' = -R'(t) \tag{2-9}$$

以及

$$R(t) = 1 - F(t) = 1 - \int_0^t f(t)\,\mathrm{d}t = \int_t^\infty f(t)\,\mathrm{d}t \tag{2-10}$$

式(2-8)、式(2-10)说明，对于 $f(t)$ 曲线，它与 t 轴间的总面积为 1，而对任一时刻 $t_0 > 0$，有 t_0 左边的面积为不可靠度数值 $F(t_0)$，t_0 右边的面积为可靠度 $R(t_0)$ 值（见图 2-9）。

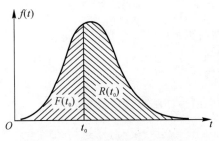

图 2-9　$R(t)$ 和 $F(t)$ 变化关系图

从上述讨论可知，$R(t)$ 或 $F(t)$ 可由 $f(t)$ 唯一确定。反之，$f(t)$ 也可由 $R(t)$、$F(t)$ 唯一确定，式(2-8)～式(2-10)就是它们之间的关系式。

2.2.4　故障率函数

产品故障率是可靠性理论中的重要概念之一。实践中，它又是产品可靠性的重要参数指标，很多产品（主要是电子元器件）就是用故障率的值来确定其等级的。

1. 定义

已工作到时刻 t 的产品，在时刻 t 后单位时间 Δt 内发生故障的概率称为该产品在时刻 t 的故障率。显然，它是 t 的函数，故称为产品的故障率函数，简称故障率，记为 $\lambda(t)$。

2. $\lambda(t)$ 计算

1) 设从 $t = 0$ 开始有 N 个产品投入使用或试验，到时刻 t 有 $n(t)$ 个产品故障，还有 $N - n(t)$ 个产品继续工作，再过 Δt 时间，即在 t 到 $t + \Delta t$ 间隔内又有 $\Delta n(t)$ 个产品故障，那么产品在时刻 t 以前没有故障，而在时间 $(t, t + \Delta t)$ 内故障的频率为 $\Delta n(t)/[N - n(t)]$（见图 2-10）。

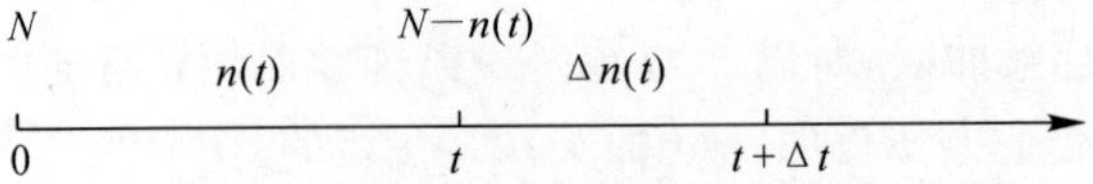

图 2-10　解释 $\lambda(t)$ 表达式示意图

产品在时刻 t 前没有故障，而在时刻 t 后的单位时间内发生故障的频率为

第 2 章 可靠性基础

$$\frac{\Delta n(t)/[N-n(t)]}{\Delta t} = \frac{\Delta n(t)}{[N-n(t)]\Delta t}$$

按故障率估计模型,则有

$$\lambda(t) \approx \frac{\Delta n(t)}{[N-n(t)]\Delta t} \tag{2-11}$$

由于频率具有稳定性,所以若 N 越大,Δt 越小,式(2-11)就越精确。

由式(2-11)可知,故障率 $\lambda(t)$ 反映了在时刻 t 后的一段时间 Δt 内,产品在单位时间内的平均故障数 $n(t)/\Delta t$ 占时刻 t 时仍正常的产品数 $N-n(t)$ 的比例。

为什么有了累积故障分布函数或故障密度函数后,还要引进故障率这个概念呢?这是因为它能更直观地反映每一时刻的故障情况。对比式(2-7)和式(2-11)可发现 $\lambda(t)$ 与 $f(t)$ 表达式中的不同点仅在于分母中一个是 N,另一个是 $N-n(t)$。由于故障密度函数 $f(t)$ 表达式中,不论试验初期还是后期,都用试品总数 N 与单位时间内发生的故障数之比,因此故障密度主要反映产品在所有可能工作时间范围内的故障分布情况;而故障率函数 $\lambda(t)$ 表达式中,用 t 时刻的残存产品数(或称为正在工作的产品数)$N-n(t)$ 与单位时间内发生的故障数之比,它能真实地反映每一时刻发生故障的真正情况,克服了 $f(t)$ 对反映故障不够灵敏的弱点。

2) 现在从故障率定义来推导 $\lambda(t)$ 的数学表达式。设 T 是产品在规定条件下的寿命,其故障分布函数为 $F(t)$,故障密度函数为 $f(t)$。因为事件"产品已工作到时刻 t"可表示为"$T>t$",事件"在 $(t,t+\Delta t)$ 内产品故障"可表示为"$t<T\leqslant t+\Delta t$",所以,已工作到时刻 t 的产品,在 $(t,t+\Delta t)$ 内故障的概率可表示为条件概率 $P[t<T\leqslant(t+\Delta t)]\mid T>t$,此条件概率除以间隔 Δt,就得到平均故障率,再令 $\Delta t \to 0$,就可得时刻 t 的故障率,即

$$\lambda(t) = \lim_{\Delta t \to 0} \frac{[P(t<T\leqslant(t+\Delta t)\mid T>t)]}{\Delta t}$$

由条件概率的定义和事件的包含关系得

$$P[t<T\leqslant(t+\Delta t)\mid T>t] = \frac{P[t<T\leqslant(t+\Delta t),T>t]}{P(T>t)} =$$

$$\frac{P[t<T\leqslant(t+\Delta t)]}{P(T>t)} = \frac{F(t+\Delta t)-F(t)}{1-F(t)}$$

于是

$$\lambda(t) = \lim_{\Delta t \to 0} \frac{F(t+\Delta t)-F(t)}{\Delta t} \cdot \frac{1}{1-F(t)} = \frac{F'(t)}{1-F(t)}$$

则

$$\lambda(t) = \frac{F'(t)}{R(t)} = -\frac{f(t)}{R(t)} = -\frac{R'(t)}{R(t)} \tag{2-12}$$

从式(2-12)可知,如已知故障分布函数 $F(t)$、故障密度函数 $f(t)$ 或可靠度函数 $R(t)$,都可求得 $\lambda(t)$。即知道了产品故障分布,就可确定故障率函数 $\lambda(t)$。

反之,已知产品故障率 $\lambda(t)$,也可定义其故障分布,因可靠度函数 $R(t)$ 满足微分方程

$$\frac{R'(t)}{R(t)} = -\lambda(t)$$

两边对 t 积分,得

$$\ln R(t) = \int_0^t \lambda(t)\mathrm{d}t$$

$$R(t) = \exp\left[-\int_0^t \lambda(t)\mathrm{d}t\right] \quad (2-13)$$

于是

$$F(t) = 1 - R(t) = 1 - \exp\left[-\int_0^t \lambda(t)\mathrm{d}t\right] \quad (2-14)$$

$$f(t) = F'(t) = \lambda(t)\exp\left[-\int_0^t \lambda(t)\mathrm{d}t\right] \quad (2-15)$$

式(2-13)~式(2-15),说明了 $R(t)$、$F(t)$、$f(t)$ 与 $\lambda(t)$ 间的关系。它们是相通的,只是各自的侧重点不同。

例 2-3 对 1 575 个晶体管进行高温老化试验,每隔 4 h 测试一次,直到进行 32 h 为止,共有 77 个晶体管出现故障,数据统计见表 2-1。试计算 $t=0$ h、4 h、8 h、12 h、16 h、20 h、24 h、28 h 该晶体管的故障率的近似值,并作 $\lambda(t)$ 在上述时间内的图形。

表 2-1 晶体管高温老化试验数据统计

测试时间区间 /h	(0,4)	(4,8)	(8,12)	(12,16)	(16,20)	(20,24)	(24,28)	(28,32)
故障数 /(%)	39	18	8	6	3	2	1	1

解:取 $\Delta t = 4$ h,由式 $\lambda(t) \approx \dfrac{\Delta n(t)}{[N-n(t)]\Delta t}$ 得

$$\lambda(0) = \frac{39}{1\,575 \times 4}\ \mathrm{h}^{-1} \approx 6.19 \times 10^{-3}\ \mathrm{h}^{-1}$$

$$\lambda(4) = \frac{18}{(1\,575-39) \times 4}\ \mathrm{h}^{-1} \approx 2.93 \times 10^{-3}\ \mathrm{h}^{-1}$$

$$\lambda(8) = \frac{8}{(1\,575-57) \times 4}\ \mathrm{h}^{-1} \approx 1.32 \times 10^{-3}\ \mathrm{h}^{-1}$$

$$\lambda(12) = \frac{6}{(1\,575-65) \times 4}\ \mathrm{h}^{-1} \approx 0.99 \times 10^{-3}\ \mathrm{h}^{-1}$$

$$\lambda(16) = \frac{3}{(1\,575-71) \times 4}\ \mathrm{h}^{-1} \approx 0.50 \times 10^{-3}\ \mathrm{h}^{-1}$$

$$\lambda(20) = \frac{2}{(1\,575-74) \times 4}\ \mathrm{h}^{-1} \approx 0.33 \times 10^{-3}\ \mathrm{h}^{-1}$$

$$\lambda(24) = \frac{1}{(1\,575-76) \times 4}\ \mathrm{h}^{-1} \approx 0.17 \times 10^{-3}\ \mathrm{h}^{-1}$$

$$\lambda(28) = \frac{1}{(1\,575-77) \times 4}\ \mathrm{h}^{-1} \approx 0.17 \times 10^{-3}\ \mathrm{h}^{-1}$$

由此可得该类晶体管在上述时间范围内故障率曲线(见图 2-11)。

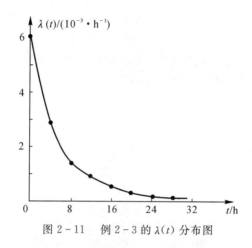

图 2-11 例 2-3 的 $\lambda(t)$ 分布图

例 2-4 用 200 只灯泡做试验,工作到 100 h 时有 8 只已出现故障(失效),工作到 105 h 时累积有 11 只已出现故障(失效),求 100 h 时的故障密度和故障率近似值。

解:产品试验总数 $N=200$。

若取时间间隔 $\Delta t=5$ h,则 $(100,105)$ h 内发生的故障(失效)数为

$$\Delta n(100)=n(105)-n(100)=11-8=3$$

故障密度为

$$f(100)=\frac{\Delta n(t)}{N\Delta t}=\frac{3}{200\times 5}\ \text{h}^{-1}=3\times 10^{-3}\ \text{h}^{-1}$$

故障率为

$$\lambda(100)=\frac{\Delta n(t)}{[N-n(t)]\Delta t}=\frac{3}{192\times 5}\ \text{h}^{-1}\approx 3.13\times 10^{-3}\ \text{h}^{-1}$$

3. 故障率单位

故障率是标志产品可靠性常用的数量特征之一,故障率愈低,则产品可靠性愈高。故障率的单位是时间的倒数。由于不同装备的寿命单位不同,$\lambda(t)$ 单位也不同,它可以是 h^{-1}、发$^{-1}$、次$^{-1}$ 或 km^{-1},因此对高可靠性的产品用 fit(菲特)作单位,有

$$1\ \text{fit}=10^{-9}\ \text{h}^{-1}$$

若产品的故障率为 1 fit,那么可以理解为 1 000 个产品工作 1 000 000 h 后,只发生一次故障。很显然,这种产品可靠性是很高的。

2.2.5 故障规律

人们在各种产品的使用和试验中得到大量数据,对它进行统计分析后,发现一般产品的故障率 λ 和时间 t 的关系(见图 2-12),这条曲线被称为浴盆曲线。它分为三段,对应着产品的三个时期,分别为早期故障期、偶然故障期和耗损故障期。

(1)早期故障期

早期故障期的特点是故障率非常高,但随产品工作时间的增加,故障率迅速下降。这一阶段产品故障的原因主要是由产品设计不合理、制造工艺不当、原材料不纯或检验不严格等

原因造成的。例如：电容器由于介质混入导电微粒引起击穿；电子管部件因点焊不牢固造成开路故障；电视机由于元器件筛选不严，前期使用频繁出故障；等等。如果在生产过程中加强对设计的审查和原材料的检验，严把工艺制造，加强质量管理，不断提高操作人员的技术水平和责任心，就可大大降低产品的早期故障率。

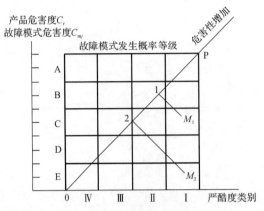

图 2-12　产品故障率与时间的关系

产品从早期故障期刚刚进入偶然故障期的时刻称为交付使用点。制造方为尽快达到交付使用点，常采用合理的筛选技术和加载试验，或用其他方法将这些有缺陷、不可靠产品尽早地剔除出去，使剩余的产品有较低的故障率，一旦达到交付使用点的故障水平，产品就可出厂交付使用了。

（2）偶然故障期

偶然故障期也称随机故障期或稳定工作阶段，这是产品最良好的工作时期。这一阶段的特点是故障率较低，近似于常数，基本不随时间变化而变化。这一阶段内，发生故障是随机的、无规则的。发生此类型故障的原因，是产品在使用过程中，主要由于不可预测的环境和人为失误使产品发生偶发故障。如果使用方尽力做好产品的维护保养工作，完全可以延长偶然故障期的时间。偶然故障期的故障率可以用指数分布来描述。

（3）耗损故障期

耗损故障期出现在产品使用的后期，其特点是故障率随时间增加而迅速上升。产品由偶然故障期进入耗损故障期的时刻称为更新点。一般在更新点之前，应及时更换即将进入耗损故障期的产品。这是防止耗损故障非常有效的办法，也是采取定期维修的理论依据。耗损故障主要是由产品退化、材料蠕变、疲劳、磨损、腐蚀及保障不力所致。例如，电动机随着使用时间的延长，机械传动部分磨损严重，如果情况未得到改善，炭刷磨损等原因会导致电动机故障提高。

2.3　可靠性参数及指标

可靠性参数是描述系统（产品）可靠性的量，它直接与武器装备的战备完好性、任务成功性、维修人力费用和保障资源需求等目标有关。根据实际应用场合不同，可分为使用可靠性参数和合同可靠性参数两类,使用可靠性参数反映装备使用需求的参数,合同可靠性参数是在合同或研制任务书中用以表述订购方对装备可靠性要求的,并且是生产过程中能够控制的参数。

对于导弹武器系统的可靠性参数及指标,主要包括四个方面,分别为战备完好性、任务成功性、维修人力费用和保障资源需求。

1) 战备完好性主要包括战备完好率、定期检测合格率、平均故障间隔时间(MTBF)、平均失效前时间(MTTF)、致命性故障间的任务时间等。

2) 任务成功性主要包括发射可靠度、飞行可靠度、突防概率、制导系统正常工作概率、引战配合可靠度、致命性故障间的任务时间(MTBCF)、二次发射间隔等。

3) 维修人力费用主要包括基本可靠性、平均修复时间(MTTR)、平均维修间隔时间(MTBM)、故障检测率、故障隔离率、故障虚警率、维修工时率等。

4) 保障资源需求主要包括贮存寿命、贮存可靠度、平均需求间隔时间、平均拆卸间隔时间(MTBR)、使用寿命、首次翻修期限、翻修间隔期限等。

上述可靠性参数很多是维修性和保障性参数,这三者之间是相互联系、相互影响和相互制约的。

2.3.1 可靠性参数

除 2.2 节介绍的可靠度和故障率可作为可靠性参数外,还有以下可靠性参数,应当根据武器装备的类型、使用要求和验证方法等选择。

1. 平均寿命(Mean Life)θ

定义:产品寿命 T 的数学期望 $E(T)$ 称为产品的平均寿命,记作 θ。

设产品故障密度函数为 $f(t)$,则该产品平均寿命,即寿命 T(随机变量)的数学期望为

$$\theta = E(T) = \int_0^\infty t f(t) \mathrm{d}t \tag{2-16}$$

对不可修复的产品,平均寿命是指平均失效前时间,记为 MTTF(Mean Time to Between Failure)。

对可修复的产品,平均寿命是指平均故障间隔时间,记为 MTBF(Mean Time Between Failure)。

MTTF 或 MTBF 都是产品寿命 T 的期望值,常不加区分而统一记为 $E(T)$ 或 θ。

若产品寿命服从指数分布,故障密度函数为

$$f(t) = \lambda \mathrm{e}^{-\lambda t} \quad (\lambda > 0, t > 0)$$

则

$$\theta = \int_0^\infty t \lambda \mathrm{e}^{-\lambda t} \mathrm{d}t = \frac{1}{\lambda} \tag{2-17}$$

即故障率为常数时,平均寿命与故障率互为倒数。

平均寿命是一个标志产品平均能工作多长时间的量值。很多武器装备常用平均寿命来作为可靠性指标,如车辆的平均故障间隔里程,各种电子产品的平均故障间隔时间,枪炮的平均故障间隔发数等。平均寿命可直观地了解其可靠性水平,也可由此比较两种产品的可

靠性水平。

实际应用中,若测得 n 个某产品的寿命值为 $t_1,t_2,\cdots,t_n$,则该产品的平均寿命近似值为

$$E(T) \approx \frac{1}{n}\sum_{i=1}^{n}t_i \tag{2-18}$$

对平均寿命 $E(T)$ 与可靠度函数 $R(t)$,可给出以下关系式:

$$E(T) \approx \int_0^\infty R(t)\mathrm{d}t \tag{2-19}$$

2. 可靠寿命(Reliable Life)t_r

定义:设产品的可靠度函数为 $R(t)$,使可靠度等于给定值 r 的时间 t_r 称为可靠寿命,即 t_r 满足 $R(t_r)=r$,其中 r 称为可靠性水平,满足 $R(t_r)=r$。t_r 与 r 间的关系(见图 2-13)。

当可靠性水平 $r=0.5$ 时,对应的可靠寿命 $t_{0.5}$ 称为产品的中位寿命。当可靠性水平 $r=\mathrm{e}^{-1}\approx 0.3679$ 时,对应的可靠寿命 $t_{\mathrm{e}^{-1}}$ 称为产品的特征寿命。

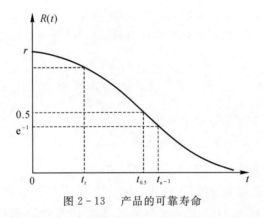

图 2-13 产品的可靠寿命

可见,产品工作到可靠寿命 t_r,大约有 $100(1-r)\%$ 产品故障,工作到中位寿命 $t_{0.5}$,大约有 50% 的产品故障;而工作到特征寿命 $t_{\mathrm{e}^{-1}}$ 大约有 63.21% 的产品故障。

产品寿命服从指数分布,可靠寿命满足下列指数方程:

$$\mathrm{e}^{-\lambda t_r}=r$$

故

$$t_r=\frac{\ln r}{\lambda} \tag{2-20}$$

对于可靠度有一定要求的产品,工作到了可靠寿命 t_r 就需要更换,否则就不能保证其产品可靠性。

3. 平均拆卸间隔时间(Mean Time Between Removals,MTBR)

与供应保障要求(包括备件供需量)有关的系统可靠性参数。其度量方法为:在规定的条件下和规定的时间内,系统寿命单位总数与从系统上拆卸的产品总次数之比。需要指出,这里的拆卸不包括为了方便其他维修活动或改进产品(如改进性维修)而进行的活动。

4. 平均需求间隔时间(Mean Time Between Demands,MTBD)

与保障资源有关的一种可靠性参数。其度量方法为:在规定的条件下和规定的时间内,

产品寿命单位总数与对产品组成部分需求总次数之比。需求的产品组成如车间可换件、武器可换件和现场可换件等。

5. 平均故障间隔时间(Mean Time Between Failure,MTBF)

这个可靠性参数主要用于可修复产品。其度量方法为：在规定的条件下和规定的时间内，产品寿命单位总数与故障总次数之比。平均故障间隔时间对于不同的武器装备可采用不同的寿命单位来表示。例如，车辆、坦克等可采用平均故障间隔里程，飞机可采用平均故障间隔飞行小时，对于枪炮等可采用平均故障间隔发数来表示。

6. 平均失效前时间(Mean Time To Failure,MTTF)

这个可靠性参数主要用于不可修复产品。其度量方法为：在规定的条件下和规定的时间内，产品寿命单位总数与失效产品总数之比。

7. 致命性故障间的任务时间(Mission Time Between Critical Failure,MTBCF)

与任务成功性有关的可靠性参数。其度量方法为：在规定的一系列任务剖面中，产品任务总时间与产生致命性故障总次数之比。同样，对于不同的武器装备可采用不同的寿命单位来表示。

8. 使用寿命(Useful Life)

使用寿命指的是产品从制造到出现不可修复故障或不能接受的故障率时的寿命单位数。对有耗损期的产品，其使用寿命中的 AB 段(见图 2-14)。

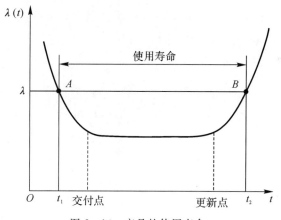

图 2-14 产品的使用寿命

使用寿命通常用于描述以疲劳和耗损为主要故障原因的结构和类似产品的有用寿命。飞机、导弹结构和机械零部件都是这类产品的典型代表。根据产品的性质，使用寿命通常以时间或循环数表示。

9. 贮存寿命(Storage Life)

产品在规定条件下贮存时，仍能满足规定质量要求的时间长度。

10. 总寿命(Total Life)

在规定的条件下，产品从开始使用到规定报废的工作时间、循环数或日历持续时间。这里:工作时间的单位用"飞行小时""工作小时"或"发射次数"等表示;日历持续时间的单位一般用"年"表示。

工作时间和日历持续时间以先达到者为准。

11. 贮存期(Storage Period)

一种按日历计算的持续存放时间,到该时间产品不管技术状态如何,都应停止存放。

12. 首次翻修期限(Time To First Overhaul,TTFO)

在规定的条件下,产品从使用到首次翻修间的工作时间、循环数和(或)日历持续时间。

13. 翻修间隔期限(Time Between Overhaul,TBO)

在规定的条件下,产品两次相继翻修间的工作时间、循环数和(或)日历持续时间。

14. 发射可靠度(Launching Reliability)

导弹或火箭在规定的发射条件下,规定的发射时间内,能够成功发射的概率。

15. 飞行可靠度(Flying Reliability)

导弹或火箭在飞行任务剖面内正常飞行的概率。

16. 贮存可靠度(Storage Reliability)

在规定的贮存条件下,规定的贮存时间内,导弹保持规定功能的概率。

17. 待命可靠度(Alert Reliability)

在规定的待命条件下和规定的时间内,导弹保持规定功能的概率。

18. 成功率(Success Probability)

产品在规定的条件下完成规定功能的概率或试验成功的概率。某些一次性使用产品,如弹射装置、弹药、火工品等,其可靠性参数可选用成功率。

19. 任务成功概率(Mission Completion Success Probability,MCSP)

在规定的条件下和规定的任务剖面内,产品能完成规定任务的概率。

20. 任务完好率

导弹或火箭经贮存、运输、维护、测试与维修之后,在接到发射准备命令时刻处于待命完好状态,可供发射的概率。

2.3.2 可靠性指标

可靠性指标是对可靠性参数要求的量值,如 MTBF≥100 h 即为可靠性指标。某导弹车辆可靠性参数及指标见表 2-2。

表 2-2 某导弹车辆可靠性参数与指标

参数名称	使用指标		合同指标	
	目标值	门限值	规定值	最低可接受值
任务可靠度	0.78	0.72		

续表

参数名称	使用指标		合同指标	
	目标值	门限值	规定值	最低可接受值
致命性故障间的任务里程(MTBCF)/km	1 500	1 200	1 800	1 300
平均故障间隔里程(MTBF)/km	280	230	330	280

在表 2-2 中：

1)"目标值"是期望武器装备达到的使用指标。它既能满足武器装备的使用需求，又能可使武器装备达到最佳的效费比，是确定规定值的依据。

2)"门限值"是武器装备必须达到的使用指标。它能满足武器装备的使用要求，是确定最低可接受值的依据。

3)"规定值"是合同和研制任务书中规定的期望武器装备达到的合同指标。它是承制方进行可靠性和维修性设计的依据。

4)"最低可接受值"是合同和研制任务书规定的武器装备必须达到的合同指标。它是进行考核或验证的依据。

2.3.3 可靠性指标的确定要求

武器装备论证和研制过程中，在确定可靠性指标时，要考虑并实现以下要求。

(1) 要体现指标的先进性

选定的可靠性指标，应能反映武器装备水平的提高和科学技术发展水平。指标应当成为促进武器装备发展，提高武器装备质量的动力。对于新武器装备，其可靠性要求应在原型武器装备使用的基础上性能有所提高；国内无原型可供参考的武器装备，应充分汲取国外相似武器装备的可靠性工作经验。现阶段，积极跟踪和借鉴世界先进水平，仍是我们的努力方向。

(2) 要体现指标的可行性

可靠性指标的可行性是指在一定的技术、经费、国情、进度、研制周期等约束条件下，实现预定指标的可能程度。要处理好先进性和可行性的关系。考虑到可靠性指标增长的阶段性，可对研制、生产阶段分别提出要求。

(3) 要体现指标的完整性

可靠性指标的完整性是指：要给指标明确的定义和说明，以分清边界和条件；明确参数的定义与量值的计算方法、寿命剖面、任务剖面、约束条件及其故障判据准则；必须给出验证方法；等等。

(4) 要体现指标的合理性

可靠性指标的合理性在很大程度上取决于是否考虑其影响。例如，个体和相互设备故障的影响和危害性、武器装备复杂性、考虑维修性和保障性指标的综合权衡等。

2.4 寿命分布

产品发生故障是随机的，因此，对一种产品寿命要用寿命的分布函数进行描述。产品的寿命分布类型是各种各样的，寿命分布往往与其施加的应力，产品的内在结构，物理、力学性能等有关，即与其失效机理有关。多数产品寿命需要用到连续随机变量的概率分布，常用的有指数分布、正态分布、对数正态分布、威布尔分布等。

指数分布是一种相当重要的分布，对于研究大型复杂系统、整机和大多数电子产品的寿命均可用指数分布来叙述。常用于描述由于偶然因素（如电压、温度、机械应力过高等）的冲击，引起系统失效的规律。本书后续章节的可靠性模型、可靠性分配和预计等，都是以产品寿命服从指数分布来研究。

若产品寿命 T 的故障密度函数为

$$f(t) = \begin{cases} \lambda e^{-\lambda t} & (t \geqslant 0, \lambda > 0) \\ 0 & (t < 0, \lambda > 0) \end{cases} \quad (2-21)$$

简记为

$$f(t) = \lambda e^{-\lambda t} \quad (\lambda > 0, t \geqslant 0) \quad (2-22)$$

则称 T 服从参数为 λ 的指数分布。

如寿命 T 服从参数为 λ 的指数分布，则

1) 故障分布函数为

$$F(t) = \lambda e^{-\lambda t} \quad (\lambda > 0, t \geqslant 0) \quad (2-23)$$

2) 可靠度函数为

$$R(t) = e^{-\lambda t} \quad (\lambda > 0, t \geqslant 0) \quad (2-24)$$

3) 故障率函数为

$$\lambda(t) = \frac{f(t)}{R(t)} = \frac{\lambda e^{-\lambda t}}{e^{-\lambda t}} = \lambda \quad (2-25)$$

可见，指数分布的故障率是一常数，即为参数 λ。指数分布的 $f(t)$、$R(t)$ 与 $\lambda(t)$ 的图形如图 2-15 所示。

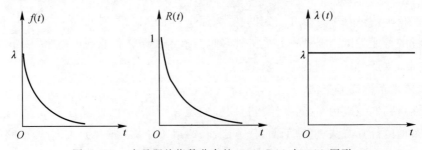

图 2-15　产品服从指数分布的 $f(t)$、$R(t)$ 与 $\lambda(t)$ 图形

4) 平均寿命为

$$\theta = E(T) = \int_0^\infty t f(t) \mathrm{d}t = \int_0^\infty t \lambda e^{-\lambda t} \mathrm{d}t = \frac{1}{\lambda} \quad (2-26)$$

5) 若 $R(t)=r$，即 $\mathrm{e}^{-\lambda t}=r$，$-\lambda t=\ln r$，故可靠寿命为

$$t_\mathrm{r}=-\frac{\ln r}{\lambda}=-\theta\ln r \tag{2-27}$$

表 2-3 给出了可靠度对应的可靠寿命值。

表 2-3 可靠度对应的可靠寿命值

r	0.999	0.99	0.9	0.8	0.7	0.6	0.5	0.37	0.1	0.05
t_r	0.001θ	0.01θ	0.1θ	0.22θ	0.36θ	0.51θ	0.69θ	θ	2.3θ	3θ

如取 $r=\mathrm{e}^{-1}$，则得特征寿命 $t_{\mathrm{e}^{-1}}=\dfrac{1}{\lambda}=\theta$，即是平均寿命。

中位寿命为

$$t_{0.5}=\frac{\ln 0.5}{\lambda}=\frac{0.693\,1}{\lambda}\approx 0.69\theta \tag{2-28}$$

寿命方差为

$$\mathrm{D}(T)=E(T^2)-E^2(T)=\frac{2}{\lambda^2}-\frac{1}{\lambda^2}=\frac{1}{\lambda^2} \tag{2-29}$$

例 2-5 设某元件的寿命 T 服从指数分布。有 50 个元件，工作到 200 h 时前 1 个出现故障，试求该元件的故障率、平均寿命和使用 500 h 时的可靠度。

解：元件服从指数分布

$$\lambda=\frac{1}{50\times 200}\ \mathrm{h}^{-1}=10^{-4}\ \mathrm{h}^{-1}$$

事实上，上面计算结果应为 $\lambda(0)$ 的近似值，由于指数分布的故障率为常数，故可作为任一时刻的故障率的近似值。

平均寿命为

$$\theta=\frac{1}{\lambda}=10^4\ \mathrm{h}$$

可靠度为

$$R(t)=\mathrm{e}^{-\lambda t}=\mathrm{e}^{-10^{-4}\times 500}=\mathrm{e}^{-0.05}\approx 0.951\,2$$

在 λt 较小时，有近似公式

$$R(t)=\mathrm{e}^{-\lambda t}\approx 1-\lambda t \tag{2-30}$$

则

$$R(500)\approx 1-\lambda t=1-0.05=0.95$$

确定产品寿命分布类型采用的方法有两种。一种是通过失效物理分析，来验证该产品的失效模式近似地符合于某种类型分布的物理背景。某些产品在实践经验中得到的对应分布的举例见表 2-4。需要强调，表 2-4 示例的装备和部件，只能是近似符合某种分布，而不是绝对理想的分布。另一种方法是通过可靠性试验，利用数理统计中的判断方法来确定产品寿命分布类型。

表 2-4 典型产品符合寿命分布举例

分布类型	适用范围
指数分布	具有恒定故障率的部件,无冗余的复杂系统,经老练试验并进行定期维修的部件
威布尔分布	某些电位器、滚珠轴承、继电器、开关、电位计、陀螺、电动机、发电机、电池、电子管、电缆馈线、材料疲劳等
对数正态分布	半导体器件、硅晶体管、旋翼叶片、电动机绕组绝缘、飞机结构、导弹结构、金属疲劳等
正态分布	飞机轮胎磨损及某些机械产品

按概率统计方法可计算出产品各种寿命特征。常见的产品寿命分布和模型,请参阅本书附录1。

2.5 可靠性模型

导弹通常是由各个分系统及元器件、零部件和软件组成的,完成一定功能的综合体或系统。系统可靠性取决于组成系统的单元的可靠性和各单元在系统中的相互关系。

系统可靠性模型是指为分配、预计和估算产品的可靠性所建立的系统可靠性框图和数学模型。可靠性框图是表示系统与各单元功能状态之间的逻辑关系的图形。它是针对复杂产品的一个或一个以上的功能模式,用方框表示系统各组成部分的故障或它们的组合与系统故障的逻辑图。一般情况下,可靠性框图由方框和连线组成,方框代表系统的组成单元,连线表示各单元之间的功能逻辑关系。可靠性框图只是表明各单元在可靠性功能上的关系,不表明各单元间的物理关系。导弹的可靠性框图是一个串联模型,它说明任一组成部分发生故障,都可能造成导弹故障。例如,某导弹为筒装导弹,这是导弹出厂后的基本状态,便于平时贮存和运输,导弹由弹体、红外引信、弹载计算机、接收应答机、弹上电池、固体火箭发动机、弹上电缆网、战斗部、安全引爆装置和发射筒组成。某导弹功能原理框图如图 2-16 所示,可靠性框图如图 2-17 所示。

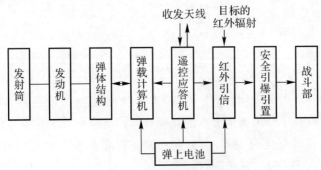

图 2-16 某导弹功能原理框图

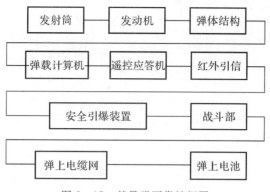

图 2-17 某导弹可靠性框图

可靠性建模涉及系统总体、产品设计、后勤保障和可靠性、维修性等内容。可靠性建模的流程图如图 2-18 所示。

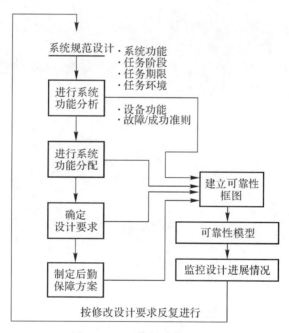

图 2-18 可靠性建模流程图

2.5.1 串联系统

1. 定义

一个系统,只要其中一个单元故障就会导致整个系统故障,即只有当所有单元都正常时,系统才正常,这样的系统称为串联系统。串联系统的可靠性框图如图 2-19 所示。

图 2-19 串联系统可靠性框图

2. 数学模型

由于 n 个单元的串联系统中,只要有 1 个单元故障,系统就发生故障,故系统寿命 T 应是单元中最短寿命,即

$$T = \min(T_i) \quad (i=1,2,3,\cdots,n)$$

若串联系统由几个单元组成,t 时刻系统可靠事件为 $(T>t)$,第 i 个单元可靠事件为 $(T_i>t)$。由定义可知,只有当所有单元可靠时系统才可靠。因此,在 t 时刻,系统可靠这一事件等于 n 个单元可靠事件之积,即

$$(T>t) = (T_1>t)(T_2>t)\cdots(T_n>t)$$

故串联系统可靠度为

$$R_S(t) = P(T>t) = (T_1>t)(T_2>t)\cdots(T_n>t) =$$
$$P(T_1>t)P(T_2>t)\cdots P(T_n>t) =$$
$$R_1(t)R_2(t)\cdots R_n(t) = \prod_{i=1}^{n} R_i(t) \tag{2-31}$$

即串联系统可靠度等于各单元可靠度的乘积。可见,串联系统的可靠度不可能高于单元的可靠度,串联单元越多,系统的可靠度越低。

当各单元可靠度 $R_i(t)$ 较大时,按式(2-31)计算较烦琐,可将乘法运算变成加法运算。串联系统可靠度的近似计算式为

$$R_S(t) = \prod_{i=1}^{n} R_i(t) = \prod_{i=1}^{n}[1-F_i(t)] \approx 1 - \sum_{i=1}^{n} F_i(t) \tag{2-32}$$

由于

$$R_i(t) = \exp\left[-\int_0^\infty \lambda_i(t)\mathrm{d}t\right]$$

所以

$$R_S(t) = \sum_{i=1}^{n} R_i(t) = \prod_{i=1}^{n}\exp\left[-\int_0^\infty \lambda_i(t)\mathrm{d}t\right] = \exp\left\{-\int_0^\infty\left[\sum_{i=1}^{n}\lambda_i(t)\right]\mathrm{d}t\right\} = \exp\left[-\int_0^\infty \lambda_i(t)\mathrm{d}t\right]$$

故串联系统的故障率等于各单元故障率之和,即

$$\lambda_S(t) = \sum_{i=1}^{n}\lambda_i(t) \tag{2-33}$$

若各单元寿命均服从指数分布,则串联系统的可靠度为

$$R_S(t) = \prod_{i=1}^{n} R_i(t) = \prod_{i=1}^{n} \mathrm{e}^{-\lambda_i t} = \mathrm{e}^{-\sum_{i=1}^{n}\lambda_i t} \tag{2-34}$$

可见,串联系统寿命也服从指数分布,系统的故障率为

$$\lambda_S(t) = \sum_{i=1}^{n}\lambda_i = \lambda_S \tag{2-35}$$

系统的平均寿命为

$$\theta(\mathrm{MTBF}) = \frac{1}{\lambda_S} = \frac{1}{\sum_{i=1}^{n}\lambda_i} \tag{2-36}$$

当所有单元故障率相等,即 $\lambda_i = \lambda(i=1,2,\cdots,n)$ 时,且系统寿命服从指数分布,有

$$R_S(t) = e^{-n\lambda t} \tag{2-37}$$

$$\lambda_S = n\lambda \tag{2-38}$$

$$\theta_S = \frac{1}{n\lambda} \tag{2-39}$$

例 2-6 假设系统由若干单元串联组成,单元寿命服从指数分布,符合下列各已知因素,求各系统的可靠度、平均寿命。

1)单元故障率 $\lambda = 0.002\ h^{-1}$,任务时间 $t = 10\ h$,单元个数 $n = 1, 2, 3, 4, 5$。

2)单元个数 $n = 5$,任务时间 $t = 10\ h$,单元故障率 $\lambda_1 = 0.001\ h^{-1}$、$\lambda_2 = 0.002\ h^{-1}$、$\lambda_3 = 0.003\ h^{-1}$、$\lambda_4 = 0.004\ h^{-1}$、$\lambda_5 = 0.005\ h^{-1}$。

3)单元故障率 $\lambda = 0.002\ h^{-1}$,单元个数为5,任务时间 $t = 10\ h$、$20\ h$、$30\ h$、$40\ h$、$50\ h$。

解:由于单元寿命服从指数分布,且各单元故障率相等,故

$$R_S(t) = e^{-n\lambda t}$$

$$\lambda_S = n\lambda$$

$$\theta(\text{MTBF}) = \frac{1}{n\lambda}$$

将所给数据代入上式,计算结果见表 2-5 ~ 表 2-7。

表 2-5 1)的计算结果($\lambda = 0.002\ h^{-1}, t = 10\ h$)

单元数量	1	2	3	4	5
λ_S	0.002	0.004	0.006	0.008	0.010
$R_S(10)$	0.980	0.961	0.942	0.923	0.905
θ_S	500	250	166.7	125	100

表 2-6 2)的计算结果($n = 5, t = 10\ h$)

单元故障率 λ	0.001	0.002	0.003	0.004	0.005
λ_S	0.005	0.010	0.015	0.020	0.025
$R_S(10)$	0.951	0.905	0.861	0.819	0.779
θ_S	200	100	66.7	50	40

表 2-7 3)的计算结果($\lambda = 0.002\ h^{-1}, n = 5$)

任务时间 t/h	10	20	30	40	50
λ_S	0.010	0.010	0.010	0.010	0.010
$R_S(t)$	0.905	0.819	0.741	0.670	0.606
θ_S	100	100	100	100	100

3. 提高串联系统可靠度的途径

从导弹设计角度出发,为提高串联系统的可靠性,应从以下几方面考虑:

1)减少串联单元个数。
2)提高单元可靠性,即降低单元的故障率。
3)尽量缩短任务时间。

2.5.2 并联系统

1. 定义

若只要有一个单元正常工作,系统就能正常工作,即只有当所有单元都故障时,系统才发生故障,这样的系统称为并联系统。并联系统是最简单的冗余系统,可以采取冗余设计技术或代换工作模式来提高产品任务可靠性,但这方面将会增加产品的复杂程度,降低基本可靠性,增加维修和后勤保障工作负担及费用。因此,产品研制设计时要综合权衡两方面的要求。并联系统的可靠性框图如图 2-20 所示。

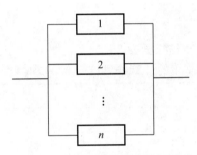

图 2-20 并联系统可靠性框图

2. 数学模型

由于 n 个单元的并联系统中,当 n 个单元都发生故障时,系统才发生故障,故系统寿命 T 应是单元中最长寿命,即

$$T = \max(T_i)$$

若并联系统由 n 个单元组成,设时刻 t 系统不可靠事件为 $(T \leqslant t)$,第 i 个单元不可靠事件为 $(T_i \leqslant t)$。由定义可知,只有当所有单元不可靠时系统才不可靠,因而在 t 时刻系统不可靠这一事件等于 n 个单元不可靠事件之积,即

$$(T_i \leqslant t) = (T_1 \leqslant t)(T_2 \leqslant t)\cdots(T_n \leqslant t)$$

故并联系统不可靠度为

$$\begin{aligned} F_s(t) &= P(T \leqslant t) = (T_1 \leqslant t)(T_2 \leqslant t)\cdots(T_n \leqslant t) = \\ &\quad P(T_1 \leqslant t)P(T_2 \leqslant t)\cdots P(T_n \leqslant t) = \\ &\quad F_1(t)F_2(t)\cdots F_n(t) = \prod_{i=1}^{n} F_i(t) \end{aligned} \quad (2-40)$$

即并联系统的不可靠度等于各单元不可靠度的乘积。

由于

$$F_S(t) = 1 - R_S(t), \quad F_i(t) = 1 - R_i(t)$$

因此

$$R_S(t) = 1 - F_S(t) = 1 - \prod_{i=1}^{n} F_i(t) = 1 - \prod_{i=1}^{n}[1 - R_i(t)] \quad (2-41)$$

当单元寿命服从相同的指数分布,即 $\lambda_i(t) = \lambda (i=1,2,\cdots,n)$ 时,有

$$R_S(t) = 1 - (1 - e^{-\lambda t})^n \quad (2-42)$$

$$\lambda_S(t) = -\frac{R'_S(t)}{R_S(t)} = \frac{n\lambda e^{-\lambda t}(1-e^{-\lambda t})^{n-1}}{1-(1-e^{-\lambda t})^n} \quad (2-43)$$

$$\theta_S = \frac{1}{\lambda} \sum_{i=1}^{n} \frac{1}{i} \quad (2-44)$$

当系统仅有 2 个单元且服从指数分布,且单元故障率不同时,有

$$R_S(t) = 1 - (1-e^{-\lambda_1 t})(1-e^{-\lambda_2 t}) = e^{-\lambda_1 t} + e^{-\lambda_2 t} - e^{-(\lambda_1+\lambda_2)t} \quad (2-45)$$

$$\lambda_S(t) = -\frac{R'_S(t)}{R_S(t)} = (\lambda_1 + \lambda_2) - \frac{\lambda_1 e^{-\lambda_2 t} + \lambda_2 e^{-\lambda_1 t}}{e^{-\lambda_1 t} + e^{-\lambda_2 t} - e^{-(\lambda_1+\lambda_2)t}} \quad (2-46)$$

需要指出,尽管 λ_1、λ_2 都是常数,但并联系统故障率不再是常数,其变化规律如图 2-21 所示。

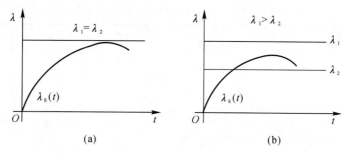

图 2-21 并联系统故障率与单元故障率之间的关系
(a) $\lambda_1 > \lambda_2$; (b) $\lambda_1 = \lambda_2$

例 2-7 假设系统由若干单元并联组成,单元寿命服从指数分布,且单元故障率相等,求下列系统的可靠度、平均寿命。

1) 单元故障率 $\lambda = 0.002 \text{ h}^{-1}$,任务时间 $t = 100 \text{ h}$,单元个数 $n = 1,2,3,4,5$。

2) 单元个数为 5,任务时间 $t = 100 \text{ h}$,单元故障率 $\lambda_1 = 0.001 \text{ h}^{-1}$、$\lambda_2 = 0.002 \text{ h}^{-1}$、$\lambda_3 = 0.003 \text{ h}^{-1}$、$\lambda_4 = 0.004 \text{ h}^{-1}$、$\lambda_5 = 0.005 \text{ h}^{-1}$。

3) 单元故障率 $\lambda = 0.002 \text{ h}^{-1}$,单元个数为 5,任务时间 $t = 100 \text{ h}、200 \text{ h}、300 \text{ h}、400 \text{ h}、500 \text{ h}$。

解:由于单元寿命服从指数分布,且各单元故障率相等。

$$R_S(t) = 1 - (1 - e^{-\lambda t})^n$$

$$\theta_S = \frac{1}{\lambda} \sum_{i=1}^{n} \frac{1}{i}$$

将所给数据代入上式,计算结果见表 2-8 ~ 表 2-10。

表 2-8 1) 的计算结果($\lambda = 0.002 \text{ h}^{-1}, t = 100 \text{ h}$)

单元数量	1	2	3	4	5
$R_i(10)$	0.818 7	0.818 7	0.818 7	0.818 7	0.818 7
θ_S	500	750	917	1 041.7	1 141.7
$R_S(t)$	0.818 7	0.967 1	0.994 0	0.998 9	0.999 8

表 2-9 2) 的计算结果($n = 5, t = 100 \text{ h}$)

单元故障率 λ	0.001	0.002	0.003	0.004	0.005
$R_i(t)$	0.904 8	0.818 7	0.740 8	0.670 3	0.606 5
θ_S	2 283.3	1 141.7	761.1	570.8	456.7
$R_S(t)$	0.999 992	0.999 8	0.998 8	0.996 1	0.990 6

表 2-10 (3) 的计算结果($\lambda = 0.002 \text{ h}^{-1}, n = 5$)

任务时间 t/h	100	200	300	400	500
$R_i(t)$	0.818 7	0.670 3	0.548 8	0.449 3	0.367 8
$R_S(10)$	0.999 8	0.996 1	0.983 1	0.949 3	0.899 1
θ_S	1 141.7	1 141.7	1 141.7	1 141.7	1 141.7

3. 提高并联系统可靠度的途径

从导弹设计角度出发,为提高并联系统的可靠性,应从以下几方面考虑:
1) 增加并联单元个数,但单元数在 3 个以上的增益很小。
2) 提高单元可靠性,即降低单元的故障率。
3) 尽量缩短任务时间。

2.5.3 混联系统

1. 定义

所谓混联系统,就是串联与并联的混合系统。图 2-22(a)(b) 给出的系统都是混联系统。

对于 n 个单元组成的混联系统,系统可靠度计算可从系统最小局部(为单元间的简单串、并联)开始,逐步迭代到系统,每一步迭代所需公式仅为串、并联公式。

混联系统的可靠度可运用串联、并联系统的公式综合计算求得。

下面来讨论两种常见的混联系统。

2. 串并联系统

串并联系统是特殊的混联系统,单元先并联后串联,并联的各单元相同,又称单元级冗余。其可靠性框图如图 2-23 所示。

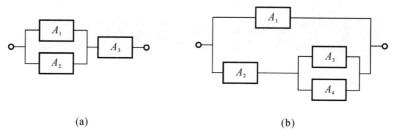

(a)　　　　　　　　　　　　(b)

图 2-22　两种混联系统示意图

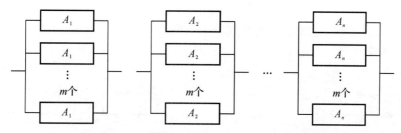

图 2-23　串并联系统（单元级冗余）可靠性框图

如设每个单元 A_i 的可靠度为 $R_i(t)$，则系统的可靠度为

$$R_{S1}(t) = \prod_{i=1}^{n} \{1 - [1 - R_i(t)]^m\} \tag{2-47}$$

3. 并串联系统

并串联系统是又一种特殊的混联系统，单元先串联后并联，且串联单元组的可靠度相等，又称系统级冗余。其可靠性框图如图 2-24 所示。

如设每个单元 A_i 的可靠度为 $R_i(t)$，则系统的可靠度为

$$R_{S2}(t) = 1 - \left[1 - \prod_{i=1}^{n} R_i(t)\right]^m \tag{2-48}$$

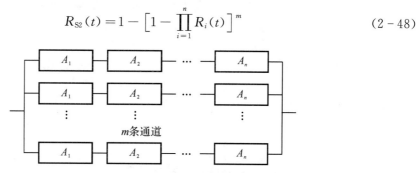

图 2-24　并串联系统（系统级冗余）可靠性框图

4. 混联系统讨论

串并联系统和并串联系统的产生功能是一样的，都是为提高系统可靠度，但在单元可靠度和单元数相同时，系统可靠度是不一样的，可以证明

$$R_{S1}(t) > R_{S2}(t) \qquad (2-49)$$

即采用单元级冗余要比采用系统级冗余可靠性高。

例 2-8 一个系统由两个独立单元串联组成,如图 2-25 所示,单元可靠度分别为 0.8、0.9。在某时刻系统可靠度为

$$R_S = 0.8 \times 0.9 = 0.72$$

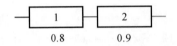

图 2-25 两个独立单元组成的系统

现为提高系统可靠度选取 2 个可供选择的方案。

方案 A:部件(单元)冗余如图 2-26(a)所示。

方案 B:系统冗余如图 2-26(b)所示。

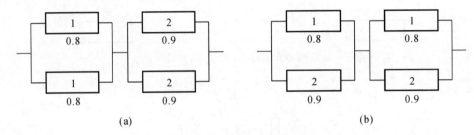

图 2-26 系统改进方案框图
(a)部件(单元)冗余; (b)系统冗余

解:

方案 A:

$$R_{SA} = [1-(1-0.8)^2][1-(1-0.9)^2] = 0.9504$$

方案 B:

$$R_{SB} = 1-(1-0.8 \times 0.9)^2 = 0.9216$$

显然,两个方案都提高了系统可靠度,但方案 A 优于方案 B,即单元级冗余要比采用系统级冗余可靠性高。

2.5.4 储备系统

1. 定义

储备系统又称冗余系统,它是把若干个单元作为备件,且可代替工作中发生故障(失效)的单元工作,以提高系统的可靠度。

定义:组成系统的 n 个单元中,只有一个单元工作,其余单元处于储备状态,当工作单元故障时,通过故障监测装置及转换装置 K,及时接到另一个单元继续工作。这种系统称为储备系统,也称为旁待系统(见图 2-27)。

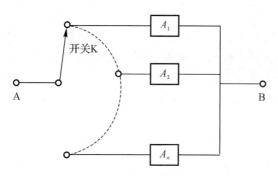

图 2-27 转换开关 K 可靠的冷储备系统

储备系统根据储备单元在储备期间是否会故障,可分为"冷储备"与"热储备"两种。"冷储备"就是储备单元在储备期间不工作,且不会故障,其储备期的长短对该单元以后的使用寿命没有影响;"热储备"就是储备单元在储备期间是工作的,它有一定的故障率,储备期长短对以后的使用寿命有影响。当然,任何产品在储备期间是有一定故障率的,但一般情况下储备期的故障率远小于工作期的故障率,为分析简便,一般均作为冷储备系统处理。这种系统只有一个单元工作,其余单元均处于非工作储备状态,故寿命比并联系统长,但系统可靠性受故障监测装置及转换装置可靠性的影响。

下面简要介绍冷储备系统可靠度的计算方法。

2. 可靠度模型

假如故障监测装置及转换开关正常,各单元相同,且寿命均服从指数分布,则冷贮备系统可靠度为

$$R_S(t) = \sum_{i=0}^{n} \frac{(\lambda t)^i e^{-\lambda t}}{i!} \tag{2-50}$$

式中:n—— 系统储备的单元数;

λ—— 单元故障率。

系统平均寿命为

$$\theta_S = \frac{n+1}{\lambda} \tag{2-51}$$

例 2-9 有 3 台同型产品组成的一冷储备系统(1 个工作,2 个备用)。已知产品寿命服从指数分布 $\lambda = 0.001 \text{ h}^{-1}$,求该系统工作 100 h 的可靠度。

解:由题意可知 $\lambda = 0.001 \text{ h}^{-1}$,$t = 100 \text{ h}$,$n = 2$,$\lambda t = 0.001 \times 100 = 0.1$。代入上述数据得

$$R_S(100) = \sum_{i=0}^{n} \frac{(\lambda t)^i e^{-\lambda t}}{i!} = \sum_{i=0}^{2} \frac{(0.1)^i e^{-0.1}}{i!} = e^{-0.1} \times \left(1 + \frac{0.1}{1} + \frac{0.1^2}{2}\right) = 0.999\,845$$

2.5.5 表决系统

1. 定义

表决系统也是一种冗余系统,实际工程应用较为广泛。下面讨论几种常见的表决系统:

1) $K/n(G)$ 系统。n 个单元并联的系统中,只要有 K 个以上单元正常工作,系统就能正常工作,这样的系统称为 n 中取 K 表决系统,简记为 $K/n(G)$ 系统。例如,装备 3 台发动机的战斗机,只要有 2 台发动机工作正常,可保证安全飞行,这样的系统为 $2/3(G)$ 系统。

2) n 中取 $K \sim r$ 表决系统。n 个单元中,有 $K \sim r$ 个单元正常则系统正常。如果正常单元数目小于 K 或大于 $r(r<K)$ 则系统不正常。例如:多处理机系统,若全部 n 台处理机中,少于 K 台正常工作,则系统计算能力太小;若多于 r 台同时工作,则公用设备(如数据总线)不能容纳那么大的数据量,因而系统效率很低。故可认为 $K \sim r$ 台处理机正常,则系统正常。否则,系统发生故障。类似情况存在于任何具有固定容量的计算机网络中。

3) n 中取连续 r 系统。例如,考虑有 n 个中继站的微波通信系统,如果 1 号站发出的信号可由 2 号站或 3 号站接收,2 号站发出的信号可由 3 号站或 4 号站接收,依次类推直至 n 号站。显然,所有中间站相间地出现单站故障,仍能把信号送到 n 号站。但是,若相邻的两站同时发生故障,则通信系统失效,这种系统为"n 中取连续 2 系统"。

2. $K/n(G)$ 系统

$K/n(G)$ 系统可靠性框图如图 2-28 所示。

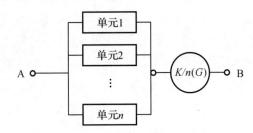

图 2-28 $K/n(G)$ 系统可靠性框图

对于一般 $K/n(G)$ 系统,下面只讨论各单元寿命 $T_i(i=1,2,\cdots,n)$,独立同分布的情形,设

$$R_i(t) = R(t) \quad (i=1,2,\cdots,n)$$

容易推出,系统可靠度为

$$R_S(t) = \sum_{i=k}^{n} C_n^i R_i(t) [1-R(t)]^{n-i}$$

这里 n 个单元有 i 个单元正常,$n-i$ 个单元故障的概率是 $R_i(t)[1-R(t)]^{n-i}$,而组合公式表示 n 个单元中取 i 个正常单元可能的组合数。

若各单元寿命均为指数分布,系统可靠度为

$$R_S(t) = \sum_{i=k}^{n} C_n^i e^{-i\lambda t} (1-e^{-\lambda t})^{n-i} \tag{2-52}$$

系统平均寿命为

$$\theta_S = \int_0^\infty R_S(t)dt = \sum_{i=k}^{n} \frac{1}{i\lambda} \tag{2-53}$$

例 2-10 某 20 管火箭弹,要求有 12 个定向器同时工作才能达到装备火力密度要求,所有定向器均相同,且寿命服从 $\lambda = 0.00105$ 发$^{-1}$ 的指数分布,任务时间是 100 发,试求在任务期间 100 发内,该火箭弹能够正常工作的概率。

解:火箭弹系统可看作 $K/n(G)$ 表决系统,其中,$K=12, n=12, \lambda = 0.00105$ 发$^{-1}$,$t=100$ 发。

服从指数分布,则单元可靠度为
$$R(t) = e^{-\lambda t}$$
$$R(100) = e^{-0.00105 \times 100} = 0.9000$$

系统可靠度为
$$R_S(t) = \sum_{i=12}^{20} C_n^i R^i(t) [1-R(t)]^{20-i}$$
$$R_S(100) = 0.99991$$

第 3 章　可靠性技术

可靠性技术是实现导弹可靠性的关键,它基本确定了导弹的固有可靠性。本章主要论述可靠性分配、可靠性预计及主要的故障分析方法。这些可靠性技术和方法是工程技术人员从事可靠性工作的基础。

3.1　可靠性分配

可靠性分配就是把系统的可靠性定量要求,按照一定的准则和方法分配给各组成部分而进行的工作。它是一个由整体到局部、由大到小、由上到下的分解过程。可靠性分配实质上是一个工程决策过程、综合权衡优化的问题,关系到对人力、物力的调度问题。

3.1.1　可靠性分配目的与作用

1. 可靠性分配目的

将系统可靠性指标分配到各产品层次各部分,以便使各层次产品设计人员明确其可靠性设计要求。

2. 可靠性分配作用

1)可靠性分配为系统或设备的各部分(各个低层次产品)研制者提供可靠性设计指标,以保证系统或设备最终符合规定的可靠性要求。

2)通过可靠性分配,明确各承制方或供应方产品的可靠性指标,以便于系统或设备承制方对其实施管理。

导弹可靠性是设计出来的,这充分反映了可靠性设计的重要性。当然,要使导弹可靠地工作,系统调试、试验鉴定、包装贮存、使用维护及其运输等各个阶段的可靠性管理也是不容忽视的。

系统可靠性设计,应首先提出可靠性指标,然后进行可靠度预计和分配,预计和分配是可靠性定量设计的重要任务,两者是相辅相成的,它们在系统设计各阶段均要循环反复进行,调整优化,最后为达到可靠度指标提出各种可靠性保障措施,其工作流程见图 3-1。

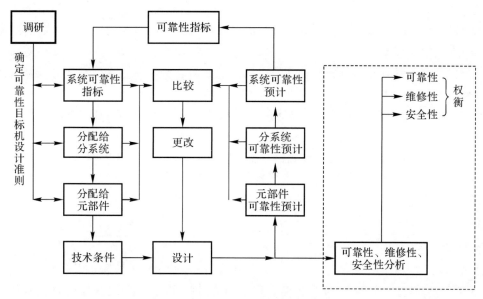

图 3-1 可靠性分配和预计流程图

3.1.2 可靠性分配的方法

1. 可靠性分配一般准则

系统可靠性分配在于求解下面的基本关系式：

$$\left.\begin{array}{l}R_S[R_1^*(t),R_2^*(t),\cdots,R_i^*(t),\cdots,R_n^*(t)] \geqslant R_S^*(t) \\ g_S[R_1^*(t),R_2^*(t),\cdots,R_i^*(t),\cdots,R_n^*(t)] \leqslant g_S^*(t)\end{array}\right\} \quad (3-1)$$

式中：$R_S^*(t)$——要求系统达到的可靠性指标；

$g_S^*(t)$——对系统设计的综合约束条件，包括重量、体积、功耗、费用等因素，是一个向量函数关系；

$R_i^*(t)$——为分配给第 $i(i=1,2,\cdots,n)$ 个单元的可靠性指标。

对于简单串联系统而言，式（3-1）就成为

$$\prod_{i=1}^{n} R_i^*(t) \geqslant R_S^*(t) \quad (3-2)$$

如果对分配没有约束，那么式（3-1）可以有无数个解。因此，可靠性分配的关键在于要确定一定准则及相应的分配方法，通过它能得到全部的可靠性分配值或有限数量解。为提高分配结果的合理性和可行性，可以选择可靠度、故障率等参数进行可靠性分配。

一般情况下，对产品进行可靠性指标分配时，需遵循的以下准则：

1) 对于复杂程度高的分系统、设备等，应分配较低的可靠性指标。这是因为产品越复杂，要达到高的可靠性就越难，并且维修保障费用更高。

2) 对于技术上不够成熟的新产品，分配较低的可靠性指标。对于这种产品提出高可靠性要求会延长研制时间，增加研制费用。

3) 对于处于恶劣环境条件下工作的产品，应分配较低的可靠性指标。这是因为恶劣的

环境会增加产品的故障率。

4) 对需要长期工作的产品,应分配较低的可靠性指标。这是因为产品的可靠度随着工作时间的增加在降低。

5) 对重要度高的产品,应分配较高的可靠性指标。这是因为重要度高产品故障会影响人身安全或任务的完成。

6) 对维修困难的产品,应分配较高的可靠性指标。这是因为维修困难或不便于更换,应要求它不出故障或少出故障。

另外,可靠性分配时还可以结合武器装备实际情况,确定适合的准则。

可靠性分配是把系统要求的可靠性指标,逐次分配给系统的分系统、组部件、元器件等,以保证系统可靠性指标的实现。由于研制设计目标及限制条件的不同,因此可靠性分配的方法也不同。

2. 等分配法

这是一种最简单的分配方法,它不考虑各单元的复杂程度、重要程度及工作条件等,虽分配不太合理,但对要求不高、复杂程度大致相同的简单系统,有时也采用这种粗略的分配方法。各单元可靠性指标分配公式为

$$R_i = \sqrt[n]{R_S} \tag{3-3}$$

式中:R_i——第 i 个单元分配的可靠度指标;

R_S——系统可靠度;

n——系统所含单元数。

3. 比例分配法

如果一个新研制的装备与使用的老装备非常相似(如分系统和结构非常相似),这也是装备研制延续性和继承性的反映。研制初期,对于新装备要提出新的可靠性要求,就可以采用比例分配法根据老装备已知各分系统的故障率,按新装备可靠性要求,给新装备的各分系统分配可靠性指标。

这种方法只适用于新、老系统设计相似,老系统成熟度高,而且有可靠统计数据进行分配的情况。其数学表达式为

$$\lambda_i^* = \lambda_S^* \times \frac{\lambda_i}{\lambda_S} \tag{3-4}$$

式中:λ_S^*——新系统的故障率;

λ_i^*——分配给新系统中的第 i 个分系统的故障率;

λ_S——老系统的故障率;

λ_i——老系统中第 i 个分系统的故障率。

这种方法的基本出发点为:考虑到老系统的结构、工作原理与新系统相似,各组成部分的可靠性比例基本上反映了新系统的情况,可把新研制装备可靠性指标按其原有能力成比例地进行分配调整。

例 3-1 有一个液压动力系统,其故障率 $\lambda_S = 256 \times 10^{-6} \ h^{-1}$,各分系统故障见表 3-1。现要设计一个新的液压动力系统,其组成部分与老系统完全一样,只是要求提高新系统的可

靠性,即 $\lambda_S^* = 200 \times 10^{-6} \text{ h}^{-1}$,试把可靠性指标分配给新系统的各分系统。

表 3 – 1 某液压动力系统各分系统的故障率

序号	分系统名称	$\lambda_i/(10^{-6} \text{ h}^{-1})$	$\lambda_i^*/(10^{-6} \text{ h}^{-1})$
1	油箱	3	2.34
2	拉紧装置	1	0.78
3	油泵	75	58.60
4	电动机	46	35.94
5	止回阀	30	23.44
6	安全阀	26	20.31
7	油滤	4	3.13
8	联轴节	1	0.78
9	导管	3	2.34
10	启动器	67	52.34
	总计(系统)	256	199.26

解:1) 已知
$$\lambda_S^* = 200 \times 10^{-6} \text{ h}^{-1}$$
$$\lambda_S = 256 \times 10^{-6} \text{ h}^{-1}$$

2) $\lambda_S^*/\lambda_S = 200 \times 10^{-6}/(256 \times 10^{-6}) = 0.781\ 25$

3) 由公式 $\lambda_i^* = \lambda_S^* \times \dfrac{\lambda_i}{\lambda_S}$,计算分配给各分系统的故障率(计算结果见表 3 – 1 第 4 列):

$$\lambda_1^* = (3 \times 10^{-6} \times 0.781\ 25) \text{ h}^{-1} \approx 2.34 \times 10^{-6} \text{ h}^{-1}$$
$$\lambda_2^* = (1 \times 10^{-6} \times 0.781\ 25) \text{ h}^{-1} \approx 0.78 \times 10^{-6} \text{ h}^{-1}$$
$$\cdots\cdots$$
$$\lambda_{10}^* = (67 \times 10^{-6} \times 0.781\ 25) \text{ h}^{-1} \approx 52.34 \times 10^{-6} \text{ h}^{-1}$$

4) 验证新系统,系统寿命服从指数分布,应用串联系统可靠性模型:
$$\lambda_S^* = \sum_{i=1}^{10} \lambda_i^* = 199.26 \times 10^{-6} \text{ h}^{-1} < 200 \times 10^{-6} \text{ h}^{-1}$$

另外,若有老系统中各分系统故障数占系统故障数百分比 K_i 的统计资料已知,且新、老系统又极为相似,可按下式进行分配:
$$\lambda_i^* = K_i \lambda_S^* \tag{3-5}$$

式中:K_i—— 第 i 个分系统故障数占系统故障数的百分比。

例 3 – 2 设计一架飞机,在 5 h 的飞行任务时间内 $R_S^* = 0.9$,我们有这种型号飞机各分系统故障百分比的统计资料(见表 3 – 2 中第 3 列),试把可靠性指标分配给各分系统。

解:(1) 已知 $R_S^* = 0.9$;系统寿命服从指数分布,则由 $R_S^* = e^{-\lambda_S^* t}$ 得
$$\lambda_S^* = \frac{-\ln R_S^*}{t} = \frac{\ln 0.9}{5} \text{ h}^{-1} = 0.021\ 072 \text{ h}^{-1}$$

2) 按照式 $\lambda_i^* = K_i \lambda_s^*$ 计算分配给各分系统的故障 λ_i^*（见表3-2第4列）：

$$\lambda_1^* = K_1 \lambda_s^* = (0.12 \times 0.021\,072)\ \text{h}^{-1} = 0.021\,072\ \text{h}^{-1}$$

...

$$\lambda_{14}^* = K_{14} \lambda_s^* = (0.05 \times 0.021\,072)\ \text{h}^{-1} = 0.001\,054\ \text{h}^{-1}$$

寿命分布服从指数分布，应用串联系统可靠度模型：

$$R_S^* = \prod_{i=1}^{14} R_i^* = 0.987\,4 \times \cdots \times 0.994\,7 \approx 0.9$$

表3-2　某飞行器的故障率计算

序号	分系统名称	按历史资料分系统占飞机故障数的百分比 $K_i/(\%)$	新飞机分系统分配的故障率 $\lambda_i^*/\text{h}^{-1}$	分配给分系统的可靠指标 R_i^*
1	机身与货舱	12	0.002 529	0.997 4
2	起落架	7	0.001 475	0.992 7
3	操纵系统	5	0.001 054	0.994 7
4	动力装置	26	0.005 479	0.993 0
5	辅助动力装置	2	0.000 421	0.997 8
6	螺旋桨	17	0.003 582	0.992 2
7	高空设备	7	0.001 475	0.992 7
8	电子系统	4	0.000 843	0.995 7
9	液压系统	5	0.001 045	0.994 7
10	燃油系统	2	0.000 421	0.997 8
11	座舱设备	1	0.000 211	0.998 9
12	自动驾驶仪	2	0.000 421	0.997 8
13	通信和导航系统	5	0.001 054	0.994 7
14	其他分系统	5	0.001 054	0.994 7
	总计	100	0.021 072	≈0.9

若系统中某些分系统（或设备）属已定型的产品，即该分系统（或设备）的可靠性值已确定，可按下式分配其他各单元的指标：

$$\lambda_i^* = \frac{\lambda_S^* - \lambda_{c_1}}{\lambda_S - \lambda_{c_2}} \times \lambda_i \tag{3-6}$$

式中：λ_i^* —— 分配给新系统中第 i 个分系统的故障率；

λ_S^* —— 新系统的故障率；

λ_{c_1} —— 新系统已定型产品的故障率；

λ_{c_2} —— 老系统已定型产品的故障率；

λ_S —— 老系统的故障率；

λ_i —— 老系统中第 i 个分系统的故障率。

例 3-3 在例 3-1 中的液压动力系统,其故障率 $\lambda_S = 256 \times 10^{-6}$ h^{-1},如果考虑到油泵对液压动力系统的影响很大,改用可靠性更高的外购产品,其 MTBF=30 000 h,λ_{c_1} 和 λ_{c_2} 分别为新、老系统油泵故障率。新系统的故障率 $\lambda_S^* = 200 \times 10^{-6}$ h^{-1} 不变,其他分系统的指标按式(3-6)计算。某液压动力系统各分系统的故障率见表 3-3。

表 3-3 某液压动力系统各分系统的故障率

序号	分系统名称	$\lambda_i/(10^{-6}$ h$^{-1})$	$\lambda_i^*/(10^{-6}$ h$^{-1})$
1	油箱	3	2.76
2	拉紧装置	1	0.92
3	油泵	75	33.30
4	电动机	46	42.37
5	止回阀	30	27.63
6	安全阀	26	23.95
7	油滤	4	3.68
8	联轴节	1	0.92
9	导管	3	2.76
10	启动器	67	61.71
	总计	256	200.00
	总计(定型产品)	181	166.7

4. 考虑重要度和复杂度的分配方法

(1) 按重要度分配

武器系统按分系统、设备、组部件、元器件逐级展开。实际工作时,系统下属各个分系统或设备等故障不一定能引起系统故障。用一个定量的指标表示分系统(或设备)的故障对系统故障的影响,这就是重要度 $\omega_{i(j)}$。

模型为

$$\omega_{i(j)} = \frac{N_{i(j)}}{r_{i(j)}} \tag{3-7}$$

式中:$r_{i(j)}$ —— 第 i 个分系统第 j 个设备的故障次数;

$N_{i(j)}$ —— 由于第 i 个分系统第 j 个设备的故障引起系统故障的次数。

注意:当分系统没有冗余时,下标 $i(j)$ 就是指的第 i 个分系统。

若系统寿命服从指数分布,可按下式进行可靠性分配:

$$\theta_{i(j)} = \frac{n\omega_{i(j)} t_{i(j)}}{-\ln R_S^*(T)} \tag{3-8}$$

式中: n —— 分系统数;

$\theta_{i(j)}$——第 i 个分系统第 j 个设备的平均故障间隔时间,$\theta_{i(j)} = \dfrac{1}{\lambda_{i(j)}}$;

$t_{i(j)}$——第 i 个分系统第 j 个设备的工作时间;

T——系统规定的工作时间;

$R_S^*(T)$——系统规定的可靠性指标。

这种分配方法的实质在于使 $\omega_{i(j)}$ 与 $\theta_{i(j)}$ 成正比,即第 i 个分系统第 j 个设备越重要,其平均寿命 $\theta_{i(j)}$(或 MTBF)也应成比例加长。在设计研制初期,这是一种很好设计理念和分配思想。当许多约束条件还未提出时,用这种分配方法比较简单。

(2) 按复杂度分配

复杂度 C_i 是分系统(设备)的基本构成部件数的比例与系统构件数之比。

模型为

$$C_i = \frac{n_i}{N} = \frac{n_i}{\sum_{i=1}^{n} n_i} \tag{3-9}$$

式中:n_i——第 i 个分系统的基本构成部件数;

N——系统的基本构成部件数;

n——分系统数。

一般情况下,系统中的某个分系统基本构成部件数所占的百分比越大,则分系统就越复杂。

在分配时假设这些基本构成部件对整个串联系统可靠度的贡献是相同的,则

$$R_i^*(T) = \{[R_S^*(T)]^{1/N}\}^{n_i} = [R_S^*(T)]^{n_i/N}$$

这种分配方法的实质是:对于复杂的分系统发生故障的概率大些,因此可靠度分配得低一些。

(3) 综合考虑分系统(设备)重要度和复杂度分配

当仅考虑分系统(设备)重要度时,按各分系统可靠性指标相等得到:

$$R_i^*(T) \approx e^{-\omega_{i(j)} t_{i(j)}/\theta_{i(j)}} = \sqrt[n]{R_S^*(T)}$$

若不按照等分配,而按照分系统的重要度和复杂度进行分配,则

$$\theta_{i(j)} = \frac{N \omega_{i(j)} t_{i(j)}}{n_i [-\ln R_S^*(T)]} \tag{3-10}$$

结论:分配给第 i 个分系统第 j 个设备的可靠性指标 $\theta_{i(j)}$ 与该分系统的重要度 $\omega_{i(j)}$ 成正比,与它的复杂度 C_i 成反比。

当按式(3-10)求出分配给各分系统(或设备)的 $\theta_{i(j)}$ 之后,即可求出系统的可靠度 $R_S(T)$,它必满足规定的系统可靠性值 $R_S^*(T)$。

3.2 可靠性预计

可靠性预计是为了评估产品在给定条件下的可靠性而进行的工作。它根据组成系统的元件、部件和分系统可靠性来推算系统的可靠性。与产品可靠性分配相对应,可靠性预计是

一个由局部到整体、由小到大、由下到上的综合过程。

3.2.1 可靠性预计的目的与作用

1. 可靠性预计目的

可靠性预计用以估计系统、分系统或设备的基本可靠性和任务可靠性,并确定所提出的可靠性设计是否达到可靠性要求。

2. 可靠性预计作用

1)将预计结果与要求的可靠性指标相比较,审查合同或任务书中提出的可靠性指标是否能达到。

2)在方案阶段,利用预计结果进行方案比较,作为选择最优方案的一个依据。

3)在设计过程中,通过预计发现设计中的薄弱环节,加以改进。

4)为可靠性增长试验、验证试验及费用核算等方面的研究提供依据。

5)在研制早期,通过预计为可靠性分配奠定基础。

可靠性预计工作流程图见图3-2。

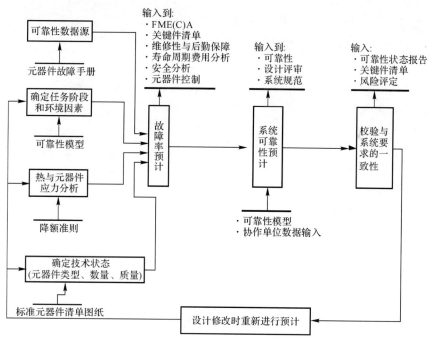

图3-2 可靠性预计工作流程图

3.2.2 可靠性预计的方法

1. 性能参数法

性能参数的特点是统计大量相似系统的性能与可靠性参数,在此基础上进行回归分析,得出一些经验公式及系数,以便在方案论证及初步设计阶段,能根据初步确定的系统性能及结构参数预计系统可靠性。

例 3-4 通过统计分析发现,某制导雷达的可靠性与研制年代、战术/技术性能有关,可建立以下回归方程:

$$T_{BF} = \ln(\alpha_1 + \alpha_2 D_Y + \alpha_3 M_{TR} + \alpha_4 D_R + \alpha_5 P_W + \alpha_6 H_P + \alpha_7 MD_R + \alpha_8 D_R R_{DR}) \quad (3-11)$$

式中:D_Y——设计年代,如 2011 年;

M_{TR}——多功能分辨率(m);

D_R——探测距离(km);

P_W——脉冲宽度(μs);

H_P——半功率波速宽度(°);

R_{DR}——接收机动态范围(dB)。

如果可以得到 $\alpha_1 \sim \alpha_8$ 的值,那么可预计给定指标雷达的可靠性。

2. 元器件计数法

这种可靠性预计方法适用于电子设备方案论证及初步设计阶段。

计算步骤:

1) 计算设备中各种型号和各种类型的元器件数目。

2) 再乘以相应型号或相应类型元器件的基本故障率。

3) 把各乘积累加起来,即可得到组部件、系统的故障率。

这种方法的优点是:只使用现有的工程信息,不需要详尽地了解系统每个元器件的应力及它们之间的逻辑关系,可以迅速估算出该系统的故障率。

其通用公式为

$$\lambda_S = \sum_{i=1}^{n} N_i \lambda_{Gi} \pi_{Qi} \quad (3-12)$$

式中:λ_S——系统总的故障率;

N_i——第 i 种元器件的数量;

λ_{Gi}——第 i 种元器件的通用故障率;

π_{Qi}——第 i 种元器件的通用质量系数;

n——设备所有元器件的种类数目。

式(3-12)适用于在同一环境类别使用的设备。由式(3-12)可知,只要知道所用元器件的种类、数量、重量,便可预计系统的故障率、可靠度或 MTBF 值。元器件的故障率 λ_G,可由《电子设备可靠性预计手册》查得。有时为快速估算,可取 $\lambda_G = 10^{-5} \sim 10^{-6} \text{ h}^{-1}$,乘以元器件总数 N,即

$$\lambda_S = N\lambda_G \quad (3-13)$$

$$\text{MTBF} = \frac{1}{N\lambda_T} \quad (3-14)$$

例 3-5 某武器系统的制导雷达共用 4×10^4 个电子元器件,试预计其平均故障间隔时间。

解:取 $\lambda_G = 10^{-6}/h$,则

$$\text{MTBF} = \frac{1}{N\lambda_T} = \frac{1}{4 \times 10^4 \times 10^{-6}} \text{ h} = 25 \text{ h}$$

3. 相似产品法

相似产品法是利用成熟的相似产品所得到的经验数据来估计新产品的可靠性。成熟产品的可靠性数据主要来自现场使用评价和实验室的试验数据结果。由于导弹体系化不断推进,因此在产品研制初期广泛应用这种方法。成熟产品的详细故障记录越全,比较的基础越好,预计的准确度就越高,准确度也取决于产品之间的相似程度。

预计的基本公式为

$$\lambda_S = \sum_{i=1}^{n} \lambda_i \tag{3-15a}$$

$$\frac{1}{T_{BF_S}} = \sum_{i=1}^{n} \frac{1}{T_{BF_i}} \tag{3-15b}$$

式中:T_{BF_S}——系统的 MTBF 预计值;

T_{BF_i}——相似系统中第 i 个分系统的 MTBF。

例 3-6 某种供氧抗荷系统包括氧气开关、氧气减压器、氧气示流器、氧气调节器、氧气面罩、氧气瓶、跳伞氧气调节器、氧气余压指示器、抗荷分系统等。试用相似产品法预计供氧抗荷系统的平均故障间隔飞行时间(MFHBF)。

解:收集到的同类产品供氧抗荷系统的可靠性数据见表 3-4 第 3 列。所给数据代入 $\lambda_S = \sum_{i=1}^{n} \lambda_i$,$\frac{1}{T_{BF_S}} = \sum_{i=1}^{n} \frac{1}{T_{BF_i}}$ 可得预计值见表 3-4 第 4 列。

表 3-4 某种供氧抗荷系统可靠性统计数据及预计值

产品名称	单机配套数	老产品的 MFHBF/h	预计的 MFHBF/h	备注
氧气开关	3	1 192.80	3 000.0	选用新型号,可靠性大大提高
氧气减压器	2	6 262.00	6 262.0	选用老产品
氧气示流器	2	2 087.30	2 087.3	选用老产品
氧气调节器	2	863.70	863.7	选用老产品
氧气面罩	2	6 000.00	6 500.0	在老产品的基础上局部改进
氧气瓶	4	15 530.00	15 530.0	选用老产品
跳伞氧气调节器	2	6 520.00	7 000.0	在老产品的基础上局部改进
氧气余压指示器	2	3 578.2	4 500.0	选用新型号,可靠性大大提高
抗荷分系统	2	3 400.00	3 400.0	选用老产品
整个供氧抗荷系统	1	122.65	154.5	

4. 专家评分法

这种方法是依靠有经验的工程技术人员或专家经验,按照几种因素(如产品的复杂度、技术发展水平、工作时间、环境条件等)进行评分。按评分结果,由已知的某单元故障率,根据评分系数,计算出其余单元的故障率。

(1) 评分考虑的因素可按产品的特点而定

这里介绍常用的4种因素,每种因素的分数在1~10之间(也称1~10分评价机制)。

1) 复杂度。它是根据组成分系统的元器件数量以及装配的难易程度来评定;从简单(容易)到复杂(困难)评定在1~10分之间。

2) 技术发展水平。根据分系统目前发展的技术水平和成熟度来评定,技术发展水平从低到高评定在1~10分之间。

3) 工作时间。根据分系统工作时间来确定;工作时间从短到长评定在1~10分之间。

4) 环境条件。根据分系统所处的环境来评定,工作环境从恶劣到好评定在1~10分之间。

(2) 专家评分法的实施

已知某系统的故障率 λ^*,算出的其他分系统故障率 λ_i 为

$$\lambda_i = \lambda^* C_i \quad (i=1,2,\cdots,n) \tag{3-16}$$

式中:n—— 分系统数;

C_i—— 第 i 个分系统的评分系数,$C_i = \dfrac{\omega_i}{\omega^*}$;

ω_i—— 第 i 个分系统的评分数,$\omega_i = \prod\limits_{j=1}^{4} r_{ij}$;

ω^*—— 已知单元的故障率的分系统评分数,$\omega^* = \sum\limits_{j=1}^{n} \omega_j$;

r_{ij}—— 第 i 个分系统,第 j 个因素的评分数,其中,j 为1(代表复杂度)、2(代表技术发展水平)、3(代表工作时间)和4(代表环境条件)。

例 3-7 某飞行器由动力装置、武器系统、制导装置、飞行控制装置、机体和辅助动力装置6个分系统组成。已知制导装置的故障率为 $284.5 \times 10^{-6}\ h^{-1}$,即 $\lambda^* = 284.5 \times 10^{-6}\ h^{-1}$,试用专家评分法求得其他分系统的故障率。

解:所给数据代入 $\omega_i = \prod\limits_{j=1}^{4} r_{ij}$,$\omega^* = \prod\limits_{j=1}^{4} r_{*j}$,$C_i = \dfrac{\omega_i}{\omega^*}$ 和 $\lambda_i = \lambda^* C_i$,计算结果可用表格进行,见表3-5的第7~9列。

表 3-5 某飞行器的故障率计算

序号	分系统名称	复杂度 r_{i1}	技术水平 r_{i2}	工作时间 r_{i3}	环境条件 r_{i4}	分系统评分数 ω_i	分系统评分系数 $C_i = \dfrac{\omega_i}{\omega^*}$	各分系统的故障率 $\lambda_i = \lambda^* C_i$
1	动力装置	5	6	5	5	750	0.300	85.4
2	武器	7	6	10	2	840	0.336	95.6

续表

序号	分系统名称	复杂度 r_{i1}	技术水平 r_{i2}	工作时间 r_{i3}	环境条件 r_{i4}	分系统评分数 ω_i	分系统评分系数 $C_i=\dfrac{\omega_i}{\omega^*}$	各分系统的故障率 $\lambda_i=\lambda^* C_i$
3	制导装置	10	10	5	5	2 500	1	$\lambda^*=284.5$
4	飞行控制装置	8	8	5	7	2 240	0.896	254.9
5	机体	4	2	10	8	640	0.256	72.8
6	辅助动力装置	6	5	5	5	750	0.300	85.4

5. 上、下限法

上、下限法又称边值法。其基本思想将复杂系统先简单地看成某些单元的串联系统，求出系统可靠度的上限值和下限值；然后逐步考虑系统的复杂情况，逐次求系统可靠度的愈来愈精确的上、下限值；达到一定要求后，再将上、下限值进行简单的数学处理，而得到满足实际精度要求的可靠度预计值。

可靠度上限值是从系统故障的角度出发，以串联单元正常时可靠度为基础，逐步减去考虑并联和储备系统故障所引起的系统故障的概率。可靠性下限值是从系统正常的角度出发，以系统所有单元看作是串联单元且正常时的可靠度为基础，逐步加上考虑并联和储备单元故障而系统仍处于正常状况的概率。

上、下限法的优点对复杂系统特别适用，预计精度高。它不要求单元之间是相互独立的，不但适用于热储备和冷储备系统，而且也适用于多种目的和阶段工作的系统。20 世纪在美国阿波罗飞船研制过程中，已成功运用此方法对可靠性指标进行了预计。

下面讨论上限值、下限值的计算及其上、下限值综合处理方法。

(1) 上限值计算

对于规定时间内，在 t 时刻系统的可靠度可用下式计算(为书写方便略去 t)：

$R_S = 1 - P\{恰有 1 个单元故障，系统故障\} - P\{恰有 2 个单元故障，系统故障\} - $
$\quad P\{恰有 3 个单元故障，系统故障\} - \cdots$

即 $R_{上i} = 1 - \sum_{j=1}^{i} P\{恰有 j 个单元故障，系统故障\}$ $(i=1,2,\cdots)$ 为系统第 i 步上限值。

显然，$R_{上1} \geqslant R_{上2} \geqslant \cdots \geqslant$ 系统真实的可靠度值。

(2) 下限值计算

对于规定时间内，在 t 时刻系统的可靠度可用下式计算(为书写方便略去 t)：

$R_S = P\{全部单元正常，系统正常\} + P\{恰有 1 个单元故障，系统正常\} + $
$\quad P\{恰有 2 个单元故障，系统正常\} + \cdots$

即 $R_{下i} = P\{全部单元正常，系统正常\} + \sum_{j=1}^{i} P\{恰有 j 个单元故障，系统正常\}$ $(i=1,2,\cdots)$ 为系统第 i 步下限值。

显然，$R_{下1} \leqslant R_{下2} \leqslant \cdots \leqslant$ 系统真实的可靠度值。

（3）上、下限值的综合计算

由于 $R_{上1} \geqslant R_{上2} \geqslant \cdots \geqslant$ 系统真实的可靠度值，而 $R_{下1} \leqslant R_{下2} \leqslant \cdots \leqslant$ 系统真实的可靠度值。很显然，两者越来越靠近可靠性指标真实值。

有了单独系统可靠度的第 i 步上、下限值 $R_{上i}$ 和 $R_{下i}$。要综合地得到系统可靠度的预计值，最简单方法是计算得到两个上限值、下限值的算术平均，但这种算法误差较大，较精确的计算公式是根据系统可靠度的第 i 步上、下限值，系统的可靠度为

$$R_S = 1 - \sqrt{(1-R_{上i})(1-R_{下i})} \qquad (3-17)$$

注意进行计算时，应把握以下两点：

1) 应用的上、下限值必须求到同一步，即两者都是第 i 步的上、下限值。

2) 根据经验当 $R_{上i} - R_{下i}$ 非常近似地等于 $1-R_{上i}$ 时，逐步求上限值、下限值的工作就可以结束，也就得到了系统可靠度 R_S。

例 3-8 运用上、下限法列出下列系统（见图 3-3）的系统可靠度。

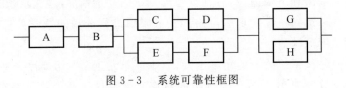

图 3-3　系统可靠性框图

解：1) 求上限值：

由公式 $R_{上i} = 1 - \sum\limits_{j=1}^{i} P\{恰有 j 个单元故障，系统故障\}$ $(i=1,2,\cdots)$ 为系统第 i 步上限值得

$$P\{恰有 1 个单元故障，系统故障\} = \overline{A}BCDEFGH + A\overline{B}CDEFGH$$

$$R_{上1} = 1 - F_A R_B R_C R_D R_E R_F R_G R_H - R_A F_B R_C R_D R_E R_F R_G R_H$$

$$P\{恰有 2 个单元故障，系统故障\} = ABCDEF\overline{G}\overline{H} + AB\overline{C}\overline{E}FGH + AB\overline{C}DE\overline{F}GH +$$
$$ABC\overline{D}\overline{E}FGH + ABC\overline{D}E\overline{F}GH$$

$$R_{上2} = R_{上1} - R_A R_B (R_C R_D R_E R_F F_G F_H + F_C R_D F_E R_F R_G R_H + F_C R_D R_E F_F R_G R_H +$$
$$R_C F_D F_E R_F R_G R_H + R_C F_D R_E F_F R_G R_H)$$

2) 求下限值：

由公式 $R_{下i} = P\{全部单元正常，系统正常\} + \sum\limits_{j=1}^{i} P\{恰有 j 个单元故障，系统正常\}$ $(i=1,2,\cdots)$ 为系统第 i 步下限值。

$$R_{下1} = P\{恰有 1 个单元故障，系统正常\} =$$
$$R_A R_B R_C R_D R_E R_F R_G R_H \times \left(\frac{F_C}{R_C} + \frac{F_D}{R_D} + \frac{F_E}{R_E} + \frac{F_F}{R_F} + \frac{F_G}{R_G} + \frac{F_H}{R_H} \right)$$

$$R_{下2} = P\{恰有 2 个单元故障，系统正常\}$$

分析可知，该系统中有 10 种这样组合，分别是 CD、EF、CG、CH、DG、DH、EG、EH、FG 或 FH 中任意两个分系统组合单元故障，系统正常情况，这里不再列出。

3) 综合计算：本例可运算到第 2 步可靠度的上、下限值。

系统的可靠度估计为

$$R_S = 1 - \sqrt{(1-R_{上i})(1-R_{下i})}$$

3.3 主　次　图

主次图又名排列图或称为 ABC 分类法，是 19 世纪意大利社会学家与经济学家维尔佛雷多·巴雷特用来分析社会财富分布状况而得名的。他发现少数人占有大部分财富，而大多数人却只有少量财富，即所谓"关键的少数与次要的多数"这一相当普遍的社会现象。这一社会现象也适合于机械装备系统的故障，即 20% 的故障事件对系统的故障产生 80% 的影响，即所谓的 20-80 法则，也称"二八"定律（见图 3-4）。这一重要法则用在系统故障分析方面可用于分析查明系统故障的主要模式、主要矛盾所在，以便缩小分析范围，提高分析效率。1951 年，管理学家戴克首先将 ABC 法则用于库存管理。1951—1956 年，朱兰将 ABC 法则运用于质量管理。1963 年，德鲁克将这一方法推广到更为广泛的领域。目前，在装备零部件故障分析中，主次图法简洁易懂，图表鲜明，在各领域应用相当广泛。

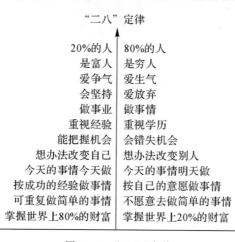

图 3-4　"二八"定律

3.3.1　设计思想

任何复杂事物，都存在着"关键的少数和次要的多数"这样一种规律。事物越复杂，这一规律越显著。如果将有限的力量主要（重点）用于解决这具有决定性影响的少数事物上，和将有限力量平均分摊在全部事物上两者比较，当然是前者可以取得较好的成效，而后者成效较差。主次图法便是在这一思想的指导下，通过故障模式统计和分析，将"关键的少数"找出来，并确定与之适应的质量管理和训练指导方法，这便形成了要进行重点管理的 A 类事物。

3.3.2　图形结构

主次图的结构见图 3-5，主次图是一个双纵坐标曲线图。其横坐标表示所要分析的对象,如某一系统中各组成部分的故障类别,某一设备故障的各种模式,或某一故障部件的各种原因等,各种部分或因素均占相等的横距 Δx,并按各因素影响质量程度的大小,从左到右进行排列;其纵坐标有两个,左纵坐标表示分析对象的量值及其相对频数或者故障次数等,如故障系统中各组成部件的故障小时数或故障件故障的次数。右纵坐标表示各部分占该系统在某一阶段内的百分比。每个立方形的高度表示该因素影响的大小。曲线上每点的高度表示该因素累计百分比的大小,该曲线称为巴雷特曲线。

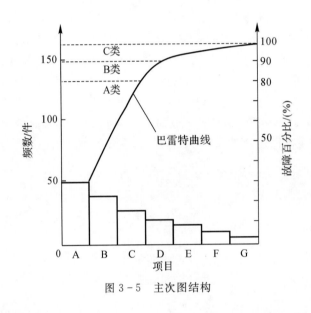

图 3-5 主次图结构

3.3.3 分析要点

主次图是直方图和折线图的结合。直方图表示各分类的频数,折线点则表示各分类的相对频率。主次图可以帮助管理人员直观地看出主次因素,便于抓住主要问题,有步骤地采取措施,加以解决。

如图 3-5 所示,由巴雷特曲线对应的百分比(右纵坐标),就可查出关键因素或部件。通常将累加百分数 0～80% 的部分或因素划为 A 类,称为关键部位或关键因素;80%～90% 划为 B 类,称为次要部分或次要因素;90%～100% 的划为 C 类,称为一般部位或一般因素。主次图法是进行故障分析、寻找故障主要原因的一种简便方法。

例 3-10 对某装备刹车装置的故障进行调查,发现其故障部位的分布(见表 3-6),根据此表可以划出它的主次图(见图 3-6)。从图中可以看出该刹车装置的故障主要集中在控制器与手刹车装置上,如果经研究解决了这两个关键机构的不合理性,就大大减少刹车的故障,从而提高装备维修针对性。

表 3-6 某装备刹车装置故障部位分布表

故障部位	控制器	手刹车装置	过滤器	连接锁	导管	其他部位
故障次数	372	321	102	93	82	30
故障百分比/(%)	37.2	32.1	10.2	9.3	8.2	3.0
累计百分比/(%)	37.2	69.3	79.5	88.8	97.0	100

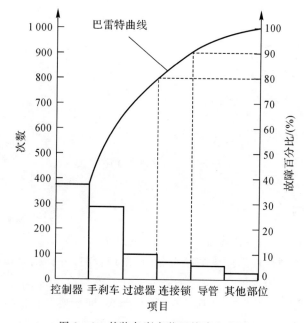

图 3-6 某装备刹车装置故障主次图

由图 3-6 可见,主次图对于分析系统中的主要矛盾简单明了,实时统计,便于普及。它不仅可用于如上的系统或元件的故障分析,还可用于全面质量管理,因此部队的应用较为广泛。

3.4 特征因素图

特征因素图分析法又称鱼骨图(Fishbone Diagram),是一种发现问题"根本原因"的分析方法,将其划分为问题型、原因型及对策型鱼骨图等几类。因为这种图的形状像鱼的骨骼,所以又叫作鱼骨分析法。日本质量管理专家石川馨最早使用这种方法,故又称为石川图。所谓特征因素图,就是将已表现出来的故障或异常现象(即特征)和引起这些特征的因素用"鱼骨"把它们联系起来,通过分析从而找出造成这些特征的直接原因。

3.4.1 图形结构

如图 3-7(a)所示,图的基本组成分为两部分:

1)特征。所分析的故障对象结果,以方框图圈住,置于图中脊骨粗箭头之右。

2)因素。引起故障的不同层次的因素,表示"特征"的水平粗箭头叫作"脊骨",而表示"因素"(原因)的箭头,按从大到小的顺序,分别叫作"大骨""中骨"和"小骨",以表示"因素"的层次。大、中、小骨均有箭头由小向大层层相连;大骨分布于脊骨两侧表示为引起故障的基本大方面,大骨引向脊骨的箭头有时可省略不画,但含义不变。

也可以把特征-因素图看作是树枝结构,因此也可以把它叫作"树枝图"。其中各枝的位置和名称见图3-7(b)。

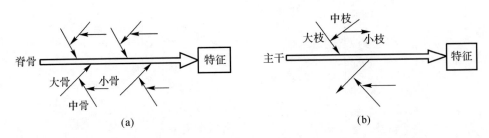

图3-7 特征因素图结构

3.4.2 图形绘制

问题的特性总是受到一些因素的影响,我们通过头脑风暴法找出这些因素,并将它们与特性值一起,按相互关联性整理而成的层次分明、条理清楚,并标出重要因素的图形就叫特性要因图、特性原因图。图形如鱼骨,它是一种透过现象看本质的故障分析方法。

绘制特征因素图的首要任务是明确"特征"是什么,即所要分析的故障或异常现象是什么,比如传动轴的断裂,压力容器的破裂,设备系统的停动、失速等,通常这是分析的故障对象。然后,把确定"特征"作为脊骨,用水平粗箭头画在纸上。再把认为是导致故障的原因从大的方面分成几类,把它们当作大骨用斜箭头分别画在图上与脊骨相衔接。大骨数目以4~8个为宜。针对每个大骨考虑可能成为引起故障的原因作为中骨,用箭头画在图上与大骨相衔接。再进一步针对每个中骨,把认为可能成为故障原因的各种因素作为小骨,用箭头画在图上与中骨衔接。这样,特征-因素图就算绘成了。一般来说,在图中绘制两个层次的因素就够了,对影响大的重点因素,应标上记号。

具体的作图步骤如下:

1)明确作图目的:确定解决什么问题和特性。

2)因素分类:可能由若干个大小因素造成的,进行分类归纳。

3)整理分析:把得到的资料、数据或情况,按以上分类从大到小依次用箭头画到图上。

4)标出重点:对主要的、关键的原因分别用符号标记显示出来,作为采取措施的重点项目。

5)观察因果关系:各大小因素是通过什么途径、多大程度影响结果的;各种因素的量度有无测定的可能,准确度如何,具体因素应实地调查,技术规程有无明确标准;决定是否采取措施。

为了确定各类原因，进行故障特征-因素图法分析时，必须做深入调查研究，做到充分掌握设计、材料、加工制造、零部件运行状态（包括维修、操作等）、环境因素影响等各方面的原始资料，以及分析的试验数据和结果。对这些资料、数据和结果进行充分的研究，确定其中哪些因素分别用于"大骨""中骨"和"小骨"。

3.4.3 图形分析

特征因素图是一种发现问题根本原因的方法，用鱼骨图试图找出导致问题的因素，并按相互关联性进行整理，以期寻找解决之道。

特征因素图分析步骤如下：
1) 收集资料，熟悉系统，实事求是的绘制特征因素图。
2) 做好必要的试验检测。
3) 依据特征因素图互相分析，消去不存在的因素。
4) 留下的因素就是基本的或主要的因素。

图 3-8 所示为某装备气瓶破裂故障分析的特征因素图。图中，先把可能引起容器破裂的因素分成设计有误、材料有误、加工有误和使用有误等 4 个方面，然后再将这 4 个方面分为 8 个分枝因素，每个分枝又再分为 2~6 个小分枝因素。图形完成后，根据调查记录和测试结果，消去不存在的因素，最后留下来的因素就是造成压力容器破裂的原因了。

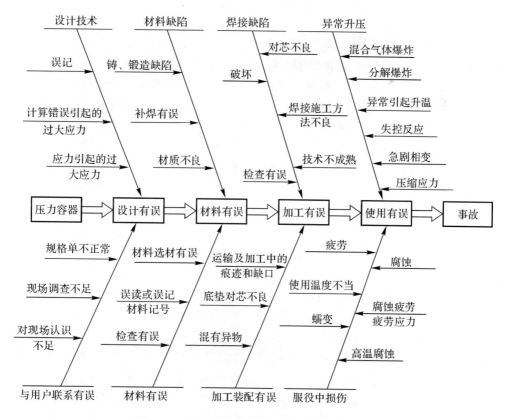

图 3-8 某装备气瓶破裂故障分析特征因素图

3.5 故障模式、影响及危害性分析法

3.5.1 概述

故障模式、影响及危害性分析,简称 FMECA(Failure Model Effect and Criticality Analysis)。它是故障模式分析(FMA)、故障影响分析(FEA)和故障危害性分析(FCA)三种分析方法组合的总称。故障模式是故障的表现形式和表现状态,如电路短路、断路、零部件断裂、磨损等。故障模式对系统的使用、功能或状态所导致的结果叫"故障影响"(Failure Effect),一般可分为局部的、高一层次的和最终的影响。研究产品的每个组成部分可能存在的故障模式,并确定各个故障模式对系统其他组成部分和系统要求功能的影响的方法叫"故障模式及影响分析"(Fault Mode and Effects Analysis, FMEA),它是一种可靠性定性分析方法,是在产品设计过程中,通过对产品各组成单元潜在的各种故障模式及其对产品功能的影响进行分析,并把每一个故障按其严酷度予以分类,最终提出可以采取预防改进措施,以提高产品可靠性的一种设计分析方法。一种故障模式是否值得重视不仅与它的后果有关,而且与它发生的概率有关,对某种故障模式的后果及其出现概率的综合度量叫"危害度"(Criticality);同时考虑故障发生的概率与故障危害度的故障模式及影响分析(FMEA)叫故障模式、影响及危害度分析,即 FMECA。很显然,FMECA 是 FMEA 的一种扩展与深化。

20 世纪 50 年代,美国"格鲁曼"公司开发了故障模式及影响分析(FMEA),用于飞机制造业的发动机故障预防,取得了很好的成果。70 年代,FMEA 方法已广泛应用于航空航天、兵器、舰船等军用系统领域,并逐渐渗透到机械、汽车、医疗等民用工业领域,为保证产品可靠性发挥了重要的作用。经过长时间的发展和完善,目前,已得到广泛认可和应用,成为产品研制中必须完成的一项可靠性工作。

很显然,引起系统整体故障、零部件所发生的故障和系统之间存在一定的因果关系。FMECA 正是从这种关系出发,通过对系统各部件的每一种可能潜在的故障模式的分析,找出引发故障的原因,确定故障发生后对系统功能、使用性能、人员安全及维修等的影响,并根据影响的严重程度和故障出现的概率等综合效应,对每种潜在的故障进行分类,找出关键问题所在,提出可能采取的预防和纠正措施(如针对设计、工艺或维修等活动提出相应的改进措施),从而提高系统(或产品)的可靠性。

FMECA 方法主要包括查清已知的和潜在的故障模式,分析其原因和后果,估计其危害程度,提出预防和改进措施。

实际工程应用方面,FMECA 可在设计和研制的初期就进行,目的是使设计人员能够通过一套科学分析的方法,充分了解自己系统中各个组成部分的功能和可能的故障模式,从而在设计工作中有目的地消除或减少潜在的故障;它也可以用作事后故障分析,分析故障原因提出相应对策。作为产品开发和可靠性设计的重要内容之一,FMECA 方法在很多国家中已成为设计分析的基本方法。很重要的一点,由于 FMECA 是一种定性分析方法,它不需要什么高深的数学理论,初学者易于掌握,它比依赖于基础数据的定量分析方法更接近于工

程实际情况,是因为它无须为了量化处理的需要而将实际问题过分简化,很有实用和应用价值,受到工程部门的普遍重视,是工程设计人员必须掌握的故障分析方法,是设计审查中必须重视的资料之一。实施 FMECA 是设计者和承制者必须完成的基本任务。

3.5.2 FMECA 分析表格

FMECA 分析表格见表 3-7。

表 3-7 故障模式、影响及危害性分析表(FMFCA 表)

初始约定层次　　　　　任务审核　　　　　第　页　共　页
约定层次分析　　　　　人员批准　　　　　填表日期

代码	产品或功能标志	功能	故障模式	故障原因	任务阶段与工作方式	故障影响			严酷度类别	故障检测方法	设计改进措施	使用补偿措施	备注
						局部影响	上一级影响	最终影响					
(1)	(2)	(3)	(4)	(5)	(6)	(7)	(7)	(7)	(8)	(9)	(10)	(11)	(12)

表 3-7 中的内容解释如下:

初始约定层次(Initial Indenture Level):要进行 FMECA 总的、完整的产品所在约定层次中的最高层次。它是 FMECA 最终影响的对象。

约定层次(Indenture Level):根据 FMECA 的需要,按产品的功能关系或组成特点进行 FMECA 的产品所在功能层次或结构层次。一般情况下是从复杂到简单依次进行划分的过程。

FMECA 分析表格各组成部分的含义:

1)代码。对每个产品采用一种编码体系进行标识。
2)产品或功能标志。记录被分析产品或功能的名称与标志。
3)功能。简要描述产品所具有的主要功能。
4)故障模式。根据故障模式分析的结果,依次填写每个产品的所有故障模式。
5)故障原因。根据故障原因分析结果,依次填写每个故障模式的所有故障原因。
6)任务阶段与工作方式。根据任务剖面依次填写发生故障时的任务阶段与该阶段内产品的工作方式。
7)故障影响。根据故障影响分析的结果,依次填写每一个故障模式的局部、高一层次和最终影响并分别填入对应栏。
8)故障检测方法。根据产品故障模式原因、影响等分析结果,依次填写出故障检测方法。
9)严酷度类别。根据最终影响分析的结果,按每个故障模式确定其严酷度类别。
10)设计改进措施。针对某一故障,在设计和工艺上采取的消除/减轻故障影响或降低故障发生概率的改进措施。

11) 使用补偿措施。针对某一故障模式,为了预防其发生而采取维修措施,或一旦出现该故障模式后,操作人员应采取的最恰当的补救措施。

12) 备注。简要记录对其他栏的注释和补充说明。

3.5.3 建立 FMECA 步骤

FMECA 建立步骤流程图见图 3-9。

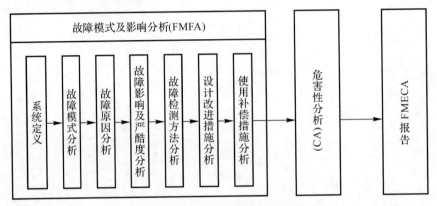

图 3-9 FMECA 建立步骤流程图

(1) 系统定义

系统定义目的是使分析人员有针对地对被分析产品在给定任务功能下进行可能的故障模式、原因和影响分析。系统定义可概括为产品功能分析和绘制框图(功能框图、任务可靠性框图)两个部分。

1) 产品功能分析:在描述产品任务后,对产品在不同任务剖面下的主要功能、工作方式(如连续工作、间歇工作或不工作等)和工作时间等进行分析,并应充分考虑产品接口部分的分析。

2) 绘制功能框图及任务可靠性框图。

a. 绘制功能框图:描述产品的功能可以采用功能框图的方法。它不同于产品的原理图、结构图、信号流图,而是表明产品各组成部分所承担的任务或功能间的相互关系,以及产品每个约定层次间的功能逻辑顺序、数据(信息)流、接口的一种功能模型。

例如,高压空气压缩机功能框图(见图 3-10)也可表示为产品功能层次与结构层次关系对应关系图;表 3-8 列出了高压空气压缩机的组成及其功能。

b. 绘制任务可靠性框图:可靠性框图是描述产品整体可靠性与其组成部分的可靠性之间的关系,其示例见图 3-11。它不反映产品间的功能关系,而是表示故障影响的逻辑关系。如果产品具有多项任务或多个工作模式,那么应分别建立相应的任务可靠性框图。

表 3-8 高压空气压缩机的组成及其功能

序号	编码	名称	功能	输入	输出
1	10	电动机	产生力矩	电源(三相)	输出力矩

续表

序号	编码	名称	功能	输入	输出
2	20	仪表和监测器	控制温度和压力及显示	压力	温度和压力读数;温度和压力传感器输入
3	30	冷却和潮气分离装置	提供干冷却气	淡水、动力	向压缩机提供干冷空气;向润滑装置提供冷却水
4	40	润滑装置	提供润滑剂	淡水、动力、冷却水	向压缩机提供润滑油
5	50	压缩机	提供高压空气	干冷空气、动力、润滑油	高压空气

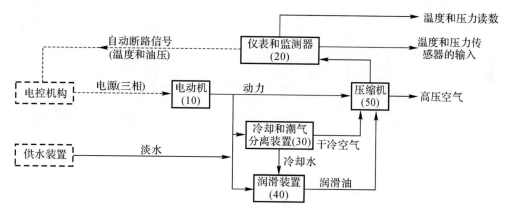

图 3-10 高压空气压缩机功能框图

注:图中虚线部分表示接口设备。

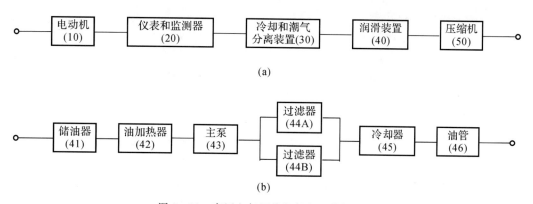

图 3-11 高压空气压缩机任务可靠性框图

(2)故障模式分析

1)进行故障模式分析时,根据系统定义中的功能描述、故障判据的要求或根据分析产品的硬件特征,确定其所有可能的故障模式,进而对每个功能故障模式进行分析。典型的故障模式见表 3-9。

表 3-9 产品典型故障模式

序号	故障模式	序号	故障模式	序号	故障模式	序号	故障模式
1	结构故障(破损)	12	超出允许(上限)	23	滞后运行	34	折断
2	捆结或卡死	13	意外运行	24	输入过大	35	动作不到位
3	共振	14	间歇性工作	25	输入过小	36	动作过位
4	不能保持正常位置	15	漂移性工作	26	输出过小	37	不匹配
5	打不开	16	错误指示	27	输出过大	38	晃动
6	关不上	17	流动不畅	28	无输入	39	松动
7	误开	18	错误动作	29	无输出	40	脱落
8	误关	19	不能关机	30	(电的)短路	41	弯曲变形
9	内部泄露	20	不能开机	31	(电的)开路	42	扭转变形
10	外部泄露	21	不能切换	32	(电的)参数漂移	43	拉伸变形
11	超出允许(上限)	22	提前运行	33	裂纹	44	压缩变形

2)故障的获取方法,一般可以通过统计、试验、分析、预测等方法获取产品的故障(故障)模式;

3)对常用的元器件、零部(组)件的故障模式,可从国内外某些标准、手册中确定其故障模式。

(3)故障原因分析

1)故障原因分析的目的。找出每个故障模式产生的原因,进而采取针对性地有效预防改进措施,防止或减少故障模式发生的可能性。

2)故障原因分析的方法。

a. 从导致产品发生功能故障模式或潜在故障模式的那些物理、化学或生物变化过程等方面找出发生故障的直接原因;

b. 从外部因素(如其他产品的故障、使用、环境和人为因素等)方面找出产品发生故障的间接原因。

3)故障原因分析的注意事项:

a. 正确区分故障模式与故障原因。故障模式一般是可观察到的故障表现形式,而故障模式直接原因或间接原因是设计缺陷、制造缺陷或外部因素。

b. 应考虑产品相邻约定层次的关系。这是因为下一约定层次的故障模式往往是上一约定层次的故障原因。

c. 当某个故障模式存在两个以上故障原因时,在 FMEA 表"故障原因"栏中均应逐一说明。

(4)故障影响及严酷度(Severity)分析

1)故障影响分析的目的。找出产品的每个可能的故障模式所产生的影响,并对其严重程度进行分析。

每个故障模式的影响一般分为三级：局部影响、高一层次影响和最终影响(见表3-10)。

表 3-10 按约定层次划分故障影响的分级表

名称	定义
局部影响	某产品的故障模式对该产品自身及所在约定层次产品的使用、功能或状态的影响
高一层次影响	某产品的故障模式对该产品所在约定层次的紧邻上一层次产品的使用、功能或状态的影响
最终影响	某产品的故障模式对初始约定产品的使用、功能或状态的影响

2)故障影响的严酷度类别应按每个故障模式的最终影响的严重程度进行确定。通常，严酷度类别划分成四个故障等级(见表3-11)。

表 3-11 严酷度类别划分

严酷度类别	严重程度定义
1类(灾难的)	引起人员死亡或产品(如飞机、坦克、导弹及舰船)毁坏,重大环境损害
2类(致命的)	引起人员的严重伤害或重大经济损失或导致任务失败、产品严重损坏及严重环境损害
3类(中等的)	引起人员的中等程度伤害或中等程度的经济损失及中等程度环境损害
4类(轻度的)	不足以导致人员伤害或轻度的经济损失或产品轻度的损坏或环境损害,但它会导致非计划性维护和修理

严酷度类别是产品故障模式造成的最坏潜在后果的量度表示。可以将每一种故障模式和每一被分析的产品按损失程度进行分类,它是根据故障模式最终可能出现的人员伤亡、任务失败、产品损坏(或经济损失)和环境损害等方面的影响程度进行确定的。确定严酷类别的目的在于为安排预防改进措施提供依据。一般情况下,优先考虑是消除1类和2类故障模式。

(5)故障检测方法分析

1)故障检测方法的目的是为产品的维修性与测试性设计,以及维修工作分析等提供依据。

2)故障检测方法的主要内容一般包括目视检查、原位检测和离位检测等,其手段如机内测试(BIT)、自动传感装置、传感仪器、音响报警装置、显示报警装置和遥测等。故障检测一般分为事前检测和事后检测两类,对于潜在故障模式,则应借助于故障模式影响及危害性分析。

(6)设计改进与使用补偿措施分析

1)设计改进与使用补偿措施分析的目的是针对每个故障模式的影响在设计与使用方面采取了哪些措施,以消除或减轻故障影响,进而提高产品的可靠性。

2)设计改进与使用补偿措施的主要内容如下:

a. 设计改进措施：当产品发生故障时，应考虑是否具备能够继续工作的冗余设备；安全或保险装置（例如监控及报警装置）；替换的工作方式（例如备用或辅助设备）；可以消除或减轻故障影响的设计改进（例如优选元器件、热设计、降额设计等）。

b. 使用补偿措施：为了尽量避免或预防故障的发生，在使用和维护规程中规定的使用维护措施。一旦出现某故障后，操作人员应采取的最恰当的补救措施等。

(7) 危害性分析（Criticality Analysis）

1) 危害性分析的目的是对产品每一个故障模式的严重程度及其发生的概率所产生的综合影响进行分类，以全面评价产品中所有可能出现的故障模式的影响。

2) 危害性分析常用方法如下：

a. 风险优先数（Risk Priority Number，RPN）。

风险优先数是对产品每个故障模式的 RPN 值进行优先排序，并采取相应的措施，使 RPN 值达到可接受的最低水平。

产品的某个故障模式的 PRN 等于该故障模式的严酷度等级（ESR）和故障模式的发生概率等级（OPR）的乘积。

$$RPN = ESR \times OPR$$

式中：RPN 数越高，则危害性越大。

ESR 和 OPR 的评分准则如下：

①故障模式影响的严酷度等级（ESR）评分准则：ESR 是评定某个故障模式的最终影响的程度。表 3-12 给出了 ESR 的评分准则。在分析中，该评分准则应综合所分析产品的实际情况尽可能地详细规定。

表 3-12　影响严酷度等级（ESR）的评分准则

ESR 评分等级	严酷度等级	故障影响的严重程度
1、2、3	轻度的	不足以导致人员伤害、产品轻度的损坏、轻度的财产损失及轻度环境破坏，但它会导致非计划性维护和修理
4、5、6	中等的	导致人员中等程度伤害、产品中等程度损坏、任务延迟或降级、中等程度财产及中等程度环境损害
7、8	致命的	导致人员严重伤害、产品严重损坏、任务失败、严重财产损失及严重环境损坏
9、10	灾难的	导致人员死亡、产品毁坏，重大财产损失和重大环境损害

②故障模式发生概率等级（OPR）评分准则：OPR 是评定某个故障模式实际发生的可能性。表 3-13 给出了 OPR 的评分准则，表中的"故障模式发生概率 P_m 参考范围"是对应各评分等级给出的预计该故障模式在产品的寿命周期内发生的概率，该值在具体应用中可以视情定义。

表 3‑13 故障模式发生概率等级(OPR)的评分准则

OPR 评分等级	故障模式发生的可能性	故障模式发生概率参考范围
1	极低	$P_m \leqslant 1 \times 10^{-6}$
2、3	较低	$1 \times 10^{-6} < P_m \leqslant 1 \times 10^{-4}$
4、5、6	中等	$1 \times 10^{-4} < P_m \leqslant 1 \times 10^{-2}$
7、8	高	$1 \times 10^{-2} < P_m \leqslant 1 \times 10^{-1}$
9、10	非常高	$P_m > 1 \times 10^{-1}$

b.危害性矩阵分析方法。

①危害性矩阵分析的目的:比较每个产品及其故障模式的危害性程度,为确定产品改进措施的先后顺序提供依据。它分为定性的危害性矩阵分析方法、定量的危害性矩阵分析方法。当不能获得产品故障数据时,应选定性的危害性矩阵分析方法;当可以获得较为准确的产品故障数据时,选择定量的危害性矩阵分析方法。

②定性危害性矩阵分析方法:定性危害性矩阵分析方法是将每个故障模式发生的可能性分成离散的级别,按所定义的等级对每个故障模式进行评定。根据每个故障模式出现的概率大小分为 A、B、C、D、E 五个不同的等级,其定义见表 3‑14。

表 3‑14 故障模式发生概率的等级划分

等级	定义	故障模式发生概率的特征	故障模式发生的概率(在产品使用时间内)
A	经常发生	高概率	某个故障模式发生概率大于产品总故障的 20%
B	有时发生	中等概率	某个故障模式发生概率大于产品总故障的 10%且小于 20%
C	偶然发生	不常发生	某个故障模式发生概率大于产品总故障的 1%且小于 10%
D	很少发生	不大可能发生	某个故障模式发生概率大于产品总故障的 0.1%且小于 1%
E	极少发生	近乎为零	某个故障模式发生概率小于产品总故障的 0.1%

结合工程实际,其等级及概率可以进行修正。故障模式概率等级评定之后,应用危害性矩阵图对每个故障模式进行危害性分析。

③定量危害性矩阵分析方法:定量危害性矩阵分析方法主要按式(3‑18)和式(3‑20)分别计算故障模式危害度 C_{mj} 和产品危害度 C_r,并对求得的不同的 C_{mj} 和 C_r 值进行排序或应用危害性矩阵图对每个故障模式的 C_{mj}、产品的 C_r 进行危害性分析。

a) 故障模式的危害度 C_{mj}。C_{mj} 是产品危害度的一部分,指产品在工作时间 t 内,以第 j 个故障模式发生的某严酷度等级下的危害度,有

$$C_{mj} = \alpha_j \beta_j \lambda_p t \tag{3-18}$$

式中:$j=1,2,\cdots,N$,N 为产品的故障模式总数。

α_j(故障模式频数比)——产品第 j 种故障模式发生次数与产品所有可能的故障模式数

的比率。α_j 一般可通过统计、试验、预测等方法获得。当产品的故障模式数为 N 时，$\alpha_j(j=1,2,\cdots,N)$ 之和为 1，见下式：

$$\sum_{j=1}^{N}\alpha_j = 1 \quad (3-19)$$

β_j（故障模式影响概率）——产品在第 j 种故障模式发生的条件下，其最终影响导致"初始约定层次"出现某严酷度等级的条件概率。β 值的确定是代表分析人员对产品故障模式、原因和影响等掌握的程度。通常 β 值的确定是按经验进行定量估计。

表 3-15 所列有三种 β 值可供选择。

表 3-15 故障影响概率 β 的推荐值

序号	1		2		3	
方法来源	本标准推荐采用		国内某型装备设计采用		《系统可靠性分析技术 失效模式和影响(FMEA)程序》(GB 7826—2012)	
规定值	实际丧失	1	一定丧失	1	肯定损伤	1
	很可能丧失	0.1~1	很可能丧失	0.5~0.99	可能损伤	0.5
	有可能丧失	0~0.1	可能丧失	0.1~0.49	很少可能	0.1
	无影响	0	可忽略	0.01~0.09	无影响	0
			无影响	0		

b. 产品危害度。C_r 是该产品在给定的严酷度类别和任务阶段下的各种故障模式危害度 C_{mj} 之和，即

$$C_r = \sum_{j=1}^{N}\alpha_j\beta_j\lambda_p t \quad (3-20)$$

式中：$j=1,2,\cdots,N$，N 为产品的故障模式总数；

λ_p——被分析产品在其任务阶段内的故障率；

t——产品任务阶段的工作时间（h）。

④ 绘制危害性矩阵图及应用。

a. 绘制危害性矩阵图的目的。比较每个故障模式影响的危害程度，为确定改进措施的先后顺序提供依据。危害性矩阵是在某个特定严酷度级别下，对每个故障模式危害程度或产品危害度的结果进行比较。危害性矩阵与风险优先数（RPN）一样具有风险优先顺序的作用。

b. 绘制危害性矩阵的方法。横坐标一般按等距离表示严酷度等级；纵坐标为产品危害度 C_r 或故障模式危害度 C_{mj} 或故障模式发生概率等级，详见图 3-12。其做法是：首先按 C_r 或 C_{mj} 的值或故障模式发生概率等级在纵坐标上查到对应的点，再在横坐标上选取代表其严酷度类别的直线，并在直线上标注产品或故障模式的位置（利用产品的故障代码标注），从而构成产品或故障模式的危害性矩阵图，即在图 3-12 上得到各产品或故障模式危害性的分布情况。

c. 危害性矩阵图的应用。从图3-12中所标记的故障模式分布点向对角线(图中虚线OP)作垂线,以该垂线与对角线的交点到原点的距离作为量度故障模式(或产品)危害性的依据,距离越长,其危害性越大,越应尽快采取改进措施。如图3-12所示,因$O1$距离比$O2$距离长,故M_1故障模式比M_2故障模式的危害性大。

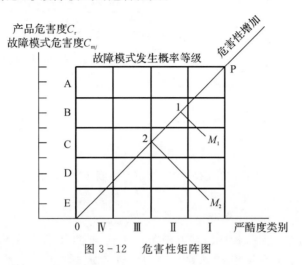

图3-12 危害性矩阵图

d. 填写危害性分析(CA)表格。CA的实施与FMEA的实施一样,据采用填写表格的方式进行。常用的危害性分析表格见表3-16。

表3-16 危害性分析(CA)表

初始约定层次			产品任务			审核			第 页 共 页			
约定层次产品			分析人员			批准			填表日期			

代码	产品或功能标志	功能	故障模式	故障原因	任务阶段与工作方式	严酷度类别	故障率 λ_p/h^{-1}	故障模式频数比 α_j	故障影响概率 β_j	工作时间/h	故障模式危害度 C_{mj}	产品危害度 C_r	备注
(1)	(2)	(3)	(4)	(5)	(6)	(7)	(8)	(9)	(10)	(11)	(12)	(13)	(14)

在表3-16中,第(1)~(7)栏的内容与FMEA表(见表3-7)中的内容相同,第(8)栏记录被分析产品的"故障模式概率等级或故障数据源"的来源,当采用定性分析方法时此栏只记录故障模式概率等级,并取消第(9)~(14)栏。第(9)~(13)栏分别记录危害度计算的相关数据及计算结果。第(14)栏记录对其他栏的注释和补充。

(8)建立FMECA表格注意事项

1)重视FMECA计划工作。实施中应贯彻"边设计、边分析、边改进"和"谁设计、谁分析"的原则。

2)明确约定层次间的关系。各约定层次间存在着一定的关系,即低层次产品的故障模式是紧邻上一层次的故障原因;低层次产品故障模式对高一层次的影响是紧邻上一层次产品的故障模式。FMECA是一个由下而上的分析迭代过程(见图3-13)。

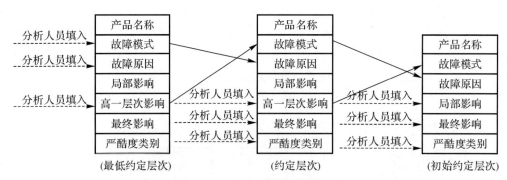

图 3-13 FMECA 分析过程

注：假设此系统只有三个层次（即最低约定层次、约定层次和初始约定层次），每一层次只有一个产品，每一产品只有一个故障模式，每一故障模式只有一个故障原因、影响。

3）加强规范化工作。实施 FMECA 工作，型号总体单位应加强规范化管理。型号总体单位应明确与各承制单位之间的职责与接口分工，统一规范、技术指导，并跟踪其效果，以保证 FMECA 分析结果的正确性和可比性。

4）深刻理解、切实掌握分析中的基本概念。例如：严酷度是某一故障模式对"初始约定层次产品"的最终影响的严重程度；严酷度与危害度是两个不同的概念；故障检测方法是产品运行或使用维修检查故障的方法，而不是指研制试验和可靠性试验过程中的检查故障方法等。

5）对于风险优先数（RPN）高的故障模式，应从降低故障发生概率等级（OPR）和故障影响严酷度等级（ESR）两方面提出改进措施；在 RPN 分析中，可能出现不同的 OPR、ESR，但其积 RPN 相同，对此分析人员应对严酷度等级高的故障模式给予更大的关注。

6）危害性分析时，若只能估计每一个故障模式发生的概率等级，则可在 FMECA 表中增加"故障模式发生概率等级"一栏，即将 FMECA 表变为定性的 CA 表，并可通过绘制危害性矩阵进行定性的危害性分析。

7）积累经验、注重信息。建立相应的故障模式及相关信息库。

8）FMECA 是一种静态、单因素的分析方法，在动态多因素分析方面很不完善，为了对产品进行全面分析，进行 FMECA 时还应与其他故障分析方法相结合。

本书附录 4 给出了某导弹固体火箭发动机的 FMECA 分析表，供读者参阅。

3.6 故障树分析法

3.6.1 概述

(1) 产生背景

1961 年，美国贝尔电话研究所的沃森（Watson）和默恩斯（Mearns）在"民兵"洲际弹道导弹发射控制系统的设计中，首先使用故障树分析法对弹道导弹的发射随机故障问题成功地做出了预测。之后，波音公司的哈斯尔（Hassl）、舒劳特（Schroder）、杰克逊（Jackson）等人研制出故障树分析法计算机程序,在飞机设计方面得到成功应用。1974年,美国原子能委员会发表了麻省理工学院拉斯穆森(Rasmussen)教授为首的安全小组所写的《商用轻水堆核电站事故危险性评价》报告。该报告运用事件树分析法(Event Tree Analysis,ETA)和故障树分析法(Fault Tree Analysis,FTA),分析了核电站可能发生的各种事故的概率,并肯定了核电站的安全性,得出了核能是一种非常安全的能源,报告的发表在各方面引起了很大的反响,之后故障树分析法从宇航、核能推广到了电子、化工和机械等专业。目前已普及到社会问题、国民经济管理、军事行动决策等方面,被认为是可靠性、安全性分析的一种简单、有效、很有发展前途的方法。

(2)故障树定义

把最不希望发生的事件称为顶事件,无须再深究的事件称为底事件,介于顶事件与底事件之间的一切事件为中间事件,用相应的符号代表这些事件,再用适当的逻辑门把顶事件、中间事件和底事件连接成树形图,这样的树形图称为故障树(Fault Tree)。

故障树是一种特殊的倒立树状逻辑因果关系图,它用事件符号、逻辑门符号和转移符号描述系统中各种事件之间的因果关系。逻辑门的输入事件是输出事件的"因",逻辑门的输出事件是输入事件的"果"。故障树的各种故障事件可包括硬件故障、软件故障、人为差错、环境影响等各种故障因素,以及能导致人员伤亡、职业病、设备损坏、环境严重污染等事故的各种危险因素。

(3)故障树分析法定义

故障树分析是系统安全性和可靠性分析的工具之一。在产品研制设计阶段,故障树分析可帮助判明潜在的系统故障模式和灾难性危险因素,发现可靠性和安全性薄弱环节,以便改进设计。在生产和使用阶段,故障树分析可帮助故障诊断,改进使用维修方案。故障树分析也是事故调查的一种有效手段。故障树分析法简称FTA(Fault Tree Analysis)法,是以故障树为工具,分析系统发生故障的各种途径,计算各个可靠性特征量,对系统的安全性或可靠性进行评价的方法。

(4)FTA特点

1)直观、形象。

与一般可靠性分析方法不同,故障树分析法是一种从系统到部件再到零件这样的"下降形"分析方法,通过逻辑符号绘制出的一个倒立树形图,这样,它就把系统的故障与导致该故障的各种因素直观而又形象地呈现出来。如果我们从故障树的顶端向下分析,就可以找出系统的故障与哪些零部件的状态有关,从而全面查清引起系统故障的原因;如果我们由故障树的下端即各个底事件往上追溯,可以分辨各个零部件故障对系统故障的影响途径与程度,从而可评价各种零部件故障原因及其对保证系统可靠性、安全性的重要程度。

2)灵活、多用。

a.用于对产品、装置、部件、系统的可靠性、安全性进行定性分析和定量分析。

b.不但可以分析由单一构件故障所诱发的系统故障;还可以分析两个以上构件同时故障时所导致的系统故障。

c.既可以用于分析系统组成中软硬件故障的影响,也可以考虑维修、环境因素、人为差错的影响;不仅可反映系统内部单元与系统的故障关系,也能反映出系统外部因素所可能造成的后果。

3)多目标、可计算。

a. 在研制设计中,应用故障树分析可以帮助设计者弄清系统的故障模式,在对系统或设备的故障进行预测和诊断中,找出系统或设备的薄弱环节,以便在设计中采取相应的改进措施,进而实现系统设计的最优化。

b. 在管理和维修中,根据对系统故障原因的分析,充实备件量,完善使用方法,采取有效的维修方案,切实防止故障的发生。

c. 由于故障树是由特定的逻辑门和一定的事件构成的逻辑图,因此完全可以应用计算机软件来辅助建树,进行定性分析和定量计算。

(5)举例

图 3-14 为一个装备故障树的例子。

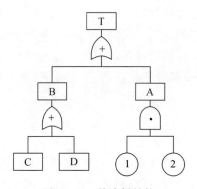

图 3-14　故障树结构

首先,选定系统的某一故障事件画在故障树的顶端,作为顶事件,即故障树的第一阶。再将导致该系统故障发生的直接原因(各部件故障)并列地作为第二阶,用适当的事件符号表示,并用适当的逻辑门把它们与系统故障事件连接起来,图上用或门表示系统的故障是由部件 A 故障或者部件 B 故障所引起的。其次,将导致第二阶各故障事件发生的原因分别并列在第二阶故障事件的下面作为第三阶,用适当的事件符号表示之,并用适当的逻辑门与第二阶相应的事件连接起来,连接部件 A 故障与元件 1 故障、元件 2 故障的是一与门,表明部件 A 故障是在元件 1 和元件 2 同时故障时发生的。如此逐阶展开,直到把形成系统故障的最基本事件都分析出来为止。

3.6.2　符号含义

把描述系统状态、部件状态的改变过程叫事件。如果系统或元件按规定要求(规定的条件下和时间内)完成其功能称为正常事件;如果系统或元件不能按规定要求完成其功能,或其功能完成不准确,称作故障事件。引起故障事件的原因有硬件故障、软件差错、环境因素和人为因素等。凡是能产生故障事件的元件、子系统、设备、人和环境条件,在故障树中都定义为部件。

1. 事件及其符号

在故障树分析中各种故障状态或不正常情况皆称故障事件,各种完好状态或正常情况皆称成功事件。两者均可简称为事件。

(1)底事件(Bottom Event)

底事件是故障树中仅导致其他事件的原因事件,它位于所讨论的故障树底端,总是某个逻辑门的输入事件而不是输出事件。

底事件分为基本事件和未探明事件。

1)基本事件(Basic Event)用圆形符号表示。基本事件是在特定的故障树分析中无须探明其发生原因的底事件。其图形符号见图3-15。

2)未探明事件(Undeveloped Event)用菱形符号表示。未探明事件是原则上应进一步探明原因但暂时不必或者不能探明其原因的底事件。其图形符号见图3-16。

图3-15 基本事件符号   图3-16 未探明事件的符号

(2)结果事件(Resultant Event)

结果事件用矩形符号表示。结果事件是故障树分析中由其他事件或事件组合所导致的事件。它位于某个逻辑门的输出端。结果事件分为顶事件与中间事件。其图形符号见图3-17。

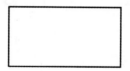

图3-17 结果事件符号

1)顶事件(Top Event)。顶事件是故障树分析中所关心的最后结果事件。它位于故障树的顶端,总是讨论故障树中逻辑门的输出事件而不是输入事件。

2)中间事件(Intermediate Event)。中间事件是位于底事件和顶事件之间的结果事件。它既是某个逻辑门的输出事件,同时又是别的逻辑门的输入事件。

(3)特殊事件(Special Event)

特殊事件指在故障树分析中需用特殊符号表明其特殊性或引起注意的事件。

1)开关事件(Switch Event)。已经发生或者必将要发生的特殊事件。其图形符号见图3-18。

2)条件事件(Conditional Event)。条件事件是描述逻辑门起作用的具体限制的特殊事件。其图形符号见图3-19。

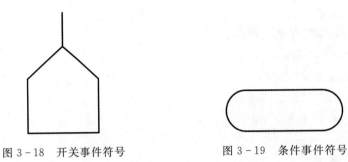

图3-18 开关事件符号　　　　图3-19 条件事件符号

2.逻辑门及其符号

在故障树分析中,逻辑门只描述事件间的因果关系。与门、或门和非门是三个基本门,其他逻辑门为特殊门。

(1)与门(AND gate)

与门表示仅当所有输入事件发生时,输出事件才发生。其图形符号见图3-20。

(2)或门(OR gate)

或门表示至少一个输入事件发生时,输出事件才发生。其图形符号见图3-21。

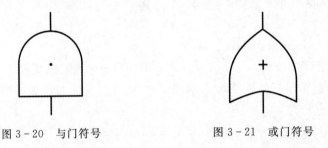

图3-20 与门符号　　　　图3-21 或门符号

(3)非门(NOT gate)

非门表示输出事件是输入事件的逆事件。其图形符号见图3-22。

(4)顺序与门(Sequential AND gate)

顺序与门表示仅当事件按规定的顺序发生时,输出事件才发生。其图形符号见图3-23。

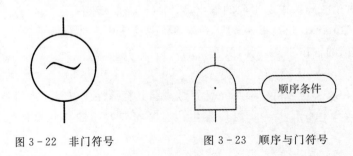

图3-22 非门符号　　　　图3-23 顺序与门符号

顺序与门示例:有主发电机和备份发电机(带开关控制器)的系统停电故障分析(见图 3-24)。

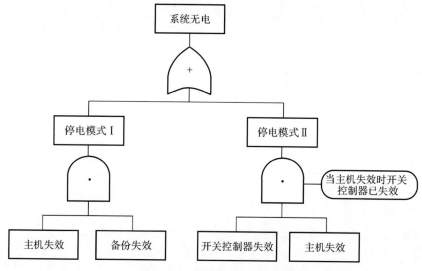

图 3-24 系统停电故障分析

(5)表决门(Voting gate)

表决门表示仅当 n 个输入事件中有 r 个或 r 个以上的事件发生时,输出事件才发生($1 \leqslant r \leqslant n$)。其图形符号见图 3-25,应用示例见图 3-32。很显然,或门和与门都是表决门的特例。或门是 $r=1$ 的表决门,与门是 $r=n$ 的表决门。

(6)异或门(Exclusive gate)

异或门表示仅当单个输入事件发生时,输出事件才发生。其图形符号见图 3-26。

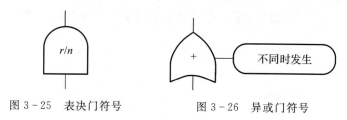

图 3-25 表决门符号　　图 3-26 异或门符号

异或门示例:双发电机电站丧失部分电力故障分析见图 3-27。

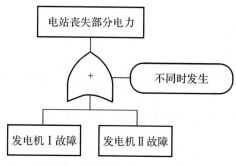

图 3-27 丧失部分电力故障分析

(7)禁门(Inhibit gate)

禁门表示仅当禁门打开的条件事件发生时,输入事件的发生方导致输出事件的发生。其图形符号见图3-28。

3. 转移符号

转移符号是为了避免画图时重复或拥挤,使用简明而设置的符号引入和引出。对于大型复杂系统故障树建树中经常用到。

(1)相同转移符号(Identical Transfer Symbol)

图3-29是一对相同转移符号,用以指明子树的位置。图3-29(a)符号表示"下面转到以字母数字为代号所指的子树去"。图3-29(b)符号表示"由具有相同字母数字的符号处转到这里来"。

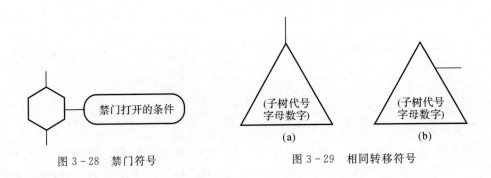

图3-28 禁门符号　　图3-29 相同转移符号

(2)相似转移符号(Similar Transfer Symbol)

图3-30是一对相似转移符号,用以指明子树的位置。图3-30(a)符号表示"下面转到以字母数字为代号所指结构相似而事件标号不同的子树去",不同的事件标号在三角形旁注明。图3-30(b)符号表示"相似转移符号所指子树与此处子树相似但事件标号不同"。

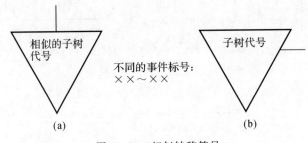

图3-30 相似转移符号

开关事件符号及相同转移符号示例:造船工人高空作业坠落死亡事故故障树分析见图3-31。

表决门及相似转移符号示例:对某型飞机不能正常飞行的分析。已知该机三台发动机若有二台发生故障时便不能正常飞行(见图3-32)。

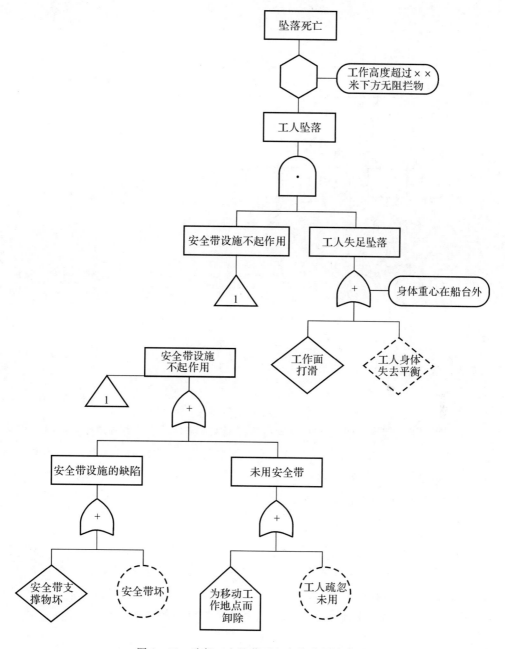

图 3-31 造船工人坠落死亡事故分析故障树

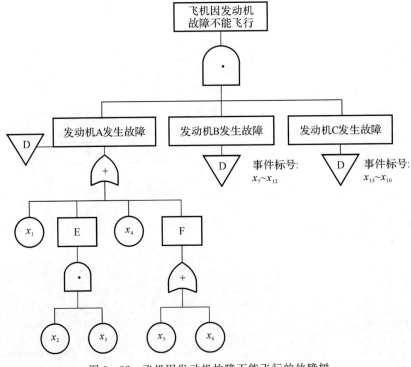

图 3-32 飞机因发动机故障不能飞行的故障树

3.6.3 建树步骤

1. 目的

故障树分析以一个不希望发生的系统故障事件(或灾难性的系统危险)即顶事件作为分析的目标,通过由上向下的严格按层次的故障因果逻辑分析,逐层找出故障事件的必要而充分的直接原因,最终找出导致顶事件发生的所有原因和原因组合。在具有基础数据时,计算出顶事件发生概率和底事件重要度等定量指标。

2. 准备工作

(1) 熟悉资料

必须熟悉技术说明书、原理图(如流程图、结构图)、操作规程、维修规程和有关资料。实际上,开始建树时,资料往往不全,必须补充收集某些资料或作必要假设来弥补这种欠缺。随着资料的逐步完善,故障树也会修改得更加符合实际情况和更加完善。

(2) 熟悉系统

1) 应透彻掌握系统设计意图、结构、功能、边界(包括人机接口)和环境条件等情况。

2) 辨明人的因素和软件对系统的影响。

3) 辨识系统可能的各种状态模式及它们和各单元状态的对应关系,辨识这些模式之间的相互转换,必要时应绘制系统状态模式及转换图,以帮助找弄清系统成功或故障与单元成功或故障之间的关系,有利于正确地建造故障树。

4)根据系统复杂程度和要求,必要时应进行系统FME(C)A,以帮助辨识各种故障事件以及人的失误和共因故障。

5)根据系统复杂程度,必要时应绘制系统可靠性框图,以帮助正确形成故障树的顶部结构和实现故障树的早期模块化,以缩小树的规模。

6)为透彻地熟悉系统,建树者除完成上述工作外还应随时征求有经验的设计人员和使用、维修人员的意见,最好有上述人员参与建树工作,方能保证建树工作顺利开展和建成的故障树的正确性,以达到预期的分析目的。

(3)确定分析目的

应根据任务要求和对系统的了解确定分析目的。同一个系统,因分析目的的不同,系统模型化结果会大不相同,反映在故障树上也大不相同。如果本次分析关注的对象是硬件故障,系统模型化时可以略去人为因素;如果关注对象是内部事件,模型化将不考虑外部事件。有时(但不是所有场合)需要考虑硬件故障、软件故障、人因失误和外部事件等所有因素。

(4)确定故障判据

根据系统成功判据来确定系统故障判据,只有故障判据确切,才能辨明什么是故障,从而才能正确确定导致故障的全部直接的必要而又充分的原因。

(5)确定顶事件

人们不希望发生的显著影响系统技术性能、经济性、可靠性和安全性的故障事件可能不止一个,必要时可应用FME(C)A,然后再根据分析目的和故障判据确定出本次分析的顶事件。

3. 分析程序

(1)建造故障树

推荐用演绎法人工建树。人工建树是依靠人员对系统和故障树分析方法的理解,通过思考分析顶事件是怎么发生的？导致顶事件的直接原因事件是哪些？它们又是如何发生的？一直分析到底事件为止,并用有关的故障树符号将分析结果记录下来而形成故障树。

人工演绎法建树应遵守以下基本规则:

1)明确建树边界条件,确定简化系统图。故障树的边界应和系统的边界相一致,方能避免遗漏或出现不应有的重复;一个系统的部件以及部件之间的连接数目可能很多,但其中有些对于给定的顶事件是很不重要的,为了缩小树的规模以突出重点,应在FME(C)A的基础上,将那些很不重要的部分舍去,从系统图的主要逻辑关系得到等效的简化系统图,然后从简化系统图出发进行建树。

划定边界、合理简化是完全必要的,同时,这方面又要非常慎重,避免主观地把看成"不重要"的底事件压缩掉,却把要寻找的隐患漏掉了。做到合理划定边界和简化的关键在于集思广益地推敲,做出正确的工程判断。

2)故障事件应严格定义。所有故障事件,尤其是顶事件必须严格定义,否则建出的故障树将不正确。

3)寻找直接原因事件。应不断利用"直接原因事件"作为过渡,逐步地无遗漏地将顶事件演绎为基本原因事件。

在故障树往下演绎过程中,还常用等价的比较具体的或更为直接的事件取代比较抽象的或显得间接的事件,这时就会出现不经任何逻辑门的事件串。

4)应从上到下逐级建树。这主要目的是避免遗漏。例如:大型复杂系统建造故障树,应首先确定系统级顶事件,据以确定各分系统级顶事件;重视总体与分系统之间和分系统相互之间的接口,分层次、有计划、协调配合地进行故障树的建造。

5)建树时不允许逻辑门与逻辑门直接相连。

6)妥善处理共因事件。若某个故障事件是共因事件,则对故障树的不同分支中出现的该事件必须使用同一事件标号。若该共因事件不是底事件,必须使用相同转移符号简化表示。

(2)故障树规范化、简化和模块分解

为分析方便,必须对建立的故障树进行简化,去掉逻辑多余事件,用简单的逻辑关系表示之。常用的方法有修剪法和模块化。

1)修剪法。所谓修剪法,就是去掉逻辑多余事件的方法。对简单故障树,可用目测直接将逻辑多余事件去掉,也可用布尔代数运算法则化简;对较复杂的故障树,则可用最小割集或最小路集法简化。

2)模块化。模块化就是把故障树的底事件化成若干个底事件的集合,各集合都不包含其他集合的底事件,即其包含的底事件在其他集合中不重复出现。故障树模块化后,树的规模就变小了,对其进行定性和定量分析就比较容易。

(3)定性分析

用上行法或下行法求出单调故障树所有最小割集,即所有导致顶事件发生的系统故障模式。在没有基础数据因而无法进一步定量分析的情形下,可以仅做定性比较。

(4)定量分析

在各个底事件相互独立和已知其发生概率的条件下,求出单调故障树顶事件发生概率和系统重要度分析。

4. FTA 报告编写

报告可包括以下内容:

1)前言(指明本次分析的任务,所涉及的范围)。

2)系统描述(系统的边界定义、功能、工作原理、运行状态描述)。

3)基本假设。

4)系统故障的定义和判据。

5)系统顶事件的定义和描述。

6)建造故障树。

7)故障树的定性分析。

8)故障树的定量分析。

9) 故障树分析的结果和改进建议。

10) 附件。

附件可包括前 9 个部分未给出的必要的图表和说明资料,例如:

a. 可靠性数据表及数据来源说明。

b. 其他希望补充说明的系统资料,如系统原理图、结构图、功能框图和可靠性框图等。

c. 故障树图。

d. 最小割集清单。

e. 系统重要度分析和排序表。

3.6.4 故障树简化

1. 故障树结构函数

假设一个由 n 个部件组成的系统,对系统和部件均只考虑故障和成功两种状态,则对底事件可定义如下:

$$x_i = \begin{cases} 1 & (当底事件 i 发生时 \ i=1,2,\cdots,n) \\ 0 & (当底事件 i 不发生时 \ i=1,2,\cdots,n) \end{cases}$$

系统顶事件 T 的状态如用 φ 来表示,则 φ 必然是底事件状态 x_i 的函数:

$$\varphi = \varphi(x) = \varphi(x_1, x_2, \cdots, x_n)$$

$$\varphi(x) = \begin{cases} 1 & (当顶事件 T 发生时) \\ 0 & 当顶事件 T 不发生时 \end{cases} \tag{3-21}$$

$\varphi(x)$ 就是作为故障树的数学表述的结构函数。

故障树常用的结构函数有与门结构函数和或门结构函数。

(1) 与门结构函数

图 3-33 为一个与门结构故障树,结构函数为

$$\varphi(x) = \bigcap_{i=1}^{n} x_i = \prod_{i=1}^{n} x_i \tag{3-22}$$

式中:　　i —— 底事件的序号,$i=1,2,\cdots,n$;

n —— 底事件数;

$\bigcap, \prod$ —— 分别为集合"相与"和连乘号。

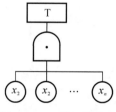

图 3-33　与门结构图

与门结构函数与一个并联系统相当,所代表的工程意义是:并联系统中只有当全部元件产生故障时,系统的故障才会出现。

(2) 或门结构函数

图 3-34 所示一个或门结构故障树,结构函数为

$$\varphi(x) = \bigcup_{i=1}^{n} x_i = 1 - \prod_{i=1}^{n}(1-x_i) \tag{3-23}$$

式中： i—— 底事件的序号, $i=1,2,\cdots,n$；

n—— 底事件数；

$\bigcup, \prod$—— 分别为集合"相或"和连乘号。

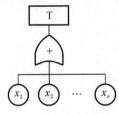

图 3-34 或门结构图

或门结构故障树与一个串联系统相当,它所代表的工程意义是:串联系统中,只要有一个元件产生故障,系统的故障就出现。也就是说,必须所有元件都正常,系统才处于正常状态。

2. 故障树的简化

根据布尔代数运算规则,可以对已建造的故障树进行化简,去掉多余的逻辑事件,使顶事件与底事件之间有简单的逻辑关系,使故障树的定性和定量分析工作易于进行。

按照集合(事件)运算规则,可以直接将多余的事件去掉,得到以下简化故障树的基本原理。

在结构函数中,事件的逻辑加运算和逻辑乘运算服从集合代数的运算规则见表 3-17。

表 3-17 结构函数的运算规则

名 称	和运算	乘运算
交换律	$x+y=y+x$	$xy=yx$
结合律	$(x+y)+z=x+(y+z)$	$(xy)z=x(yz)$
分配律	$x+yz=(x+y)(y+z)$	$x(y+z)=xy+xz$
幂等律	$x+x=x$	$xx=x$
互补律	$x+\bar{x}=1$	$x\bar{x}=0$
回归律	$\bar{\bar{x}}=x$	
吸收律	(1) $x+xy=x$; (2) $(x+y)x=x$; (3) $x+\bar{x}y=x+y$	
摩根律(反演律)	(1) $\overline{x+y}=\bar{x}\bar{y}$; (2) $\overline{xy}=\bar{x}+\bar{y}$	

(1) 按结合律(一)

$(A+B)+C=A+B+C$,可做如图 3-35 所示的简化。

第 3 章 可靠性技术

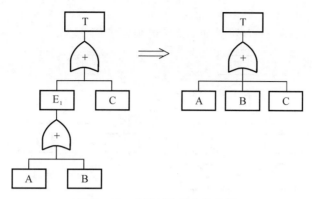

图 3-35 故障树按结合律化简

(2) 按结合律(二)

(AB)C=ABC,可做如图 3-36 所示的简化。

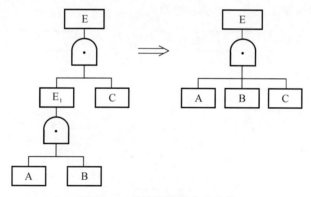

图 3-36 故障树按结合律化简

(3) 按分配律(一)

B+AC=A(B+C),可做如图 3-37 所示的简化。

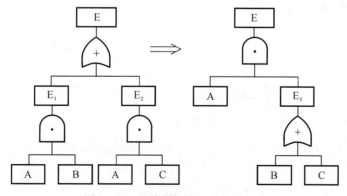

图 3-37 故障树按分配律化简(一)

(4)按分配律(二)

(A+B)(A+C)=A+BC,可做如图3-38所示的简化。

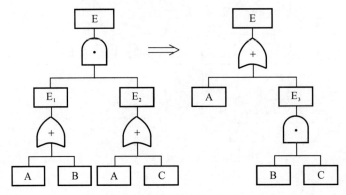

图3-38 故障树按分配律化简(二)

(5)按吸收律(一)

A(A+B)=A,可做如图3-39所示的简化。

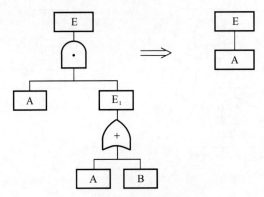

图3-39 故障树按吸收律化简(一)

(6)按吸收律(二)

A+AB=A,可做如图3-40所示的简化。

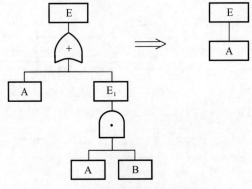

图3-40 故障树按吸收律化简(二)

(7) 按等幂律(一)

A+A=A,可做如图 3-41 所示的简化。

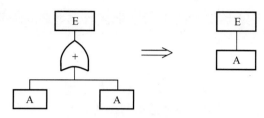

图 3-41　故障树按等幂律化简(一)

(8) 按等幂律(二)

AA=A,可做如图 3-42 所示的简化。

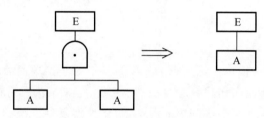

图 3-42　故障树按等幂律化简(二)

(9) 按互补律

$A\bar{A}=\Phi$,其中 Φ 为空集。图 3-43 中的事件是不可能发生的事件,因此事件 E 以下的部分可以全部删去。

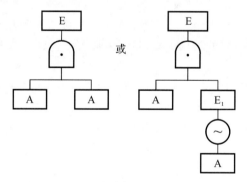

图 3-43　故障树按互补律化简

3.6.5　定性分析

对故障树进行定性分析的主要目的是找出导致顶事件发生的所有可能的故障模式,即弄清系统(或设备)出现某种最不希望发生的事件(故障)有多少种可能性。故障树定性分析可以帮助判明潜在的故障,以便设计方改进设计;也可以用于指导故障诊断,改进运行和修改维修方案。

故障树定性分析的主要任务也就在于找出它的最小割集。

1. 割集（Cutset）

割集是指能使顶事件发生的一些底事件的集合，当这些底事件同时发生时，顶事件必然发生。

2. 最小割集（Minimal Cutset）

最小割集是底事件的数目不能再减少的割集，即在该最小割集任意去掉一个底事件之后，剩下的底事件集合就不是割集。一个最小割集代表引起故障树顶事件发生的一种故障模式。换言之，一个最小割集是指包含了最少数量，而又最必需的底事件的割集。由于最小割集发生时，顶事件必然发生，故一棵故障树的全部最小割集的完整集合代表了该顶事件发生的所有可能性，即给定系统给定顶事件的全部故障模式。因此，最小割集的意义就在于它为我们描绘出了处于故障状态的系统所必须要修理的基本故障，指出了系统中最薄弱的环节。

3. 最小割集的算法

故障树的最小割集表征了系统故障的充要条件。对于简单的故障树，只需要将故障树的结构函数展开，然后运用布尔代数运算规则加以化简，使成为具有最小项数的积之和最简表达式，每一项乘积就是一个最小割集。但是，对于大型复杂系统的故障树，与其顶事件发生有关的底事件数可能有几十个甚至上百个，要从这为数众多的底事件中，先找出割集，再从中剔除一般割集求出最小割集，不但工作量很大，而且又容易出差错。20世纪，国外已研制出多种用计算机求解故障树最小割集的算法和程序，较常用的算法有以下两种。

（1）上行法（又称 Semanderes 算法）

由塞迈特里斯（Semanderes）开发的，用于求解故障树最小割集的计算机程序。其原理是：对给定的故障树从最下一级中间事件开始，利用逻辑结构函数来计算事件的关系，顺次往上，直至顶事件求出故障树的结构函数，最后应用布尔代数运算规则加以简化就可求出故障树的最小割集。

具体方法从故障树的底事件开始，自下而上逐层进行事件集合运算，将"或门"输出事件用输入事件的并（布尔和）代替；将"与门"输出事件用输入事件的交（布尔积）代替，在逐层代入过程中，按照布尔代数的运算法则来化简，最后将顶事件表示成底事件积之和的最简式。其中每一积项对应于故障树的一个最小割集，全部积项即是故障树的所有最小割集。

为了具体说明用上行法求故障树最小割集的步骤和方法，以某装备故障树为例说明（见图 3-44）。

首先，处于故障树最下一级中间事件是 S_f，对应的逻辑门为"或门"，所联系底事件是 x_2、x_5，因而用并（布尔和）代替：

$$S_f = x_2 \bigcup x_5$$

其次，中间事件 S_e 是由逻辑"与门"与底事件 x_3、x_5 相连，用输入事件的交（布尔积）表示为

$$S_e = x_3 \bigcap x_5$$

为方便起见，以下凡逻辑乘 $A \bigcap B$ 都简记作 AB。依次分析，对中间事件 S_f 的上一级中

间事件间 S_d 可写出：
$$S_d = x_3 \cdot S_f = x_3(x_2 \bigcup x_5) = x_3 x_2 \bigcup x_3 x_5$$

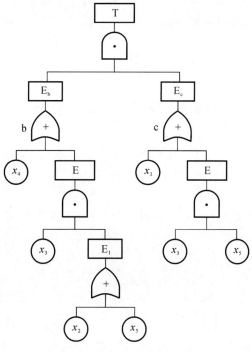

图 3-44　某装备故障树

同理，可写出中间事件 S_b、S_c 的表示式
$$S_c = x_1 \bigcup S_e = x_1 \bigcup x_3 x_5$$
$$S_b = x_4 \bigcup (x_3 x_2 \bigcup x_3 x_5) = x_4 \bigcup x_3 x_2 \bigcup x_3 x_5$$

最后，可写出顶事件 T 的表示式，由于它以与门与中间事件 S_b、S_c 相联系，而可得
$$T = S_b S_c = (x_4 \bigcup x_3 x_2 \bigcup x_3 x_5)(x_1 \bigcup x_3 x_5) =$$
$$x_1 x_4 \bigcup x_3 x_5 x_4 \bigcup x_3 x_2 x_1 \bigcup x_3 x_5 x_3 x_2 \bigcup x_3 x_5 x_1 \bigcup x_3 x_5 x_3 x_2$$

而 $T = S_b S_c = x_1 x_4 \bigcup x_3 x_5 x_4 \bigcup x_3 x_2 x_1 \bigcup x_3 x_5 x_3 x_2 \bigcup x_3 x_5 x_1 \bigcup x_3 x_5 x_3 x_2$ 则是割集。

应用布尔代数运算规则中的等幂律、吸收律化简，可去除掉为 $x_3 x_5$ 所包含之相乘项
$$x_3 x_4 x_5, x_3 x_5 x_3 x_2, x_3 x_5 x_1$$

而使顶事件表示为三个最小项数的积之和：
$$T = x_1 x_4 \bigcup x_3 x_2 x_1 \bigcup x_3 x_5$$

上式说明，图 3-44 故障树有三组最小割集，即
$$\{x_1 x_4\}, \{x_3 x_2 x_1\}, \{x_3 x_5\}$$

(2) 下行法（又称 Fussel - Vesely 算法）

20 世纪，富塞尔（Fussel）根据范斯莱（Vesely）通过编制的计算机程序，提出了一种求最小割集的算法。这种算法根据故障树中的逻辑或门会增加割集的数目，逻辑与门会增大割集容量的道理，从故障树的顶事件开始，由上到下，顺次把上一级事件置换为下一级事件，遇

到与门将输入事件横向并列写出,遇到或门则将输入事件竖向串列写出,直至把全部逻辑门都置换成底事件(含省略事件)的矩阵为止。矩阵的每一行就代表一个割集,整个矩阵代表了故障树的全部割集,再删去非最小割集,剩下的就是欲求的所有最小割集。由于这个算法的特点是从上而下地对故障树进行分解,求出其全部割集,再找出最小割集,因此被称作下行法。

下面用下行法,求出图 3-44 中故障树的最小割集。

先构造矩阵求出全部割集。

因顶事件 T 下是与门,用其输入 S_b、S_c 置换时把它们排成一行:

$$S_b \ S_c$$

因 S_b 下也是或门,用其输入 x_4、S_d 置换时,把它们连同 S_c 排成一列:

$$x_4 \ S_c$$
$$S_d \ S_c$$

因 S_c 下是或门,用其输入 x_1、S_e 置换时,把它们也连同前面 x_4、S_d 的排成一列:

$$x_4 \ x_1$$
$$x_1 \ S_d$$
$$x_4 \ S_e$$
$$S_d \ S_e$$

依次类推,将 S_d、S_e、S_f 用其输入置换也排成一列,最后一列就是所求的矩阵。此矩阵包括该故障树的全部割集,其每一行对应一个割集。然后求最小割集。按照布尔代数吸收律和等幂律来化简,求出最小割集。具体算法见表 3-18。

表 3-18 用下行法计算图 3-44 故障树的最小割集

1	2	3	4	5	6	7
T	$S_b S_c$	$x_4 S_c$	$x_4 x_1$	$x_4 x_1$	$x_4 x_1$	$x_4 x_1$
		$S_d S_c$	$x_1 S_d$	$x_4 S_e$	$x_4 x_3 x_5$	$x_4 x_3 x_5$
			$x_4 S_e$	$x_3 S_f x_1$	$x_3 S_f x_1$	$x_3 x_2 x_1$
			$S_d S_e$	$x_3 S_f S_e$	$x_3 S_f x_3 x_5$	$x_3 x_5 x_1$
						$x_3 x_2 x_3 x_5$
						$x_3 x_5 x_3 x_5$

经过化简后,最小割集为 $x_4 x_1, x_3 x_5, x_3 x_2 x_1$。

(3)最小割集定性比较

在求得全部最小割集后,如果有足够的数据,能够对故障树中各个底事件发生概率做出推断,可进一步对故障树做定量分析。数据不足时,可按以下原则进行定性比较,以便将定性比较的结果应用于指导故障诊断,确定维修方案以及提示改进系统的方向。

首先根据最小割集所含底事件数目(阶数)排序,在各个底事件发生概率比较小,其差别相对不大的条件下进行定性判断:

1)阶数越小的最小割集越重要。
2)在低阶最小割集中出现的底事件比高阶最小割集中的底事件重要。
3)在同一最小割集阶数条件下,在不同最小割集中重复出现的次数越多的底事件越重要。

3.6.6 定量分析

故障树定量分析的主要任务之一是计算或估计顶事件发生的概率。

(1)事件和与事件积的概率计算公式

对给定的故障树,若已知其结构函数和底事件(即系统基本故障事件的发生概率),从原则上来说,应用容斥原理中对事件和与事件积的概率计算公式,可以定量地评定故障树顶事件 T 出现的概率。

设底事件 $x_1, x_2, \cdots, x_n$ 的发生概率各为 $q_1, q_2, \cdots, q_n$,则这些事件和与事件积的概率,可按下式计算:

1)当有 n 个独立事件时,积的概率为

$$q(x_1 \cap x_2 \cap \cdots \cap x_n) = q_1 q_2 \cdots q_n = \prod_{i=1}^{n} q_i \qquad (3-24)$$

和的概率为

$$q(x_1 \cup x_2 \cup \cdots \cup x_n) = 1 - (1-q_1)(1-q_2)\cdots(1-q_n) = 1 - \prod_{i=1}^{n} q_i \qquad (3-25)$$

2)当有 n 个相斥事件时,积的概率为

$$q(x_1 \cap x_2 \cap \cdots \cap x_n) = 0 \qquad (3-26)$$

和的概率为

$$q(x_1 \cup x_2 \cup \cdots \cup x_n) = q_1 + q_2 + \cdots + q_n = \sum_{i=1}^{n} q_i \qquad (3-27)$$

3)当有 n 个相容事件时,积的概率为

$$q(x_1 \cap x_2 \cap \cdots \cap x_n) = q(x_1) q(x_2/x_1) q(x_3/x_1 \cdot x_2) \cdots q(x_n/x_1 \cdot x_2 \cdots x_{n-1})$$
$$(3-28)$$

和的概率为

$$q(x_1 \cup x_2 \cup \cdots \cup x_n) = \sum_{i=1}^{n} (-1)^{i-1} \sum_{1<j_1<\cdots<j_i<n} q(x_{j_1} x_{j_2} \cdots x_{j_n}) \qquad (3-29)$$

注意:

a. 若 $q_i < 0.1, i = 1, 2, \cdots, n$,相容事件近似于独立事件。

b. 若 $q_i < 0.01, i = 1, 2, \cdots, n$,相容事件近似于相斥事件。

c. 当故障树中包含 2 个以上同一底事件时,则必须应用结构函数的运算规则整理简化后,才能使用以上概率计算公式,否则会得出错误的计算结果。

(2)用最小割集表示的结构函数来求顶事件发生概率

设系统最小割集的表达式为 $K_i(x)$,则系统最小割集结构函数为

$$\varphi(x) = \bigcup_{j=1}^{k} k_j(x) = \bigcup_{j=1}^{k} \bigcap_{i \in K_j} x_i$$

式中：K 是最小割集数，$K_j(x)$ 的定义为

$$K_j(x) = \bigcap_{i \in K_j} x_i$$

求系统顶事件发生概率，即是 $\phi(x) = 1$ 的概率，只要上式两端取数学期望，左端即为顶事件发生概率，则顶事件 T 发生的概率（不可靠度）$F_S(t)$ 为

$$P(t) = F_S(t) = E[\phi(x)] = g[F(t)] = g[F_1(t), F_2(t), \cdots, F_n(t)] \quad (3-30)$$

随机变量 x_i 的期望值为

$$E[x_i(t)] = P[x_i(t) = 1] = F_i(t)$$

若已知故障树所有最小割集为 $K_1, K_2, \cdots, K_i$ 及底事件 $x_1, x_2, \cdots, x_R$ 发生的概率，则顶事件 T 发生的概率（不可靠度）$F_S(t)$ 为

$$F_S = P(T) = P(\bigcup_{i=1}^{R} K_i)$$

K_i 之间不相容时，有

$$F_S = P(T) = P(\bigcup_{i=1}^{R} K_i) = \sum_{i=1}^{R} P(K_i) \quad (3-31)$$

K_i 之间相容时，有

$$F_S = P(T) = P(\bigcup_{i=1}^{R} K_i) = \sum_{i=1}^{R} P(K_i) - \sum_{1 \leq i < j \leq R} P(K_i K_j) +$$

$$\sum_{1 \leq i < j \leq R} P(K_i K_j K_K) + \cdots + (-1)^{m-1} P(K_1 K_2 \cdots K_R) \quad (3-32)$$

通常，最小割集中含有重复的底事件，即最小割集之间是相交的。此时，顶事件发生的概率就用相容事件的概率公式（即容斥公式）计算。

3.7 可靠性试验

3.7.1 可靠性试验定义、目的及分类

1. 可靠性试验定义

什么叫可靠性试验？就是为验证产品在规定时间内、规定使用条件下能否完成规定功能的试验。广义地说，凡是在设计制造、使用等过程中，为确认产品可靠性水平而进行的试验，都可称为可靠性试验。

可靠性试验是可靠性工程的重要内容。可靠性设计技术的实施、制造过程中的可靠性保证，毕竟都只是一些技术手段，这些手段能否达到预期的效果，产品实际上达到了什么样的可靠性水平，都只能通过可靠性试验才知道。因此，可靠性试验是可靠性数据的主要来源之一，是评估和改进产品可靠性的主要手段。

2. 可靠性试验目的

可靠性试验的主要目的如下：

(1) 发现产品在设计方案、元器件、原材料、零部件和工艺方面的各种缺陷；

(2) 跟踪产品的故障原因,提出改进措施;

(3) 为改善装备的战备完好性,提高任务成功性、减少维修人员费用和后勤保障费用提供信息;

(4) 确认产品的可靠性是否符合合同或任务书要求。

3. 可靠性试验分类

可靠性试验,按着眼点的不同有不同的分类:

(1) 按试验地点分类

按试验地点分类,试验可分为实验室模拟可靠性试验与现场可靠性试验。

1) 实验室模拟可靠性试验。可靠性定义中的"三规定"主要体现在试验条件、统计试验方案、失效判据三个因素中,因此试验中应模拟现场工作、环境条件,将各种工作模式及环境应力按照一定的时间比例与循环次序反复施加到试品上,经过失效分析与处理,将信息反馈到设计、制造、材料、管理等部门进行改进,以提高产品的固有可靠性,并对产品可靠性做出评价。

实验室模拟试验的优点是:试验条件可以限定控制,试验再现性好,便于比较,能更妥善地监测受试产品的性能及失效显示。其缺点是:由于受试验设备条件的限制,不能完全模拟现场情况,故试验结果与现场使用有一定的差异,且需要各种试验设备、试验费用较高。

2) 现场可靠性试验。现场可靠性试验就是试验在使用现场进行,其优点是可获得更为现实的试验结果,不需专门的试验设备,费用较低,试品可按正常工作使用。缺点是试验条件不能控制,再现性差。

(2) 按试验目的分类

可靠性试验可分为可靠性测定试验、可靠性鉴定试验、可靠性验收试验、成功率试验、全数可靠性试验、可靠性增长试验。其中鉴定试验、验收试验、成功率试验、全数可靠性试验又可统称为可靠性验证试验(Reliability Demonstration Testing,RDT)。所谓验证试验,就是为了确定产品的可靠性是否达到所要求的水平而进行的试验。

1) 可靠性测定试验是指在没有定量规定产品的可靠性要求时,为了评估产品所具有的可靠性水平而进行的试验。

2) 可靠性鉴定试验是为了验证研制的产品能否满足可靠性要求的试验,称为可靠性鉴定试验。试验应在具有代表性的产品上进行,试验结果作为判断产品能否满足可靠性指标要求,能否定型的依据之一。可靠性鉴定试验适用于设计定型、生产定型、主要设计或工艺变更之后的鉴定。

3) 可靠性验收试验(Reliability Acceptance Testing)是为了确定定型后批量生产的产品能否满足可靠性要求的试验,称为可靠性验收试验。验收试验不一定每批都进行,一般在生产方和使用方共同商定的时间和批次中进行。

4) 成功率试验是在适当产品的可靠性特征为成败型时,为了验证产品在规定的条件下工作成功的概率是否满足规定的可靠性要求而进行的试验,称为成功率试验。

5) 全数可靠性试验是当规定每一产品都要进行可靠性验收试验时采用的试验称为全数可靠性验收试验。

6)可靠性增长试验(Reliability Growth Testing,RGT)是通过采取纠正措施,系统地并永久地消除失效机理,使产品可靠性获得确实提高的试验,称为可靠性增长试验。它不是为了验证可靠性是否符合要求,而是通过试验暴露产品所存在的问题,进行失效分析,采取改进措施,使产品可靠性得到增长,以满足或超过预定的可靠性要求。可靠性增长试验在产品研制阶段进行。

上述各类可靠性试验都可通过实验室模拟或在使用现场进行可靠性试验来实现。

(3)按试验方法分类

按试验方法分类,试验可分为加速寿命试验、截尾试验、抽样试验等。

1)加速寿命试验(Accelerated Life Testing)。

加速寿命试验,试验是由于时间上、经济上的考虑,总希望以较少的费用、较短的时间得到产品可靠性试验结果。所谓加速寿命试验,就是用加大应力(如热应力、电应力、机械应力等)的办法,加快产品的失效,从而缩短寿命试验时间,再经过一定的数据处理,根据加速寿命试验下的数据,推断出在正常应力水平下产品的可靠性寿命特征。

在加速寿命试验中,加大的应力应该不引起产品失效模式及机理的改变,且应该在物理上找出加速寿命方程,求得加速因子,这样才能根据加速寿命试验的数据推断出正常应力下的可靠性水平。加速寿命试验目前只用于元器件的可靠性试验。

2)截尾寿命试验(Censoring Life Testing)。

截尾寿命试验有定时截尾试验与定数截尾试验两种,根据试验中失效后是否进行替换,每种又有有替换与无替换之分。截尾寿命试验是可靠性试验的基本方法之一。

3)可靠性抽样试验(Reliability Sampling Testing)。

所谓可靠性抽样试验,是指从一批产品中抽取一个样本,进行可靠性试验,以判断这批产品的可靠度。因此,它是一种节省可靠性试验工作量的有效方法。抽样试验中为了缩短试验时间,一般采用截尾试验或加速寿命试验方式。

应指出,无论哪一种可靠性试验,都是为了评定产品在不同阶段的可靠性水平,为产品可靠性改进提供依据。

3.7.2 环境应力筛选

一个产品,即使设计很好,在生产过程中人和机器、有缺陷的零部件和粗劣的工艺水平等因素也会导致早期失效。通过环境应力筛选对产品施加应力,使其暴露潜在的缺陷。剔除产品的早期失效,这应是产品在研制和生产过程中一道有效的生产工序。环境应力筛选可以在元器件、电路板、组合件和整机等不同组装级别的硬件上进行。筛选试验可以使用多种环境应力,如温度循环、随机振动、热冲击、机械冲击、加速度等(见图3-5)。其中最有效的筛选环境应力是温度循环和随机振动。选用这两种应力筛选的突出优点是经济、有效且时间短。

(1)温度循环

温度循环是利用高变温率的高/低温循环方法,检查电子产品不同结构材料之间的热匹配性能是否良好,使有潜在缺陷的产品得以激发,这类故障模式包括:

1)电子元器件的开路、短路。
2)由于不同材料膨胀因数不同造成的零部件的变形、断裂和破裂。
3)焊接不良。
4)封装、密封不良。
5)产品性能的漂移或工作不稳定等。

温度循环的筛选参数包括以下内容:
1)温度范围。
2)变温率。
3)循环次数。
4)试品工作与否。

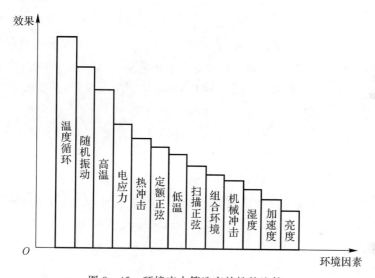

图 3-45 环境应力筛选有效性的比较

(2)随机振动

随机振动指那些无法用确定性函数来描述,但又有一定统计规律的振动。例如,车辆行进中的颠簸、喷气噪声引起的舱壁颤动等。随机振动似乎是杂乱的,但从总体上看仍有一定的统计规律,通常要用概率论的方法进行描述。

随机振动对不同级别电子产品可以暴露的失效模式包括以下内容:
1)电路板、接插件连接不良。
2)焊接不良。
3)机械缺陷、安装松动。
4)装置内部存在多余物。
5)布线不良。
6)元器件引出线有伤痕等。

随机振动的筛选参数包括以下内容:
1)谱形。

2) 持续时间。
3) 施振轴向数等。

3.7.3 抽样试验

为了保证产品的质量,考核产品的可靠性指标,就必须对产品的某些指标(如次品率、失效率、MTBF 等)进行试验。最理想的检验方法,似乎是应该对整批产品毫无遗漏地逐个进行检验,但在实际工作中往往是办不到的。这是因为有一些产品的检验带有破坏性或损伤性,例如,对导弹战斗部性能的检验、电子管的寿命的检验等。显然,对这类产品进行逐个检验是荒唐的。那么,对于那些非破坏性的检验是否都是采取逐个检验为好呢?也不一定。数量很少,检验方法简便的产品,固然可以采用逐个检验的方法。不过,目前的极大部分产品,由于数量很多(例如一个电子元件厂生产的产品,其月产量往往以几百万计),要是采用人工进行逐个检验,既不经济,也不能保证检验之质量,这是因为检验人员在持续长时间的检验中,难免出现错检或漏检的现象;要是全部采用机器自动检验,自动化测试仪表在长时间使用中,仍然存在着工作稳定性问题。因此,实际工作中,对产品质量的检验,常常不是采用逐个检验,而是采用抽样检验的方法。

抽样检验,就是从一批产品(母体)中随机抽取子样进行检验,根据所得结果,判断母体质量是否合格。

根据产品质量指标的不同,抽样检验有以下类型:以产品不合格率 P 作为质量指标,称为计数抽样检验;以产品质量特征平均值、方差作为质量指标,则称为计量抽样检验;以产品可靠性指标如失效率、平均寿命等作为质量指标,则称为可靠性抽样检验。在抽样检验中,按检验方式可分为一次抽样检验、可靠性抽样检验、序贯试验方案等。

1. 一次抽样检验

一次抽样检验,就是从批量为 N 的母体中只抽一个容量为 n 的子样,检验子样的次品数 d。若 d 小于或等于合格判定数 C,则判定该批产品质量合格,接收这批产品;若 d 大于 C,则判定该批产品质量不合格,拒收这批产品。一次抽样检验,关键是要确定抽验的子样数 n 和合格判定数 C,这两个量定了,抽样方案也就定了,故一次抽检方案又称 (n,C) 方案,有时把产品的批量 N 写上,记为 (N,n,C) 抽样方案。

2. 可靠性抽样检验

前面我们讨论产品的质量,是以次品率 P 的大小来衡量的。若产品的质量以产品的平均寿命 θ 或失效率 λ 的大小来衡量,则这种抽样检验即为可靠性抽样检验,它的抽检特性曲线见图 3-46、图 3-47,图中 $L(\theta)$、$L(\lambda)$ 分别为 θ 与 λ 的接收概率。由于指数分布 $\lambda=1/\theta$ 时,所以平均寿命抽检特性曲线与失效率抽检特性曲线形状相反,合格失效率上限 λ_0 与合格平均寿命下限 θ_0 相对应,不合格失效率下限 λ_1 与不合格平均寿命上限 θ_1 相对应。

抽样后进行平均寿命 θ 的检验有定时截尾与定数截尾两种方法,故具体抽检方案的确定又有所不同。

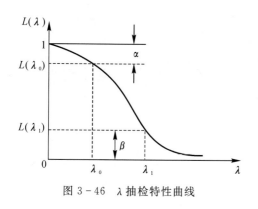

图 3-46 λ 抽检特性曲线

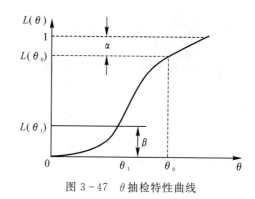

图 3-47 θ 抽检特性曲线

(1) 定时截尾可靠性抽样检验

从一批产品中,随机抽取 n 个样品,按规定的截止时间 t 进行寿命试验,试验到截止时间 t 时,有 r 个产品失效,设 C 为合格判定数,若 $r \leqslant C$,则认为该批产品合格,$r > C$,则认为该产品不合格。所以定时截尾可靠性抽检,是在已知 θ_0、θ_1、α、β 时,确定抽检量 n、截止时间 t、合格判定数 C。它们可利用表 3-19 求得,表中 T 是总试验时间,当进行有替换定时截尾试验时,$T = nt$。

表 3-19 定时截尾可靠性指数分布抽检表

鉴别比 $D = \theta_0/\theta_1$	$\alpha = 0.1$ $\beta = 0.1$		$\alpha = 0.1$ $\beta = 0.2$		$\alpha = 0.2$ $\beta = 0.2$		$\alpha = 0.3$ $\beta = 0.3$	
	C	T/θ_0	C	T/θ_0	C	T/θ_0	C	T/θ_0
1.25	111	100	82	72	49	44	16	14.9
1.5	36	30	25	19.9	17	14.1	6	5.3
2.0	13	9.4	9	6.2	5	3.9	2	1.84

(2) 定数截尾可靠性抽样检验

从一批产品中随机抽取个样品,事先规定一个失效数 r,进行可靠性试验,当产品失效数等于 r 时,试验结束。当有替换定数截尾试验时,平均寿命 θ 的点估计值为 nt_r/r。设 C 为合格判定数:若 $\theta \geqslant C$,则认为该批产品合格;若 $\theta < C$,则认为该批产品不合格。所以定数截尾寿命试验的抽检方案的确定,是在已知 θ_0、θ_1、α、β 时,确定抽检量 n、截尾失效数 r、合格判定数 C,它们可利用表 3-20 求得。

表 3-20 定数截尾可靠性指数分布抽检表

鉴别比 $D = \theta_0/\theta_1$	$\alpha = 0.05$ $\beta = 0.05$		$\alpha = 0.05$ $\beta = 0.1$		$\alpha = 0.1$ $\beta = 0.05$		$\alpha = 0.1$ $\beta = 0.1$	
	r	C/θ_0	r	C/θ_0	r	C/θ_0	r	C/θ_0
1.5	67	0.808	55	0.789	52	0.878	41	0.806
2	23	0.683	19	0.655	18	0.712	15	0.687

续表

鉴别比 $D=\theta_0/\theta_1$	$\alpha=0.05$ $\beta=0.05$		$\alpha=0.05$ $\beta=0.1$		$\alpha=0.1$ $\beta=0.05$		$\alpha=0.1$ $\beta=0.1$	
	r	C/θ_0	r	C/θ_0	r	C/θ_0	r	C/θ_0
3	10	0.543	8	0.498	8	0.582	9	0.525
5	5	0.394	4	0.342	4	0.436	3	0.367
10	3	0.272	3	0.272	2	0.266	2	0.266

(3) 序贯试验方案

一次抽样检验是以规定的合格判定数 C 为标准,若失效数 r 比规定的判定数多一个就判定为不合格,所以合格与不合格只有一个失效数之差,这样下结论似乎太绝对了。于是产生了另一种抽样思想:若某段试验时间的失效数低于某一数值即判定为合格;若高于某一数值即判为不合格;若介于二者之间则继续试验下去,直至可以做出判断为止。或者说,对每个失效数 r,都要规定两个时间:合格下限时间与不合格上限时间,当该失效数的总试验时间超过或等于合格下限时间时,认为产品合格;当总试验时间小于或等于不合格上限时间时,认为产品不合格;当总试验时间介于二者之间则继续试验下去,直至可以做出判断为止。这种方案称为概率比序贯试验方案,简称序贯试验方案。

3.8 导弹可靠性设计

导弹固有可靠性是设计出来的,贯彻可靠性设计准则是提高导弹设计质量,提高导弹固有可靠性的最有效的方法之一。

3.8.1 简化导弹设计

导弹设计中都必须重视产品的简化设计,在保证满足性能要求前提下,减少导弹组成单元数,从而提高导弹可靠性。导弹愈复杂,故障愈容易发生,任何一部分发生故障都要进行维修,也就是基本可靠性愈低,引起的维修和保障要求愈高。因此,简化设计不仅可以获得导弹可靠性的提高和易于维修的效果,还会由于导弹结构简化而降低其生产成本。

为了实现导弹简化设计,应注意的基本原则如下:

1) 尽可能减少导弹组成部分的数量及其相互间的连接。例如,可利用先进的数控加工及精密铸造工艺,把复杂部件实行整体加工和铸造。

2) 尽可能实现导弹零、组部件的标准化、系列化、模块化与通用化,控制非标准的零、部组件的比率。尽可能减少标准件的规格、品种数,争取用较少的零、部组件实现多种功能。

3) 尽可能采用经过考验的可靠性有保证的零、组件以至整机。

4) 尽可能采用模块化设计和集成组件。

3.8.2 元器件降额设计

元器件降额设计是使元器件在低于其额定应力的条件下工作。降额能明显降低元器件的失效率,降额可以通过降低应力或提高元器件的强度来实现。选择具有较高强度的元器件是最实用、最有效的办法。

大多数元器件的失效模式取决于电应力和温度应力,所以降额主要降低元器件承受的电应力和温度应力。需强调指出,在使用各类电子元器件时,绝不允许超负荷使用。

除了温度降额以外,应根据元器件的不同类别进行降额。具体如下:
1)电阻器应对功率进行降额。
2)电容器应对外加电压进行降额,但对某些电容器降额时,应注意低电平失效现象。
3)模拟集成电路应对共模电压和输出电压进行降额。
4)数字集成电路应对电路输出系数进行降额。
5)线圈和变压器应对工作电流进行降额,并对其温升应按绝缘等级做出规定。
6)继电器和开关应对触电负载电流按不同要求进行降额。
7)接插件除了对电流进行降额以外,对其电压也要进行降额。有时为了增加接点电流,可将接插件的芯并联使用。
8)电缆和导线除了对其电流进行降额以外,要注意电缆的耐压降额,尤其是多芯电缆。
9)电机应对负载力矩进行降额。

降额设计应注意合理降额。降额并非越低越好,元器件电应力降低过多,会增加设备的体积和质量,费用也会明显提高。降额有一定的限度,温度应力和电应力降额到一定程度后,失效率变化就不明显,最佳的降额应处于或低于应力或温度曲线的这样一点上,即从这点开始,只要温度或应力稍有增加,失效率便急剧上升。

机械和结构降额设计的概念是指设计的机械和结构部件所能承受的负载(称强度)要大于其实际工作时所承受的应力。由于机械和机构部件的强度和应力不是确定值,而是分布值。因此,传统习惯上通过采用安全系数和安全余量来达到设计可靠性的做法,并不是最恰当的。强度和应力的分布值要通过大量的试验和统计才能得到,有了强度和应力分布,就可以利用概率统计方法定量计算设计可靠性值。

对于机械和结构部件应重视应力-强度分析,并根据具体情况,采用提高平均强度、降低平均应力、减少应力散布、减少强度散布等基本方法,找出应力与强度的最佳匹配,提高设计可靠性。

3.8.3 电路设计

电路是电子产品的基本组成部分,电路设计可靠与否直接影响产品的可靠性。

可靠的电路设计应遵循如下原则:
1)使用元器件、组件时,一定要考虑降额设计,绝不允许超负荷使用。
2)简化电路设计。降低元器件失效的最有效方法是减少元器件的数量,应尽可能以最少的元器件来满足产品的指标要求。简化设计有助于获得最佳可靠性。为此,应充分考虑如下原则:
  a.尽可能用软件功能代替硬件功能,使电路得以简化。
  b.尽可能用集成电路代替分立元件组成的电路。
  c.尽可能用大规模集成电路代替中、小规模的集成电路。

d. 尽可能用数字电路代替模拟电路。

e. 应采用布尔代数技术实现逻辑电路的简化设计。

f. 点火电路连接环节应最少。

g. 电缆应避免中间接头连接。

h. 尽量减少连接电缆的根数。

3) 应采用已定型的或经验证的包括微处理机在内的标准部件、电路和电子模块。

4) 应进行防瞬态过应力的设计。电子瞬变现象,会导致电子部件的损坏。必须采用相应的保护设计,常用的保护方法如下:

a. 在受保护的电压线和吸收高频的地线之间加装电容器。

b. 为防止电压超过固定值,采用二极管或稳压管保护。

c. 采用串联电阻以限制电流值。

d. 不用的器件应放在导电的泡沫塑料中或设法把所有引线短接在一起。

e. 焊接时要采用接地的烙铁。

f. 在直流电源被切断之前,整个阻抗设备应与输入端断开。

5) 应进行电路的容差设计或漂移可靠性设计。由于制造的离散性、温度系数、电应力作用及老化效应,会引起元器件参数产生偏差。此外,由于输入信号、负载阻抗的变化以及电压、频率和相位等的漂移,会造成电路性能的不可靠(即漂移性故障)。因此,对电路,尤其是关键性电路必须进行容差设计或漂移可靠性设计,以确定电路性能允许的漂移范围。

容差设计通常采用如下途径:

a. 采用反馈技术,以补偿由于各种原因引起的元器件参数的变化,实现电路性能的稳定。

b. 电路的设计应设法使得由于老化而性能略有变化,但仍在容许公差范围内,依然能满足所需的最低性能要求。

此外,可通过筛选和老练等方法来控制元器件参数的变化。

6) 提高接点可靠性。接点的可靠性直接影响电子电路的可靠性。为此,必须十分重视提高接点的可靠性,其基本原则如下:

a. 减少接点数量,尽可能用大规模集成电路代替中、小规模集成电路。

b. 尽量采用绕接、压接、冷轧接等工艺代替锡焊接。

c. 印制板的锡焊接尽量采用波峰焊接工艺。

d. 印制板上的元器件焊点和金属化孔采用双面焊接。

e. 印制板插头采用两面连接或双点接触。

f. 弹上设备的接插件的接点在出厂前尽可能焊死,以减少接插件的不可靠接触。

7) 可靠设计印制电路板。一般应注意以下几点:

a. 应选用机械性能、电气性能稳定的覆铜箔环氧玻璃布层压板作为印制板材料。

b. 应合理选择涂(镀)覆层,宜选用锡铅合金涂覆在一般部位,选用金、镍、铬等涂覆在印制板接触点上。

c. 印制板的布线应采用计算机辅助设计(CAD)技术;印制板在装配元器件前应进行应力筛选试验。

d. 参照国军标，合理选择印制板的结构尺寸（包括板的形状、尺寸、厚度、孔的尺寸、连接盘的尺寸、印制导线的宽度和间隔）、电气性能（印制板的电阻、电流负载能力、绝缘电阻、耐压及其他）和机械性能（导线的抗剥强度、连接盘的拉伸强度、翘曲度等）。

e. 印制版图设计（布设草图、原板图、机械加工图、装配图等）应符合国军标的要求。

3.8.4 静电防护设计

静电具有小电量、高电位的特征。导弹在生产、制造、贮存、运输及装配过程中，由于物体（如仪器设备、材料等）与操作人员之间的摩擦，很容易产生静电电压。此外，人在活动过程中会受静电感应而起电。人在带电微粒的空间活动后，由于带电微粒吸附在人体上，也会使人体带电。人体起电速率与动作快慢有关，动作越快，起电速率越高，人体所带电压越高。对地电阻的大小也影响带电电压的高低，周围环境的湿度也有影响，地面干燥时人对地电阻比地面潮湿时大。

静电事故，尤其是静电引爆电爆器件等火工品的事故屡见不鲜。为了消除或减少静电的危害，需要根据静电的充放电对产品，尤其是弹上火工品（如弹上电池、火箭发动机、战斗部及爆炸螺栓等）的各种影响。从设计研制、制造装配、测试维护、试验打靶等各个环节，采取相应的保护措施。具体如下：

1）导弹各舱段之间应有良好的电接触，搭接电阻尽可能小，以保证大量电荷能通过搭接线均匀分布于弹体，避免舱段之间的火花放电。

2）产品内部出现的静电感应，通常可采用适当的接地方法来消除。电气装置和机械装置均应接地，特别是起爆药和火工品生产中所用各种设备、工具等应用接地线与大地相连。

3）对于敏感仪器设备、电爆器件及其引线、各种信号线等，均应采取屏蔽措施。

4）生产厂房（尤其导弹总装厂）应设置接地铜棒。工作人员进入厂房，必须首先触摸铜棒，以释放人体携带的静电。各项操作，均应注意避免或减少摩擦起电效应的发生。

5）工作区和库房内应注意合适的温度和湿度，以保证良好的释放静电的条件。

6）接触火工品时，应穿制式工作服和导电胶鞋。

7）如果必须采用绝缘橡胶、有机玻璃、塑料等易产生静电的材料作工具时，应进行防静电处理。

8）必要时可铺设导电橡胶板或喷涂导电材料，这样可使静电电压下降。

9）对于电爆管，采用可靠接地、屏蔽。注意在电爆管附近工作时，注意避免产生静电放电效应。

3.8.5 冗余设计

冗余设计主要是通过在导弹中针对规定任务增加更多的功能通道，以保证在有限数量的通道出现故障的情况下，导弹仍然能够完成规定任务。冗余设计是系统或设备获得高可靠性、高安全性和高生存能力的设计方法之一，但冗余设计会增加导弹重量、体积和复杂度，从而降低导弹的基本可靠性，增加后勤保障费用。因此，系统设计采用冗余设备时，要谨慎和综合权衡。一些常用冗余方式的特点及适用性见表3-21。

表 3-21 常用冗余方式的特点及适用性

常用冗余类型		单元工作状态	优点	缺点	适用对象
工作冗余	并联	各冗余单元同时工作	无切换过程,对系统工作影响较小,与表决冗余相比,相同资源可以提供更多冗余度	各单元同时工作,冗余单元的寿命有所损失	设计相对简单,适用范围广,适用于提供一个功能通道的产品
工作冗余	表决	各冗余单元同时工作	无切换过程,可有效提高功能的正确性,减少错误输出	各单元同时工作,冗余单元的寿命有所损失;表决过程可能影响系统工作速度,相同资源提供的冗余度较并联冗余要少	设计相对复杂,有时需要增加比较、判断环节,适用于有准确度、精度要求的功能以及需要提供多个功能通道的产品
备用冗余	冷储备	主单元工作时,其余各冗余单元不工作且处于关闭状态	可储备冗余单元寿命	有切换过程,需要增加切换环节。切换过程可能对系统过程产生影响,切换环节可能构成薄弱环节	有利于消除间歇故障,适用于允许输出间断或变化较大的功能
备用冗余	热储备和温储备	主单元工作时,其余各冗余单元不工作且处于待机状态	切换过程相对冷储备冗余较快捷,温储备亦可储备冗余单元寿命	同样存在切换薄弱环节,相对于冷储备,不工作冗余单元的能耗和应力较高	有利于消除间歇性故障,适用于允许输出间断或变化较大的功能

冗余设计分为主动冗余设计和备用冗余设计。主动冗余是指当结构中的元件或通道发生故障时,不需要外部的元件来完成检测、判断和转换的一种冗余技术。备用冗余是指需要外部元件来进行检测、判断并转换到另一元件或通道上,以便取代已经发生故障的元件或通道的一种冗余技术。

冗余设计时,应用的对象包括:

1)对于通过提高质量和基本可靠性的方法(如简化设计、降额设计及选用高可靠性的零部件、软件纠错等),仍不能满足任务可靠性要求的功能通道或产品组成单元,应采取冗余设计。

2)由于新材料、新工艺或未知环境条件下,其任务可靠性难以准确估计、验证的功能通道或产品组成单元,应采取冗余设计。

3)对于影响任务成败的可靠性关键项目和薄弱环节,或其故障可能造成人员伤亡、财产损失、设施毁坏或环境破坏等严重后果的安全性关键项目,应考虑采用冗余设计技术。

4)在重量、体积、成本允许的条件下,选用冗余设计比其他可靠性设计方法更能满足可靠性要求或提高可靠性水平的情况。

5)其他需要采用冗余设计的功能通道或产品组成单元。

3.8.6 环境与防护设计

环境条件是指导弹在贮存、运输和使用过程中可能遇到的所有外界影响因素。环境条件极大地影响着产品的可靠性,导弹设计过程中应首先研究各种环境特性,分析各种环境对产品可靠性的各种影响,以便进行导弹耐环境设计。

美军对某型电子装备的各种故障原因进行了统计,统计结果见表3-22。

表 3-22 某型电子设备故障原因统计表

故障原因	环境因素							其他因素
	温度	振动	潮湿	沙尘	盐雾	低气压	冲击	
百分比/(%)	22.2	11.38	10.00	4.16	1.94	1.94	1.11	47.3

由表3-22可知,各种环境因素引起的故障占总故障数的50%以上,其中温度、振动、潮湿这3项所占比例高达43.58%,因此也成为电子产品耐环境设计首要考虑因素。

正确的环境防护设计是提高产品可靠性的重要保证。导弹的设计首先应满足规定的耐受环境,否则,必须采取改善环境的措施或提高产品耐受环境的能力。

对于筒(箱)装导弹,采用能充氮气或干燥空气的密封的筒(箱)装导弹结构,它集装运筒和发射筒于一体。这种设计不仅能起到潮湿、霉菌和盐雾等恶劣环境的防护作用,也起到了电磁环境的防护作用。在振动、冲击严重的情况下,应综合采用减震器、缓冲器等附加结构,使产品具有良好的环境适应性。产品的设计,尤其是战斗部和火工品等的设计应满足不同地区、不同气候、不同装运条件下的贮存运输和使用要求。使其在装卸、搬运、堆放等操作过程中能经受规定条件内的跌落、撞击和滚动。导弹发射装置的燃气流不应冲刷和直接作用到发射装置的其他部件,对外露的怕高温火焰的部件应采用防护和固定措施。暴露在外部的电缆和连接器的选用要特别注意环境要求。例如:电缆的耐高温、耐低温、耐油、抗震、抗压、抗电磁辐射,电缆连接器的密封、防尘、防水等。

各种导弹由于所处地域、使用条件不同,因而所经受的外部环境也是不同的。例如,导弹在平原和高原所经受的环境条件就不同。耐环境措施因产品对象不同而出现差异,常见的环境因素及其分类见图3-48。

具体的环境防护设计包括温度防护设计、"三防"(防潮湿、防盐雾和防霉菌)设计、冲击和振动防护设计等。

环境因素对导弹可靠性的影响请参阅本书附录3。

1. 温度防护设计

高温对大多数电子产品来说是严酷的应力。工作温度过高是电子产品可靠性下降的一个主要原因。对于电子元器件,高温问题尤为突出,所以降低工作温度是提高可靠性的一种措施。

低温也会引起产品可靠性下降,例如,接缝开裂、绝缘开裂、机械连杆紧固、润滑剂过于黏稠等,致使产品不能正常工作。

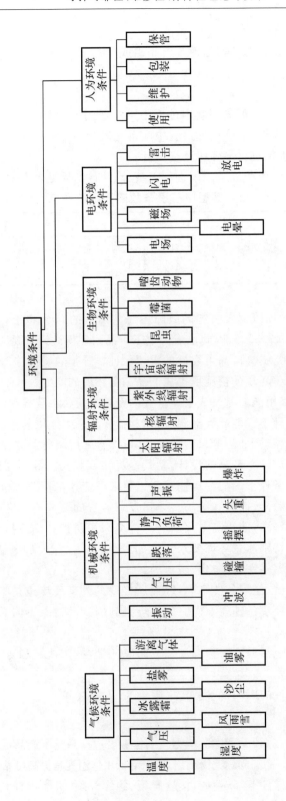

图3-48 环境因素及其分类

温度防护设计应遵循如下设计准则：

1)提高效率,降低发热器件的功耗,如尽量选用低功耗集成电路和低饱和压降的元器件等。

2)对阳光直晒的产品可加遮阳罩。

3)车厢外或甲板上的电子设备(如制导雷达高频头、伺服控制组合等)可采用安装在组合内的轴流风机通风,或采用加热器加温,以改善其工作环境。

4)充分利用金属机箱或底盘散热。

5)对发热量较小的功率器件,安装简单的铝型材散热器,其表面粗糙,涂黑色,接触处除增大接触面积、压力和光洁外,可填充导热硅脂。

6)对发热量较大的部件、组合件,可采用强迫风冷、液冷和热管散热等冷却措施。

7)对发热量很大的大型电子产品,例如,车厢内或船舱内的电子机柜,宜采用密封式集中送风的空调系统,空调气流通过空气分配器送入由箱罩密封的各电子组合。可用温度继电器和风压继电器控制空调系统的环境温度,温度继电器控制温度范围,而风压继电器保证当风压大于规定值设备才能加电运行。

8)正确选用润滑油是保证转动部件可靠工作和延长工作寿命的重要保证条件。在高温和低温不同情况下,应特别注意选用不同牌号的润滑油。

9)采用硅橡胶一类耐低温的密封和填充化合物。

10)采用防冻液和合适的低温液压油。

11)在低温环境下工作的光学设备应采取防雾措施。

12)车辆、电源设备必须具有低温启动措施,以满足寒区的使用要求。

13)选用具有良好耐高温性能的材料和部件。尤其是电动机、发电机、变压器以及电力分配系统等的线圈应采用耐高温的绝缘导线。

14)电源所用大功率管应单独安装,与散热板之间的机械配合要紧密吻合。发热量大的元件不允许密集安装,为使热量对其他元件影响减至最低,通常置于出风口处。

2."三防"设计

潮湿、盐雾和霉菌对产品危害甚大,它们能腐蚀和破坏材料,使材料性能劣化,影响产品的电气性能,降低产品的机械、结构强度,并最终导致导弹故障。另外,霉菌还会危及人体健康。

"三防"设计应遵循如下设计准则：

1)筒(箱)装导弹、光学设备以及直接暴露的设备和电子组合件,应优先采用整体全密封结构,定期充之以干燥空气或类似的惰性气体。当潮湿度超过规定指标时,应有湿度指示片显示或报警手段,以便及时更换或补充气体。

2)药剂、药柱、电爆管、点火器和爆炸螺栓及其配套器件应采用密封防潮措施,必要时可采用双重或多重密封。起防护火工品作用的金属壳、金属环、垫、帽、塞等密封件,在其使用寿命内,不应出现氧化、锈蚀、老化、变质等现象。

3)改善产品工作环境,车厢或船舱内的设备可设空调,并自成闭环系统,温度控制合理,使之不易长霉。

4)不常拆卸的盖板、连接头,应加密封橡胶垫圈,必要时可在接触面上涂密封胶。暴露在外的接插件应采用密封型,并灌注硅橡胶充填;高压整流器件等高压器件宜采用有机硅凝胶灌封,以提高抗湿性,增强绝缘性;变压器、扼流圈和高压组件等全部灌封。

5)金属材料尽可能采用不生锈、耐腐蚀、防霉和防潮材料,可采取电镀、氧化涂覆以及热处理等防锈蚀措施;紧固件优先采用不锈钢制品。

6)非金属材料应选用不腐蚀、不放气、不吸潮、不长霉的材料,如有机硅橡胶等;非金属件可采用浸泡法达到防霉的目的。

7)火工品采用螺纹或其他形式连接安装时,结合部位使用的密封剂和包装物等,在其使用寿命内,不应产生变质和失效。

8)光电器材表面涂覆热固性、热塑性好、吸湿率低、受潮膨胀变形小的膜层;光学零件的胶合推荐采用光学零件有机硅凝胶和冷胶。

9)接触点接点宜采用镀金、镀银措施,以提高"三防"性能。

10)印制板电路焊接、调试结束后,应喷涂"三防"漆,涂漆前进行清洗和烘干处理,以免潜留脏物和潮气。

11)变压器、扼流圈和高压组件等应全部灌封。

12)必要时,可在产品内定期放置干燥剂和防霉片剂。

13)尽量采用气密密封模件(组合件、部件),以防止这些模件在使用和贮存中损坏或受潮。

3. 冲击和振动防护设计

冲击和振动往往会毁坏导弹的结构,降低机械强度,影响导弹功能。当导弹的固有频率与外界激励频率一致而发生共振时,问题会更加严重。应该采用合适的包装、安装和结构设计技术来防止导弹可能发生的机械损伤。

冲击和振动的防护设计应遵循如下设计准则:

1)导弹的固有频率应避开外界环境作用的激励频率,以防发生共振。

2)选择的元器件和材料,设计的零部件均应能承受规定的力学环境。

3)组合、机柜结构上尽可能采用强度和刚度较好的框式、箱式结构,并安装锁定装置。

4)车厢外或甲板上设备的螺钉连接尽量采用双螺母等锁紧装置,而不用弹簧垫圈,以提高抗震强度。

5)电线、电缆的走线应固定定位,不应在力学环境下产生位移、摩擦和碰撞。

6)印制板的安装要可靠,接插件要有合适的插拔力。在地面(或舰面)设备上可设导轨,上面再加压条,防止发生相对位移,以确保接触可靠。

7)提高离散元器件的安装刚性,尽量缩短引线长度,印制板上的元器件应采用贴底卧式安装。

8)对频率稳定性很高的电子组合,如跟踪雷达的相干振荡器等,应采用性能优良的防振、隔声材料,以防止振动和噪声的干扰,保证电气指标的稳定性。

9)设备和基座的连接形式应采用孔插接,并应设置快速锁紧和保险装置。

10)机械防松结构应采用不锈钢标准紧固体,如错齿垫圈、尼龙圈螺母、钢丝螺套等,以便有效地提高机械连接的可靠性和抗震性。

11)为保证弹上连接半刚性同轴电缆的接插件的可靠性,应按规定的定量要求拧紧后再点胶。

12) 接插件引线端头采用硅橡胶等材料进行固化，以免扭断。

13) 尽可能采用灌封的模块化功能部件。

4. 防风沙设计

防风沙主要措施如下：

1) 空气循环时，在进风口应设置滤尘装置。

2) 外露的设备及器材尽可能进行密封或加设防尘罩。

5. 防污染设计

防污染主要措施如下：

1) 减速箱铸件的内表面应清理干净，一般不应涂油漆，以免与润滑油相互作用，污染润滑液。

2) 依靠压力润滑的转动部件，在润滑油液面降至安全液面以下或油液乳化或污染时应有报警信号。

3.8.7 电磁兼容性设计

电磁兼容性是指设备(系统)在共同的电磁环境中能一起执行各自功能的共存状态的能力。电磁环境往往会在电子线路内产生干扰和噪声，影响电子产品的电气性能和系统的正常功能。复杂武器系统要可靠运行，必须保持电磁兼容。为此，要求进行电磁兼容性设计，使系统和设备的电磁发射和敏感度满足规定要求。抑制系统干扰的主要方法是屏蔽、接地和滤波。接地十分重要，接地良好，可降低对屏蔽和滤波的要求。此外，还要考虑布线、去耦、阻抗匹配等。电磁兼容性设计应遵循如下设计准则：

1) 直接暴露在外的电子组合尽可能采用金属外壳屏蔽。

2) 机械调谐的轴孔、指针式表头的安装孔、频率度盘安装孔及通风孔等均应采取屏蔽措施。

3) 采用屏蔽措施时，接触表面的漆层、涂料等一定要清除干净，以保证接触表面光洁平整。

4) 射频信号、射频脉冲和中频信号的传输采用同轴电缆连接，屏蔽层两端均要接地，所有射频导电衬垫必须压紧。音频信号传输线的屏蔽只允许在信号源端接地，不允许把屏蔽层用作信号回线。

5) 采用多重屏蔽时，其外层屏蔽体应多点接地，而内层屏蔽体应单端接地。为使电路上产生的辐射干扰最小，应在信号源一端单点接地，并且保证连接信号的电缆和连接器的阻抗匹配。

6) 电源和信号电路应尽可能连接到不同连接器上，信号电路的输出、输入端尽可能安置到不同连接器上。

7) 导线束内部每根电缆屏蔽层与其他电缆屏蔽层应保持电隔离；高灵敏度电路(例如接收系统中的前置放大器、中频回路等)应置于单独的屏蔽盒内，其引线应尽量短。

8) 同轴电缆的端头应接到屏蔽连接器上，屏蔽应在连接器的两端同时接地，不允许用单根导线将几条导线的屏蔽连接到一个连接器的接地针上。

9) 射频接地应尽可能不用接线实现接地,若采用接地线时,则要采用既短而电导率又很高的导线,而且在射频段的感抗要尽量小。

10) 滤波、去耦措施是对付干扰源的有效方法。在发射机输出端或接收机输入端可采用带通滤波。

11) 内部电源连接端通常使用去耦电容器。

12) 低电平电路的接地线应与所有非电平电路的接地线隔离。

13) 发射机产生乱真输出时,可在发射机各级之间采用滤波器,并在末级功率放大器限制乱真输出电平;接收机的射频和中频部分使用滤波器,可以保证接收机具有充分的干扰抑制能力。

14) 火工品电路上安装高频滤波器可以消除外界的电磁辐射。

3.8.8 安全性设计

就武器装备而言,安全性是指不发生造成人员伤亡、装备损坏或财产损失的一个或一系列意外事件(即事故)的能力。安全性设计是武器装备设计的一个重要组成部分。

安全性和可靠性密切相关。通过产品设计尽可能消除已判定的可能导致事故的状态,减少安全风险。另外,导弹设计时应尽量减少在使用时人为差错所导致的风险。必要时采用连锁、冗余、故障安全保护设计、系统防护以及防护设备等补偿措施,也可采用报警装置来检测、警示危险状况。

设计时,具体应考虑并遵循如下有关原则:

1) 根据具体地理环境,设置必要的导弹发射禁区。

2) 带有发射筒的导弹,其前盖抛出机构的动作应安全可靠。要正确设计筒盖抛出的运动轨迹和初速,确保在恶劣的风向条件下不会与发射后的导弹碰撞。

3) 对战斗部和火工品应进行安全风险分析,以评定可能存在的各种风险,并根据分析结果,修改设计。所有风险应通过试验或经验加以评定。受风险影响的人员配置应尽可能降至最少。

4) 火箭发动机的点火和战斗部的引爆应采取多级保险设计,以确保导弹能在规定条件下安全起飞,在引战配合要求的条件下能够可靠引爆战斗部。

5) 带有战斗部和火工类产品在存放和使用时,应有防雷电、防辐射、防静电、防高压等技术防护措施,以确保安全。战斗部和火工品在性能测试、检修或排除故障时,应按设计文件和使用资料的规定,采用安全保障设施和设备,并符合安全保障要求。

6) 装备处于展开调平状态时,不允许接通行驶驱动控制电路。

7) 发动机火药柱在其使用寿命期内,不应出现裂纹、变形、变质、脱黏等现象。对此应规定相应的检查和检测手段及处理方法。

8) 各类药柱、药剂在使用寿命期内应具有良好的物理安定性、化学安定性和稳定性。力求避免使用剧毒性物质,必须采用时,应有安全可靠的防护措施。

9) 车辆底盘的气、液管路系统不宜平行和相互靠近,以免行驶中,相互撞击损坏,造成事故。

10) 供气系统应设置安全阀,以确保系统的安全。三相电应有防止一相电断路或缺少一相电的防护设计,以免烧毁电机等大功率器件。

11) 雷达设备舱内应设置各种报警装置,如空调异常报警、过载报警等。液压油箱内宜安装油温自动控制装置或过热报警装置。

12) 为保障人身安全,为防止触电安全性设计时可采用安全醒目标志、警报装置、开关保险等。

13) 为防止机械性伤害,应采取如下措施:

a. 对于雷达转塔和发射架转塔等大型旋转设备,应安装应急安全控制开关,并标明危险工作区。

b. 为使电路上产生的辐射干扰最小,应在信号源一端单点接地。

c. 对于叶片、齿轮、皮带轮等运动机械部件,均应加设防护罩板以保证人员安全。

d. 设备底座上应安装把手或类似的设施,以便于将底座从机壳中搬出。机箱、门盖等应设计成圆边和圆角,不允许有可能伤人的锐利的边缘、棱角和凸出部分,不可避免时应设法遮挡或覆盖。

14) 为减少或消除电磁辐射伤害,可采取如下措施:

a. 对辐射源进行屏蔽或加吸收负载。

b. 对强辐射场区以及大功率辐射天线应加设告警装置,以引起警惕,避免伤害人员。

c. 对可能造成过量辐射的场合,应安装过剂量报警装置。

d. 工作人员应穿着防护服,戴防护镜,以减少电磁辐射对人体的伤害。

15) 噪声不仅对人体有害,而且污染工作环境。在安全性设计时,可采用隔音材料或密封吸音装置来消除机内噪声。

16) 对箱(筒)导弹测试,应有防射频、防静电、防雷电、防爆、防火等措施。

17) 对导弹测试加电时间以及两次加电的间隔时间要加以限制。

18) 火工品电路测试采用专用测试装置,并利用小电流测试,确保测试安全。

19) 导弹测试电路要与火工品电路完全隔离,确保在测试中不会接通导弹战斗部引爆(或自毁)电路。

20) 在动态测试中,对箱(筒)导弹的运动相对应的舵偏转范围加以监测和限制,以防超限碰撞损伤。

3.8.9 人为因素设计

武器装备的使用是由人来完成的,因此,人与武器装备的可靠性关系非常密切。研究证明,系统故障中一部分(约占故障总数的20%)是由于人为差错而引起的。随着武器装备精度提高和复杂程度的增加,人对系统可靠性的影响将越来越大,而由于人为差错使系统发生故障造成的损失将不可估量。例如,1994年6月6日,西北航空公司的WH2303航班执行西安—广州的飞行任务,飞机在距咸阳机场约49 km空中解体,机上160人全部罹难。事后调查结论是飞机在检修过程中,机务维修人员将自动驾驶仪安装座上两个插头相互插错,即控制副翼的插头(绿色)插在控制航向舵的插座(黄色)中,而控制航向舵的插头(黄色)插在了控制副翼的插座(绿色)中。两个插头相互插错导致飞机反复偏航和滚动,飞机的横向飘摆愈演愈烈,最终酿成飞机的方向舵、尾翼以及右机翼等相继折断而导致飞机在空中解体,从而造成了严重的空难事故。

为了减少人为差错,提高系统可靠性,应注意以下几点:

1) 设计时,应按照操作人员所处位置、姿势、使用设备及工具,并根据人体的量度,提供适当的操作空间。尽量避免以跪、卧、蹲、趴等容易疲劳或致伤的姿势进行操作。

2)设计时,应考虑操作人员举起、推拉、提起及转动等操作的人的体力限度;应考虑操作人员的工作负荷和难度,以保证操作人员的持续工作能力、维修质量和效率。

3)装备使用过程中的装配蓝图、操作维护规程和研制厂家装备技术说明书要严格把关、认真书写和校对,保证技术资料的完整性和正确性。

4)在产品使用、存放和运输条件下,任何防差错的识别标记都必须清晰、准确、耐用。识别标记的大小和位置要适当,使操作和维修人员容易辨认;对于可能发生操作差错的装置,应有操作顺序号码和方向的标记。

5)对易于引起人为差错的操作应采取预防性措施,对于外形相近而功能不同的零、组部件,应从结构设计上使之不能相互安装。

6)根据人的感受器官、执行器官和神经系统的生理特点,设计产品的工作环境。控制台的尺寸、指示灯的颜色、手柄的大小以及各种操作力等都应按人的最佳状态进行设计;要提供完成动作、控制、训练和维修所需的自然或人工照明。

人的可靠性问题实际上就是人为差错问题,这种差错可能发生在装备操作、维修、搬运、处理等不同场合。人因失误是诸多因素相互作用的结果(见图3-49)。

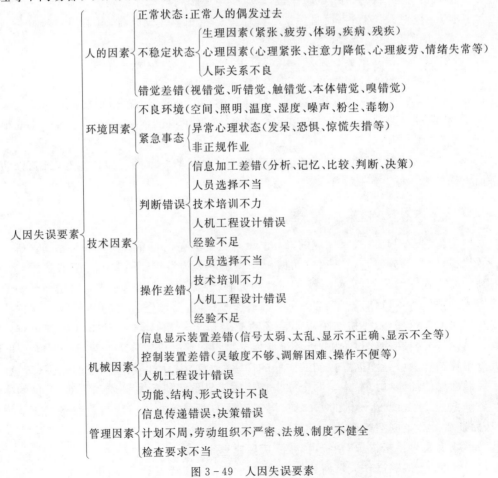

图3-49 人因失误要素

3.9 导弹可靠性影响因素

3.9.1 外界因素

外界因素是指气候因素和其他自然因素。影响导弹武器可靠性的主要气候因素是温度和湿度。在我国导弹武器可能配置地域内的温度可为 $-40\sim 50$ ℃，而相对湿度为 $18\%\sim100\%$。

弹体的热流取决于周围介质的温度和太阳辐射影响，而受热速度取决于弹体的重量、尺寸和涂料与材料特性（导热性和热容量）。在太阳光直接影响下的弹体内部，如采用反光涂料，与周围气温相比温度可能增高 $10\sim20$ ℃，如采用不反光的涂料，温度可能增高 $25\sim30$ ℃。此外，太阳辐射（特别是光谱的短波部分——紫外线部分），对材料性能会产生不利的光化作用，使有机材料氧化和防护层损坏。自然橡胶、纤维素和某些绝缘材料对太阳辐射尤为敏感。

高温会加速材料的老化过程，降低导弹元件的寿命。由聚合材料制成的元件受热的影响特别大，这是因为材料老化时由于受热和氧化产生破坏作用。受热破坏时，老化速度主要决定于受热程度和机械负荷，而氧化破坏时决定于氧的作用。在紫外线作用下，这两种过程会加快。在低温条件下，零部件的刚度会升高，防热层、管道和由塑料制成的绝缘材料的弹性会丧失。

温度对金属元件的影响比较小。但是，在低温条件下，零件（如弹簧）的脆性会增大，可能收缩，结果会使零部件接合处的密封性受到损失、活动部分卡住等。高温会使零部件接合处受热膨胀而松弛以及零件的强度和塑性变化等。

温度对可靠性的影响还表现在防护层性能的变化上。由于受热过大和直射太阳光的作用，防护层可能膨胀和脱层以及润滑剂流出。在低温条件下，润滑油可能凝结而丧失其性能。此外，温度变化会影响控制系统仪表的导电性、电容、电感、介电常数、磁性和其他特性，因而影响输出参数。

控制系统的真空管仪表、电阻器、电容器和其他元件对温度特别敏感。如当周围介质温度增高 10 ℃时，绝缘材料的平均使用期限约缩短至原来的一半。温度的变化对继电器、电感线圈、扼流圈、变压器和其他一些元件也有影响。

昼夜的温度变化（例如在热沙漠地区可达 20 ℃以上）对导弹元件产生不良影响。变化通过零值时特别不好。大气层中的水蒸气，在气温下降时凝结成细小的水滴。当温度迅速下降时，甚至在导弹内部也会落下露水。如果露点低于 0 ℃，水蒸气越过液相转为固相，这样就会在导弹的金属部分形成细小的颗粒状冰（霜）。

水分对导弹元件的影响特点取决于水分的相位状态（液态、冰、水蒸气）。在大气低层水蒸气凝结时，产生雾，而水蒸气凝结的根源往往是工业企业排出的含硫化合物的烟。在这种情况下，水点是高浓缩的化学活性剂的溶液。

水分和材料的相互作用可以分为两种情况：

1）水渗透到导弹的裂缝、空隙、细管或滞留在零件的表面。在这种情况下，水分可能被表面层吸收或水分子沿分子间隙渗透到材料结构中去。当温度急剧变化时,水结冰(蒸发)就会产生机械作用。水分会使电阻变化而对导体和绝缘材料产生很大影响,因此,会产生漏电现象,加速老化过程等。例如,水分落到半导体仪表上,可能形成一层水,因而使集电结的反向电流增大,半导体表面氧化。最终,这会成为电流放大系数减小的原因。

2)水分和材料的相互作用。水分能加剧腐蚀过程,引起水解作用并促使某些元件蜕变,大气成分中的盐和酸会在金属表面形成电解层,引起电化腐蚀。饱和盐水会在两个相接触的金属边界上产生电位,出现电流以及引起金属的腐蚀。

金属的腐蚀会降低导弹元件的强度,降低设备和仪表的工作精度,缩短其使用期限。湿度的昼夜变化,特别是在凝结变为蒸发和相反的情况下,会更加促使腐蚀的发展。在湿度强烈的昼夜变化时,腐蚀速度明显提高,温带气候提高到原来的 1.5~2 倍,而热带气候提高到原来的 3~4 倍。

如果导弹露天放置,那么在下雨和刮风时腐蚀过程缓慢。这是因为雨清洗了弹体上的污垢,而风很快地吹散水分。反之,在有雾和蒸汽时,腐蚀过程加快,这是因为雾促进污垢的凝结,而蒸发过程会促进电解液沿表面的流动,落在弹体上的雪融化时也会加快腐蚀过程。

此外,大气中含有大量的物理化学性质各不相同的细小粒子(气溶胶)。这种气溶胶的 60%~70% 为石英、长石、氧化物、白云石等。另外,在大气中还含有一些有机物,如植物孢子、细菌、霉菌、纤维的小分子、微生物群落、微生物群残骸等。如果导弹暴露配置,那么灰尘和沙粒散落在弹体上时由于磨损作用会引起零件的过早损坏,堵塞工艺孔。灰尘会改善表面湿度,特别是充水的空隙。因此,形成表面的电流电路。由于灰尘中含有碳酸盐、硫酸盐、氯化物和其他化合物,灰尘从空气中吸收的水分会增大。

在各种气候条件下使用维护导弹时,要考虑生物介质(如霉菌)的影响。霉吸收水分的能力会在导弹元件表面产生导电层,降低绝缘电阻,加快腐蚀。此外,霉能分离出有机酸(乙酸、柠檬酸),这会引起防护层的损坏、透镜昏暗或由于玻璃制品被侵蚀而出现斑点。相对湿度很高(超过 85%),无风天气和温度在 20 ℃ 以上时,霉生长特别快。在热带和亚热带具有霉生长的很有利的条件,尽管在温带地区细霉菌的某些变种也能生长。

导弹维护使用中,要采取措施防昆虫、啮齿动物,而在南方地区要防白蚁,这些东西会损坏电缆、插塞接头、接线盒等。

3.9.2 机械负荷因素

导弹一般利用地面、空中和海上工具运输。

地面运输利用铁路、专用的运输车辆、拖车和半拖车、发射装置实现。例如:"长矛"导弹利用运输装填车和牵引发射装置运输,"冥王星"导弹利用轮式装甲运输工具运输,"潘兴"导弹利用半拖车运输。"民兵Ⅱ"导弹的各级利用汽车牵引的半拖车和箱式车厢输送到技术阵地。我国某型防空导弹短途机动,是用导弹运输车运输;技术阵地到发射阵地,是用导弹装填车运输。

导弹运输时会受到机械负荷的作用,其中最危险的是振动和冲击负荷。汽车运输时可能由不平坦的道路、发动机的工作(由于传动装置转子、游隙的偏离等)引起振动。利用铁路车厢运输导弹时的振动,是由于铁轨接头处的碰撞、牵引力不均匀、侧向倾斜等而产生的。

振动时最大的危险是当振动频率与元件的固有振动频率一致时的谐振。

导弹装载在车厢、飞机和船上时,负荷的大小取决于导弹的固定方式和放置地点。例如,海上运输,振动频率相同时,船尾的振幅比船头大1倍,而船尾的振幅比船中大3倍。

对于发动机装置和控制系统元件的可卸连接、焊接结合和胶合处振动特别危险,可能引起接合处密封性丧失、电路接点的破坏和个别仪表的损坏。在振动的作用下,可能产生固体推进剂装药的裂纹和剥层、防护涂层的分离等。振动负荷也可能引起机件承载能力的丧失或由于产生疲劳现象造成故障的先决条件。为了利用数学关系式预测疲劳现象的发展,往往取损伤叠加的假定。这时,假设加荷的每一周期引起单独的损伤,而这些事件是相互无关的,即是独立的。因此,相加所有损伤就可以从数量上评价元件的磨损程度。评价弹体结构疲劳现象的这种方法,可以确定导弹运输的极限容许距离,然后导弹就可以按使命使用。

战略导弹可以远距离运输。如"民兵"导弹的第三级利用制式运输工具在道路上可运输10 000 km 以上的距离,为此运动速度要小,运输车辆的结构要专门制造。保障战术导弹要求的运输距离和速度复杂得多,因为战术导弹可能在复杂战场环境下任意时间地点发射。因此,根据制造空中机动导弹设备的计划,美国对导弹元件的耐振强度和耐振稳定性提出补充要求。在这个计划范围内,研究导弹从运载飞机上的投掷装置和低弹道发射,位于飞机专用拖架上的导弹,利用吸拉降落伞通过尾部舱口从飞机上抛出,与拖架分离,利用载重降落伞下降,从2 500 m 的高度发射。

在铁路机动、飞机起飞和着陆、汽车运输工具急刹车、急转弯、强烈的海上波涛等情况下以及在安装、装卸和其他作业中人员破坏维护使用规则时,都可能产生冲击负荷。

冲击会引起物体运动的速度和方向急速的变化。冲击的振幅可能相当大,以致在结构的易碎地方和应力组件上形成裂缝和折断、固定松弛,电路接点破坏等。

在选择运输工具时,所有这些都必须考虑并且为每一种运输工具规定导弹运输的容许制度。如汽车运输时,要规定各种道路的容许运输速度和距离。运输中的这些限制决定于控制系统仪表和元件对产生的过载的敏感性,弹体和单个元件保持本身机械性和形状的能力,长时间施加振动负荷时损伤的累积程度。

在确定运输的容许制度时必须考虑其他维护使用阶段损伤的积累。因此,在确定元件的使用期限时,把损伤叠加原理推广到导弹的整个生命期。这样,导弹元件积累的总损伤,要利用贮存和运输的各种条件下,在装卸载和发射、飞行时对导弹机械负荷、热负荷、其他作用的影响下获得的损伤叠加的方法确定。

3.9.3 操作人员因素

导弹维护保障时,可靠性问题不能脱离操作人员的作用(技术、身体、心理等)。所谓人员的作用就是他们在各种维护使用条件下,能够保障复杂的导弹系统处于高度的准备状态和在敌人抗击时能够保障导弹系统高度的作战效能。

操作人员担任导弹维护使用工作(包括遵守贮存和运输制度、安装和装卸工作规则,按规程进行技术维护和修理),随时保障导弹发射的技术准备和发射。

为了提高操作人员的工作效果,国内外持续开展导弹人机系统的可靠性和保障性研究。例如,"潘兴"导弹发射控制组合件得到了大大改善,技术勤务工作的困难减轻了,导弹发射准备时间缩短了25%,同时减少了操作人员的数量。

导弹的发射准备包括导弹从一种状态转入另一种状态,安装工作、检验、仪表的调试通电和最终操作等。例如,"潘兴"导弹就有几级发射准备:

1)三级准备时,导弹放在工厂装箱内(通常在运弹筒内)贮存在库房(供给点)内。

2)二级准备时,导弹装配,测试完毕并位于集结地域的发射装置上。

3)一级准备时,导弹在发射阵地成水平状态或垂直状态位于发射装置上,整个导弹系统的准备程度决定于下达指令后导弹发射准备所需的时间。在导弹发射一级准备时,操作人员的工作质量严重影响导弹的可靠性,也影响导弹的作战效果。

导弹武器系统使用的成败大大取决于操作人员的心理训练和专业训练,对维护使用的技术性能和特点的了解和完成导弹准备与发射工作的技能至关重要。

所谓操作人员的业务能力就是能够无差错地和适时地完成必需的作业,发现并快速排除装备发生的故障。为了维护保障导弹达到所要求的准备程度,操作人员应具有过硬的技术,使之完成维护测试和发射要求。

导弹上出现的很多故障为维护使用故障。使用维护故障常常是由于维护使用和装配规则受到破坏而产生的。因此,在评价操作人员对导弹的影响时,必须考虑在作战训练条件下不可能发现的微小损伤的可能性,因为这些微小损伤对导弹元件的寿命和贮存性产生影响。

整个导弹武器系统的战斗性能,不仅取决于整个导弹武器系统的战术/技术性能和操作人员的训练程度,而且还取决于导弹贮存、维护、准备和发射过程中人员的操作。另外,考虑人的心理、身体等因素是研制和使用导弹系统的必要条件。

为了考虑操作人员对导弹准备的影响,有时采用生物故障的概念——当人们处于正常条件下不能完成自己职责时工作能力的丧失。如操作手的工作质量取决于健康状况、心理状态、疲劳程度、外界条件、心理体质训练情况并取决于是否善于消灭不利的影响或排除其后果。

设计制造导弹时,要重视人员的能力有限性,例如,最短的反应时间(200 ms),可靠(精力集中)工作的有限持续时间(8~10年)等。因此,研制设计导弹要重视技术状态检测、准备和发射工作的自动化。目前,在导弹装配和保持使用准备状态时所完成的工作量在逐渐减少。

第4章 维修性基础

导弹使用维护中,要对导弹的故障时间、平均修复时间等各种数据进行统计分析,以此来掌握维修质量,评定其维修效益,并向研制方提出改进意见,除掌握可靠性的基本知识外,还应掌握导弹维修方面基础知识。本章在介绍维修性定性要求的基础上,重点论述维修性定量要求和维修性模型等内容。

4.1 维 修 性

4.1.1 维修性定义

维修性(Maintainability)是在规定使用条件下使用的可维修产品,在规定条件下并按规定的程序和手段实施维修时,保持或恢复能执行规定功能状态的能力。其中:"规定条件"主要指维修的机构和场所,以及相应的维修工程技术人员与设备、设施、工具、备件、技术资料等资源;"规定的程序和方法"是指按技术文件规定的维修工作类型(工作内容及规程)、步骤和方法;"规定的时间"是指规定维修时间。在这些约束条件下完成维修即保持或恢复产品规定状态的能力就是维修性。

维修性是装备的一种质量特性,即由设计赋予的使装备维修简便、快速、经济的固有属性。维修性体现在维修时间上,维修的质量特性可用定性的特征来表达,也可以用一些定量参数来表达。

产品在规定约束条件下能否完成维修,取决于产品的设计与制造,如维修可达性、零部件能否互换、检测是否简便、经济和快速等。维修性表现在产品的维修过程中,这里的维修包括预防性维修、修复性维修、战场抢修、改进性维修和软件的维护等。飞机、舰船、车辆、雷达等装备,平时和战时都要维修。像导弹、弹药等这类长期贮存,一次性使用的武器装备,在贮存和发射前需要维修及检测,故同样需要维修性。

维修性是一种设计特性,在使用阶段受多方面的影响,主要是:

1)维修组织、制度、工艺、资源(人力、物力)等对装备使用维修性水平的影响。

2)使用维修可能影响固有维修性的保持。固有维修性取决于设计的技术状态,但不良的维修措施或工艺可能会破坏零部件的互换性、可修复性、识别标志乃至维修的安全性,给使用维修带来困难。

3)通过改进性维修可望提高装备的维修性。装备使用中暴露的维修问题,提供的数据,为维修性的改进提供了很好的依据。结合使用过程中的改进性维修,可能提高维修性。

4.1.2 维修性分类

维修性分为固有维修性和使用维修性。

1)固有维修性也称设计维修性,是在理想的保障条件下表现出来的维修性,它完全取决于产品的设计与制造。

2)使用维修性是在实际使用维修中表现出来的维修性。它不但包括产品设计、生产质量的影响,而且包括安装和使用环境、维修策略、维修资源、保障延误等因素的综合影响。使用维修可用平均修复时间(MTTR)、维修工时数、维修停机时间率(MDT)、使用可用度(A_o)等量化表示。这些维修性参数直接反映了作战使用需求。

4.1.3 维修与维修性的区别

应该将"维修"和"维修性"两个概念区分开来。"维修"是指维护和修理,使武器装备保持或恢复正常功能所进行的所有活动;"维修性"是指武器装备本身维修难易的固有属性,它是维修的基础,直接影响维修活动的有效性、安全性和经济性。

4.2 维修性定性要求

维修性定性要求是维修简便、快速、经济的具体化。定性要求有两个方面的作用:
1)实现定量指标的具体技术途径或措施,按照这些要求去设计,以实现其定量指标。
2)定量指标的补充,即有些无法用定量指标反映出来的要求,可以定性描述。
对于不同的导弹武器装备,维修定性要求应当有所区别和侧重。

4.2.1 简化导弹设计与维修

导弹构造复杂,带来使用、维修复杂,造成人力、时间及其他各种保障资源的增加,维修费用的增长,同时降低了导弹的可用性。因此,简化导弹设计、简化维修是最重要的维修性要求,应从以下几个方面着手:

1)简化功能。简化功能就是消除产品不必要乃至次要的功能。如果某项设备价值很低(功能弱,费用高,或能用装备上的其他产品完成该工作),那么宜去掉该功能。简化功能,不仅适用于主战装备,也适用于保障资源(尤其是检测设备、操纵台及运输设施等)。

2)合并功能。合并功能就是把相同或相似的功能结合在一起来执行。显然,这可以简化功能的执行过程,从而简化导弹的构造和操作。

3)减少元器件、零部件的品种和数量。减少元器件、零部件的品种与数量,不仅利于减少维修而且可使维修操作简单、方便,降低维修技能的要求,减少备件、工具和设备等保障资源,但这方面要综合权衡,分析零部件的增减对维修性及其他质量特性,包括效费比的影响,以决定取舍。

4)导弹应设计成不需要或很少需要进行预防性维修,即使维修也要避免经常拆卸和维修;避免采用不工作状态无维修设计的产品;不能实现无维修设计的产品,应减少维修的内容与频率,并便于检测和换件。

5)改善产品检测、维修的可达性。可达性取决于产品的设计构型,是影响维修性的主要因素。

6)导弹与其维修工作协调设计。导弹的设计应当与维修保障方案相适应。设计时要合理确定现(外)场可更换单元(Line Replaceable Unit, LRU)和车间可更换单元(Shop Replaceable Unit, SUR)。

4.2.2 具有良好的维修可达性

维修可达性是指维修产品时,接近维修部位的难易程度。需要维修的零部件,都应具有良好的可达性。良好的可达性,能够提高维修的效率,减少维修差错,降低维修工时数和费用。

实现产品的可达性主要措施有两个方面:一是合理地设置各部分的位置,并要有适当的维修操作空间,包括工具的使用空间;二是提供便于观察、检测、维护和修理的通道。

为实现产品的良好可达性,应满足如下具体要求:

1)对故障率高而又需要经常维修的部位及应急开关,应提供最佳的可达性。

2)为避免产品维修时交叉作业,可采用专柜或其他适当形式的布局。

3)整套设备的部(附)件应相对集中安装产品的易损件、常拆件和附加设备的拆装要简便,拆装时零部件进出的路线最好是直线或平缓的曲线。

4)各分系统的检查点、测试点、检查窗、润滑点、添加口以及燃油、液压、气动等系统的维护点,宜布局在便于接近的位置上。

5)需要维修和拆装的产品,其周围要有足够的操作空间。

6)维修时要求能看见内部的操作,其通道除了能容纳维修人员的手或臂外,还应留有供观察的适当间隙。

4.2.3 提高标准化程度和互换性

标准化的主要形式是系列化、通用化和组合化。实现标准化有利于产品的设计与制造,有利于零部件的供应、储备和调剂,从而使产品的维修更为简便,特别是便于装备在战场快速抢修中采用换件和拆拼修理。

互换性是指同种产品之间在实体(几何形状、尺寸)上、功能上能够彼此相互替换的性能。互换性便于换件修理,减少了零部件的品种规格,简化备件供应以及节约了采购费用。

有关标准化、互换性、通用化和模块化设计的要求如下:

1)导弹设计时,优选标准化的设备、元器件、零部件和工具,且减少其品种、规格;故障率高、容易损坏、关键性的零部件或单元具有良好的互换性和通用性。

2)可互换零部件,必须完全接口兼容,既可功能互换,又可安装互换。

3)可互换的零部件,修改设计时,不要任意更改安装的结构要素,破坏其互换性。

4)产品应按其功能设计成若干个具有互换性的模块(或模件),维修时可在现场更换的部件更应模块(件)化。

5)模块(件)从产品上卸下来以后,应便于单独进行测试、调整。在更换模块(件)后,应不需要进行参数调整。

6)模块(件)的尺寸与重量应便于拆装、携带或搬运。重量超过 4 kg 不便握持的模块(件)应设有人力搬运的把手;必须用机械提升的模件,应设有相应的吊孔或吊环。

4.2.4 具有完善的防差错措施及识别标志

墨菲定律(Murphy Law)指出:"如果某一事件存在着搞错的可能性,就肯定会有人搞错。"维修中,常常会发生漏装、错装和其他维修差错:轻则延误时间,影响使用;重则危及安全。因此,装备应进行防差错设计,尽量避免维修差错,具体有以下要求:

1)装备设计时,应避免或消除在使用操作和维修时造成人为差错的可能,即使发生差错也应不危及人机安全,并能立即发现和纠正。

2)外形相近而功能不同的零部件、重要连接部件和安装时容易发生差错的零部件,应从构造上采取防差错措施或有明显的防止差错识别标志。

3)产品上应有必要的为防止差错和提高维修效率的标志;应在产品上规定位置设置标牌或刻制标志。标牌上应有型号、制造工厂、批号、编号、出厂时间等。

4)测试点和与其他有关设备的连接点均应标明名称或用途以及必要的数据等,也可标明编号或代号。

5)对可能发生操作差错的装置应有操作顺序号码和方向的标志。

6)间隙较小、周围产品较多且安装定位困难的组合件、零部件等应有定位销、槽或安装位置的标志;标志应根据产品的特点、使用维修的需要,按照有关标准的规定采用规范化的文字、数字、颜色或光、图案或符号等表示。标志的大小和位置要适当,鲜明醒目,容易看到辨认。标牌和标志在装备使用、存放和运输条件下必须经久耐用。

4.2.5 导弹维修安全

维修安全是能避免维修人员伤亡或产品损坏的一种设计特性。

为了保证导弹维修安全,有以下一般要求:

1)设计导弹时,不但应确保使用安全,而且应保证贮存、运输和维修时的安全,包括对环境的危害。

2)装备设计时,应使装备在故障状态或分解状态进行维修是安全的。

3)在可能发生危险的部位上,应提供醒目的标记、警告灯、声响警告等辅助预防手段。

4)严重危及安全的组成部分应有自动防护措施,不要将被损坏后容易发生严重后果的组成部分设置在易被损坏的位置。

5)严重危及安全的设备(如核、生物、化学以及高辐射、高电压等危害)应有自动防护措施。

6)凡与安装、操作、维修安全有关的地方,都应在技术资料(如产品说明书)中提出注意事项。

7)对于盛装高压气体、弹簧、带有高电压等储有大能量且维修时需要拆卸的装置,应设有备用释放能量的结构和安全可靠的拆卸设备、工具,一定要保证拆装安全。

8)防机械伤害维修时肢体必须经过的通道、孔洞,不得有尖锐边角;边缘都须制成圆角或覆盖橡胶、纤维等防护物；维修时需要移动的重物，应设有适用的提把或类似的装置；需要挪动但并不完全卸下的产品，挪动后应处于安全、稳定的位置。通道口的铰链应根据口盖大小、形状及装备特点确定，通常应安装在下方或设置支撑杆将其固定在开启位置，而不需用手托住。

9) 防静电、防电击、防辐射设计时，应当减少使用、维修中的静电放电及其危害，确保人员和装备的安全；对可能因静电或电磁辐射而危及人身安全、引起失火或起爆的装置，应有静电消散或防电磁辐射措施；对可能因静电而危及电路板的，应有静电消散措施；装备各部分的布局应能防止维修人员接近高压电；带有危险电压的电气系统的机壳、暴露部分均应接地；维修工作灯电压不得超过 36 V；高压电路（包括阴极射线管能接触到的表面）与电容器，断电后 2 s 以内电压不能自动降到 36 V 以下的，均应提供放电装置；为防止超载过热而损坏器材或危及人员安全，电源总电路和支电路一般应设置保险装置；复杂的电气系统，应在便于操作的位置上设置紧急情况下断电、放电的装置。

10) 可能发生火险的设备，应该用防火材料封装。尽量避免采用在工作时或在不利条件下可燃或产生可燃物的材料；必须采用时应与热源、火源隔离；产品上容易起火的部位，应安装有效的报警器和灭火设备。

4.2.6 重视贵重件可修复性

可修复性（Repaireability）是当产品的零部件磨损、变形、耗损或其他的形式失效后，可以对原件进行修复，使之恢复原有功能的特性。贵重件的修复，不仅可节省维修资源和费用，而且对提高装备可用性有着重要的作用。

为了使贵重件便于修复，应使其可调、可拆、可焊、可矫，满足如下要求：

1) 装备的各部分应尽量设计成能够通过简便、可靠的调整装置，消除因磨损或漂移等原因引起的常见故障。

2) 对容易发生局部耗损的贵重件，应设计成可拆卸的组合件，如将易损部位制成衬套、衬板，以便于局部修复或更换。

3) 需加工修复的零件应设计成能保持其工艺基准不受工作负荷的影响而磨损或损坏。

4) 采用热加工修理的零件有足够刚度，防止修复时变形。

5) 对需要原件修复的零件尽量选用易于修理并满足供应的材料。

4.2.7 导弹测试准确、快速、简便

导弹测试是否准确、快速、简便，对维修有重大影响，具体有以下要求：

1) 对测试点配置的要求。测试点的种类与数量应适应各维修级别的需要。测试点的布局要便于检测，并尽可能集中或分区集中，且可达性良好，其排列应有利于进行顺序的检测与诊断；测试点的选配优选适应原位检测的需要。产品内部及需修复的可更换单元还应配备适当数量供修理使用的测试点；测试点和测试基准不应设置在易损部位。

2) 选择检测方式与设备的原则优选原位（在线、实时与非实时的）检测方式，重要部位采用性能监测（视）和故障报警装置，对危险的征兆应能自动显示、自动报警；复杂系统采用机内测试（Built In Test，BIT）、外部自动测试设备、测试软件、人工测试等形成高的综合诊断

能力,保证能迅速、准确地判明故障部位;注意被测单元与测试设备的接口匹配。

4.2.8 符合人机环工程要求

人机环工程又称人的因素工程(Human Factors Engineering),主要研究如何达到人与机器有效结合及对环境的适应。设计时,应考虑以下几点:

1)装备设计时,按照使用和维修时人员所处的位置、姿势与使用工具的状况,并根据人体量度,提供适当的操作空间,使维修人员有个比较合理的姿势,尽量避免以跪、卧、蹲、趴等容易疲劳或致伤的姿势进行操作。

2)噪声不允许超过相关标准的规定,如难避免,对维修人员应有防护措施。

3)对产品的维修部位应提供自然或人工的适度照明条件。

4)应采取减震或隔离措施,减少维修人员在超过振动标准规定的条件下进行检修维修。

5)装备设计时,应考虑维修人员在举起、推拉、提起及转动物体等操作中人的体力限度。

6)装备设计时,应考虑使维修人员的工作负荷和难度适当,以保证维修人员在持续工作能力、维修质量和效率。

4.3 维修性定量要求

导弹维修研究中,除研究定性要求外,还应研究其定量指标,以便综合分析实际维修数据,向设计部门提出定量的维修性要求;也可与可靠度一起,计算系统的可用度,作为评价可维修产品的可靠性、维修制度和维修质量的标准。

维修的属性十分广泛,它可用时间、费用、劳动消耗、难易程度等方面的数量特征来衡量。但最能表示装备维修的基本指标,是与时间相关的维修度及维修密度、维修率、平均维修时间等。

由于维修的类型不同,因此维修时间也不同。为此,研究维修有关数量特征时,先来研究维修类型与维修时间的区分。

4.3.1 维修类型和时间区分

1. 维修类型

实际工作中,维修活动主要可分为预防性维修和修复性维修两类。

1)预防性维修是事先维修,即在装备未出现故障和未损坏前进行的维修。其目的是防止故障的发生,减少或避免装备发展到需要进行修复维修的状态。

2)修复性维修是事后维修,指装备发生故障或损坏后进行的修复活动。其目的是把装备从故障状态修复到能具有规定功能的可用状态。

不论是预防性维修还是修复性维修,在进行维修活动时,总要在一定时间内装备不能用于战备和训练,这个时间称为"不可用时间"。但是两者不可用时间的性质不同。预防性维修的停用时间是预先计划的,必要时可在较短时间内将装备转为可用状态,一般不影响部队的正常使用;修复性维修的停用时间是被迫的,由于故障的随机性,修复时间也是随机的,它干扰了装备的正常使用,有时会带来贻误战机的严重恶果。

2. 维修时间分类

维修性研究中时间是个重要因素,装备服役期内各种时间的分类如图 4-1 所示。

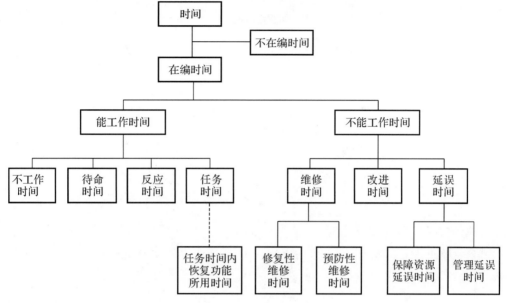

图 4-1 装备服役期内时间要素图

装备制造出来经检验后交付部队使用直至退出编制为止为装备的现役时间,以外时间为非现役时间。

现役期间装备处于能够完成规定功能的时间,叫可用工作时间;若处于不能完成规定的功能状态,则这种状态的延续时间为不可用工作时间。

可用工作时间分为待命时间、反应时间、任务时间。装备处于随时能执行任务状态的时间,叫待命时间;从接受命令到进入执行预定任务状态为止所需的时间,叫反应时间或任务启动时间;执行预定任务的实际工作时间,叫任务时间。

不可用工作时间分为维修时间、改装时间和延误时间。完成各种维修作业的时间是维修性基础的原始数据,维修时间又可分为预防维修时间和修复维修时间。主要包括对故障检测、诊断、识别、定位、隔离、拆卸、检测、调校、安装等维修作业时间。

4.3.2 维修性函数

1. 维修度 $M(t)$

维修性用概率来表示,就是维修度 $M(t)$,即产品在规定的条件下和规定的时间内,按照规定的程序和方法进行维修时,保持或恢复其规定状态的概率,可表示为

$$M(t) = P\{T \leqslant t\} \tag{4-1}$$

式(4-1)表示维修度是在规定条件下,完成维修的时间 T 小于或等于规定维修时间 t 的概率。换言之,维修性反映了完成维修的速度,也就是反映了完成维修的快慢。定义中规定的条件是指维修场地、维修设施、维修设备、维修工具、维修人员等维修条件。

$M(t)$ 是一个概率分布函数,对于不可修复产品 $M(t)$ 等于零。对于可修复产品,$M(t)$ 是规定时间 t 的递增函数:

$$\begin{cases} \lim\limits_{t \to 0} M(t) = 0 \\ \lim\limits_{t \to \infty} M(t) = 1 \end{cases}$$

维修度可根据理论分析求得,也可通过试验数据求得。根据维修度定义,有

$$M(t) = \lim_{N \to \infty} \frac{n(t)}{N} \tag{4-2}$$

式中: N —— 维修的产品总(次)数;

$n(t)$ —— t 时间内完成维修产品(次)数。

工程实际应用中,试验或统计现场数据 N 为有限值,用估计量 $\hat{M}(t)$ 来近似表示 $M(t)$,那么

$$\hat{M}(t) = \frac{n(t)}{N} \tag{4-3}$$

2. 维修时间密度函数 $m(t)$

既然维修度 $M(t)$ 是时间 t 完成维修的概率,那么它有概率密度函数,即维修时间密度函数,可表达为

$$m(t) = \frac{\mathrm{d}M(t)}{\mathrm{d}t} = \lim_{\Delta t \to 0} \frac{M(t + \Delta t) - M(t)}{\Delta t} \tag{4-4}$$

维修时间密度函数的估计量 $\hat{m}(t)$,可由下式求得:

$$\hat{m}(t) = \frac{n(t + \Delta t) - n(t)}{N \Delta t} = \frac{\Delta n(t)}{N \Delta t} \tag{4-5}$$

式中: N —— 维修的产品总(次)数;

$\Delta n(t)$ —— 从 t 到 $t + \Delta t$ 时间内完成维修的产品(次)数。

维修时间密度函数表示单位时间内修复数与送修产品总数之比,即单位时间内产品预期被修复的概率。

3. 修复率 $\mu(t)$

产品维修性的一种基本参数。其基本度量方法为:在规定的条件下和规定的时间内,产品在任一规定的维修级别上被修复的故障总数与在此级别上修复性维修总时间之比。

修复率或称修复速率 $\mu(t)$,是在 t 时刻未能修复的产品,在 t 时刻后单位时间内被修复的概率,可表示为

$$\mu(t) = \lim_{\substack{\Delta t \to 0 \\ N \to \infty}} \frac{n(t + \Delta t) - n(t)}{[N - n(t)] \Delta t} = \lim_{\substack{\Delta t \to 0 \\ N \to \infty}} \frac{\Delta n(t)}{N_S \Delta t} \tag{4-6}$$

其估计量为

$$\hat{\mu}(t) = \frac{\Delta n(t)}{N_S \Delta t} \tag{4-7}$$

式中:N_S —— t 时刻尚未修复数(正在维修数);

$\Delta n(t)$ —— 从 t 到 $t + \Delta t$ 时间内完成维修的产品(次)数。

工程实践中常用平均修复率或取常数修复率 μ,即单位时间内完成维修的次数,可用规

定条件下和规定时间内,完成维修的总次数与维修总时间之比表示。

结合故障率求解关系式,可得

$$\mu(t) = \frac{m(t)}{1-M(t)} \tag{4-8}$$

同样可得修复率与维修度的关系:

$$M(t) = 1 - \exp\left[-\int_0^t \mu(t)\mathrm{d}t\right] \tag{4-9}$$

指数分布的维修性函数为

$$M(t) = 1 - \mu e^{-\mu t} \tag{4-10}$$

$$m(t) = \mu e^{-\mu t} \tag{4-11}$$

$$\mu(t) = \mu \tag{4-12}$$

指数分布适用于经短时间调整或迅速换件即可修复的产品。此种分布显著的特征是修复速率为常数,表示在相同时间间隔内,产品被修复的机会(条件概率)也相同。

4.3.3 维修性参数

缩短维修延续时间是装备维修性中最主要的目标,即维修迅速性的表征。它直接影响装备的可用性和战备完好性,又与维修保障费用有关。

(1)平均修复时间(Mean Time To Repair,MTTR)

与可用性和战备完好性有关的一种维修性参数。其度量方法为:在规定的条件下和规定时间内,由不能工作事件引起的系统修复性维修总时间(不包括离开系统的维修和卸下部件的修理时间)与不能工作事件总数之比。

模型含义:平均修复时间即排除故障所需实际修复时间的平均值,也就是在一给定期间内,修复时间总和与修复次数 N 之比,即

$$\overline{M}_{\mathrm{ct}} = \frac{\sum_{i=1}^{N} t_i}{N} \tag{4-13}$$

如果装备由 n 个可修复项目(分系统、组部件或元器件等)组成时,平均修复时间为

$$\overline{M}_{\mathrm{ct}} = \frac{\sum_{i=1}^{n} \lambda_i \overline{M}_{\mathrm{ct}i}}{\sum_{i=1}^{n} \lambda_i} \tag{4-14}$$

式中:λ_i —— 第 i 项目的故障率;

$\overline{M}_{\mathrm{ct}i}$ —— 第 i 项目故障时的平均修复时间。

应当注意:

1) $\overline{M}_{\mathrm{ct}i}$ 所考虑的只是实际修理时间,一般装备维修全过程包括准备时间、故障检测诊断时间、拆卸时间、修复(更换)时间、重装时间、调校时间、检验时间、清理和启动时间等。但不计供应和行政管理的延误时间。

2) 在不同的维修级别(或不同的维修条件)下,同一装备也会有不同的平均修复时间,因此,应说明其维修级别(或维修条件)。

3) 平均修复时间是使用最广泛的维修性量度,其中的修复包括对装备寿命剖面各种故障的修复,而不仅限于部分或任务阶段。

当维修时间 t 服从指数分布时,$m(t)=\mu \mathrm{e}^{-\mu t}$,故

$$\overline{M}_{\mathrm{ct}}=\int_0^\infty t\mu \mathrm{e}^{-\mu t}\mathrm{d}t=\frac{1}{\mu} \qquad (4-15)$$

(2) 最大修复时间(Maximum Time To Repair)

完成全部修复活动规定百分数所需的最大时间。与平均修复时间一样,最大修复时间不计供应和行政管理的延误时间,使用此参数时,应说明其维修级别。

(3) 平均预防性维修时间 $\overline{M}_{\mathrm{pt}}$

平均预防性维修时间是装备每次预防性维修所需时间的平均值,即

$$\overline{M}_{\mathrm{pt}}=\frac{\sum_{j=1}^m f_{\mathrm{p}j}\overline{M}_{\mathrm{pt}j}}{\sum_{j=1}^m f_{\mathrm{p}j}} \qquad (4-16)$$

式中:$f_{\mathrm{p}j}$——第 j 项预防性维修作业的频率,通常以装备每工作小时分担的第 j 项维修作业数计;

$\overline{M}_{\mathrm{pt}j}$——第 j 项预防维修作业所需的平均时间;

m——预防性维修作业的项目数。

预防性维修时间不包括装备在工作的同时进行的维修作业时间,也不包含供应和行政管理延误的时间。

(4) 平均维修时间 $\overline{M}$

与维修方针有关的一种维修参数。平均维修时间是产品(装备)每次维修所需时间的平均值。此处的维修包含修复性维修和预防性维修。其量度方法:在规定的条件下和规定的期间内,产品修复性维修和预防性维修总时间与该产品计划维修和非计划维修事件总数之比。

平均维修时间 $\overline{M}$ 为

$$\overline{M}=\frac{\lambda \overline{M}_{\mathrm{ct}}+f_{\mathrm{p}}\overline{M}_{\mathrm{pt}}}{\lambda+f_{\mathrm{p}}} \qquad (4-17)$$

式中:λ——装备的故障率,$\lambda=\sum_{i=1}^n \lambda_i$;

f_{p}——装备预防性维修的频率(f_{p} 和 λ 应取相同的单位),$f_{\mathrm{p}}=\sum_{j=1}^m f_{\mathrm{p}j}$。

(5) 维修停机时间率(MTUT)M_{DT}

维修停机时间率(Mean Down Time Ratio)是装备单位工作时间所需维修停机时间的平均值。此处的维修包括预防性维修和修复性维修。

$$M_{\mathrm{DT}}=\sum_{i=1}^n \lambda_i \overline{M}_{\mathrm{ct}i}+\sum_{j=1}^m f_{\mathrm{p}j}\overline{M}_{\mathrm{pt}j} \qquad (4-18)$$

式(4-18)中第一项是修复性维修停机时间率,可作为单独的维修性参数,称为"单位工作时间所需平均修复时间"(Mean CM Time Required Support a Unit Hour of Operating

Time),用 MTUT 表示,是保证装备单位工作时间所需的修复时间平均值。其度量方法是:在规定条件下和规定时间内,装备修复性维修时间之和与总工作时间之比。

MTUT 反映了装备单位工作时间的维修负担,即对维修人力和保障费用的需求。它实质上是可用性参数,不仅与维修性有关,也与可靠性有关。

(6)维修工时数 M_I

与维修人力有关的一种维修性参数。维修工时数是反映维修的人力、时间消耗、维修人员和费用,是非常重要的维修性参数。维修工时数是每工作小时的平均维修工时,又称维修工时率。度量方法为:在规定的条件下和规定的时间内,产品直接维修工时总数与该产品寿命单位总数之比,即

$$M_I = \frac{M_{MH}}{T_{OH}} \quad (4-19)$$

式中:M_{MH}——装备在规定的使用期间内的维修工时数;

T_{OH}——装备在规定使用期间内的工作小时数。

减少维修工时,节省维修人力费用,是维修性要求的目标之一。需要注意的是,维修工时数不仅与维修性有关,而且与可靠性密切相关。提高可靠性,减少维修同样可使 M_I 减小,是可靠性、维修性的综合参数,也是使用方非常关心的可靠性、维修性参数。

(7)平均系统修复时间(Mean Time To Restore System,MTTRS)

与可用性和战备完好性有关的维修性参数。其度量方法为:在规定的条件下和规定的时间内,由不能工作事件引起的系统修复性维修总时间(不包括离开系统的维修和卸下的修理时间)与不能工作事件总数之比。

(8)平均维修间隔时间(Mean Time Between Maintenance,MTBM)

与维修方针有关的参数。其度量方法为:在规定的条件下和规定的时间内,产品寿命单位总数与该产品计划维修和非计划维修事件总数之比。

(9)平均维修活动间隔时间(Mean Time Between Maintenance Actions,MTBMA)

与维修人力有关的参数。其度量方法为:在规定的条件下和规定的时间内,产品寿命单位总数与该产品预防性维修和修复性活动总次数之比。

(10)恢复功能的任务时间(Mission Time To Restore Function,MTTRF)

与任务有关的一种维修性参数,反映了装备对任务成功性的要求。其度量方法为:在一个规定任务剖面中,产生致命性故障的总维修时间与致命性故障总数之比。致命性故障是指产品不能完成规定任务或可能导致人和装备重大损失的故障。

(11)重构时间 M_{rt}(Reconfiguration Time)

系统故障或损伤后,重新构成能完成其功能的系统所需时间。而对于有冗余的系统,是发生故障或损伤后,使系统转换为新的工作结构所需的时间。

(12)维修费用参数

常用年(月)平均维修费用,即装备在规定使用期间内的平均维修费用与平均工作年(月)数的比值。根据实际需要也可用每工作小时的平均维修费用。

(13)平均维护时间(Mean Time To Service,MTTS)

与维护有关的维修性参数。其度量方法为:产品总维护时间与维护次数之比。

(14)测试性参数

随着导弹武器装备现代化、电子化和复杂化,导弹测试时间已成为影响维修时间的重要因素之一。测试性参数反映了产品是否便于测试(或自身能完成某些测试功能)和隔离其内部故障的能力。常用的测试性参数有故障检测率、故障隔离率和虚警率等,将在第 5 章维修性技术讲述。

4.4 维修性模型

4.4.1 维修性模型的作用

与可靠性模型相似,维修性模型是维修性分析与评定的重要基础和手段。
维修性模型的作用如下:
1)进行维修性分配,把系统级维修性要求,分配给系统以下各个层次。
2)评价各种设计方案,比较各个备选的设计构型,为维修性设计决策提供依据。
3)当设计变更时,进行灵敏度分析,确定系统内的某个参数发生变化时,对系统维修性、可用性和费用的影响进行调整。

4.4.2 维修性模型的分类

维修性模型按其反映的内容,有狭义和广义的模型。狭义模型是指表达系统维修性与各组成单元维修性关系的模型和产品维修性与设计特征关系的模型。广义模型是指那些包含维修性的模型,除狭义模型外,还包括诸如可用度、战备完好性、系统效能、寿命周期费用等高层次模型以及有关维修的以可靠性为中心的维修、修理级别分析等模型。

按建模的目的不同,可分为:
1)分配预计模型:用于维修性分配、预计的模型,是最基本的模型。
2)设计评价模型:评价有关设计方案,为设计决策提供依据。
3)综合权衡模型:优化系统的可靠性与维修性等参数,确定合理的指标。
4)试验验证模型:用于维修性试验与评定。

按模型的形式不同,可分为框图模型、数学模型、计算机仿真模型和实体模型等。

4.4.3 维修性模型的框图

1. 维修职能流程图

为了更好地进行维修性分析、评估及预计分配,往往需要掌握维修实施过程及各项维修活动之间的关系,用框图形式描述简单明了、易于理解。维修职能是一个统称。它可以指实施装备维修的级别,如基层级、中继级和基地级维修等;也可以指在某个具体级别上实施维修的各项活动,这些活动是按时间顺序排列出来的。

维修职能流程图是提出维修的要点并找出各项职能之间相互联系的一种流程图。对于某一个维修级别来说,则是从产品进入维修作业开始到最后一项维修作业完成,使产品保持或恢复其规定状态功能所进行活动的流程框图。维修职能流程图随装备的层次、维修的级别不同而不同。某装备系统最高层次的维修职能流程图(见图 4-2),它表明该系统在使用期间要由操作人员进行维护。

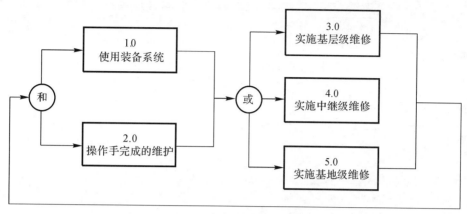

图 4-2 维修职能流程图

由维修机构实施维修可分为三个级别:基层级、中继级和基地级。装备一般在某一机构维修,完成维修后再转回使用。随着武器装备现代化和信息化战争需求,基层级将赋予更多、更广的维修任务和内容,三级维修体制也将转变为二级维修体制。图 4-3 是装备中继级维修的一般流程图,它是图 4-2 中 4.0 的展开图。它表示从接收该待修装备到修完返回使用单位(或供应部门)的一系列维修活动,包括准备活动、诊断活动和更换活动等。

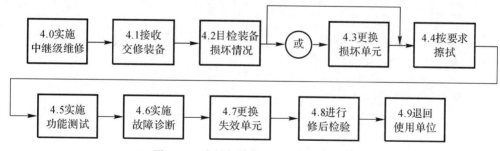

图 4-3 中继级维修的一般职能流程图

维修职能流程图是一种非常有效的维修性分析手段,它把装备维修活动的先后顺序整理出来,形成非常直观的流程图。如果把有关的维修时间和故障率的数值标在图上,就可以很方便地进行维修性的分配和预计以及其他分析。

2. 系统功能(包含维修)层次框图

维修职能流程图是纵向按时序表达各项维修工作、活动的关系;而包含维修的系统功能层次框图则是从横向按组成表达系统与各部分维修工作、活动的关系,以便掌握系统与单元的维修性的关系。系统功能层次框图是表示从系统到可更换单元的各个层次所需的维修措施和维修特征的系统框图。它可以进一步说明维修职能流程图中有关装备和维修职能的细节(见图 4-4)。

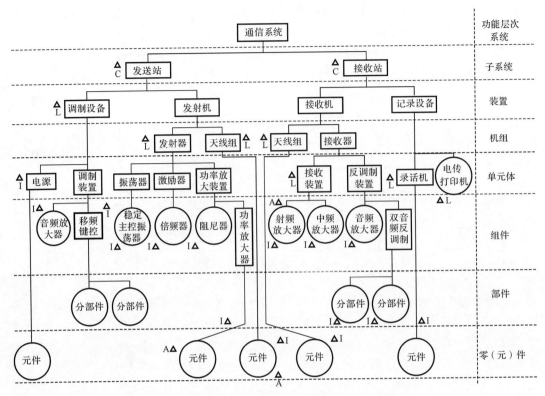

图 4-4 某通信系统功能（包括维修）层次框图

注：
1）圆圈：在该圈内的项目故障后可采用换件修理，即可更换单元。
2）方框：框内的项目可继续向下分解。
3）含有"L"的三角形：表明该项目不用辅助设备即可故障定位（隔离）。
4）含有"I"的三角形：需要使用机内或辅助设备才能故障定位（隔离）。
5）含有"A"的三角形：标在方框旁边表明换件前需调整或校正；标在圆圈旁边表明换件后需调整或校正。
6）含有"C"的三角形：项目需要功能检测。

系统功能层次的分解是按其结构（工作单元）自上而下进行的，一般从系统级开始，分解到使用方可以进行维修或调整，包括能够做到故障定位、更换故障件的层次为止。分解时应结合维修方案，在各个产品上标明与该层次有关的重要维修活动（如，故障识别隔离定位、装拆卸、修复、调整或换件等），为了简化这些维修活动可用符号表示。如果把有关维修时间指标、故障率、预防性维修频率与系统功能层次框图联系起来，就可以进行维修性分配、预计和权衡分析研究。

4.4.4 维修性模型的计算

维修性模型主要是计算维修时间的模型。维修时间是一个统称，维修时间是随机变量，可以是预防性维修时间，也可以是修复性维修时间。

维修时间的计算模型可分为两类:
1) 分布计算模型,通过分析、计算得出维修时间的分布规律。
2) 特征值计算模型,用于计算维修时间的特征值,如平均值、中位值、最大值等。

1. 串行作业模型(累加模型)

串行作业是指一系列作业首尾相连,前一作业完成时后一作业开始,既不重叠又不间断。维修过程中,一次维修事件是由若干维修活动组成,而各项维修活动是由若干项基本维修作业组成的。如果只有一个维修人员或维修组,不能同时进行几项活动或作业,就是串行作业。这种情况下,完成一次维修或一项维修活动的时间就等于各项活动或各基本维修作业时间的累加值。

假设某项维修事件(活动)的时间为 T,完成该项维修事件需要 n 个活动(基本维修作业),每项活动的时间为 $T_i(i=1,2,\cdots,n)$,它们相互独立,则

$$T = T_1 + T_2 + \cdots + T_n = \sum_{i=1}^{n} T_i \qquad (4-20)$$

如果已知每项活动时间的分布函数,那么可求得总时间 T 的分布。

2. 均值计算模型

均值是维修时间的重要特征量,也是确定维修性参数时的首选特征量,在维修性分析中,经常估算产品维修时间均值。其模型与平均修复性时间相似。

例 4-1 某导弹设备由三个可修复部件组成,其部件平均故障间隔时间 T_{bfi} 及平均修复时间 $\overline{M}_{cti}$ 如下:

部件 1:
$$T_{bf1} = 1\,000\text{ h}; \quad \overline{M}_{ct1} = 1\text{ h}$$

部件 2:
$$T_{bf2} = 500\text{ h}; \quad \overline{M}_{ct2} = 0.5\text{ h}$$

部件 3:
$$T_{bf3} = 500\text{ h}; \quad \overline{M}_{ct3} = 1\text{ h}$$

求装备的平均修复时间 $\overline{M}_{ct}$。

解:各部件的平均故障率为

$$\lambda_1 = \frac{1}{T_{bf1}} = 0.001\text{ h}^{-1}$$

$$\lambda_2 = \frac{1}{T_{bf2}} = 0.002\text{ h}^{-1}$$

$$\lambda_3 = \frac{1}{T_{bf3}} = 0.002\text{ h}^{-1}$$

$$\overline{M}_{ct} = \frac{\sum\limits_{i=1}^{3} \lambda_i \overline{M}_{cti}}{\sum\limits_{i=1}^{3} \lambda_i} = 0.8\text{ h}$$

3. 并行作业模型

组成维修事件(活动)的各项维修活动(基本维修作业)同时开始,则为并行作业。在大

型复杂装备常常是多人或多个维修组同时进行维修,以缩短维修持续时间。

显然,并行作业的维修持续时间等于各项活动时间的最大值,即
$$T = \max(T_1, T_2, \cdots, T_n)$$
而其维修度为
$$M(t) = P\{T \leqslant t\} = P\{\max(T_1, T_2, \cdots, T_n) \leqslant t\} = \prod_{i=1}^{n} M_i(t) \quad (4-21)$$

4. 回归分析模型

维修性参数与多种设计特征有关。这种关系往往难以直接推导出简单的函数式,而通过试验或现场维修数据进行回归分析,建立回归模型是一种有益的方法。

例如,影响导弹电子设备维修时间的因素很多,经验表明,其中最重要的是设备的复杂程度,即包括的发生一次故障需更换的单元数 u_1 和可更换单元数 u_2。根据我国的统计数据,它近似于线性关系,即可用线性回归模型。某型导弹平均修复时间(用小时计)为
$$\overline{M}_{ct} = 0.15 u_1 + 0.025 u_2 \quad (4-22)$$

某学院电子系在对现装备雷达、指挥仪试验的基础上,采用回归分析建立雷达基层级维修的平均修复时间(以分钟计)模型为
$$\overline{M}_{ct} = \exp(6.897 - 0.35 x_1 - 0.15 x_2 - 0.20 x_3 - 0.10 x_4 - 0.15 x_5) \quad (4-23)$$

这是一个非线性回归模型,其中 $x_1 \sim x_5$ 分别为检测快速性、模块化、可达性、标记、配套影响因子,由差到好取 $1 \sim 4$ 分。

第 5 章 维修性技术

导弹维修性主要体现在维修时间上,合理分配维修各级别时间和可更换单元是科学维修的基础。因此,导弹设计阶段对维修性参数分配和预计是一项不可缺少的维修性工作。另外,测试性也是维修技术中特别重要的问题。本章重点论述维修性分配、预计方法及其导弹测试性。另外,针对导弹武器装备维修的特点,需要开展科学的基于状态的导弹维修活动。

5.1 维修性分配

5.1.1 目的、指标、层次和程序

1. 维修性分配目的

维修性分配是导弹研制与改进中一项必不可少的维修性工作。有了系统总的维修性指标,还要把它分配到各功能层次的各部分,以便明确各部分的维修性指标,这就是维修性分配。只有合理分配指标,才能避免设计的盲目性。维修性分配的具体目的是:

1)为系统或设备的各部分(各个低层次产品)研制者提供维修性设计指标,以保证系统或装备最终符合规定的维修性要求。

2)通过维修性分配,明确各转承制方或供应方的产品维修性指标,以便于系统承制方对其实施管理。

2. 维修性分配的指标及产品层次

维修性分配的指标应当是关系全局的系统维修性的主要指标,它们通常是在合同或任务书中规定的。最常见的指标是:

1)平均修复时间 $\overline{M}_{ct}$。
2)平均预防性维修时间 $\overline{M}_{pt}$。
3)维修工时数 M_I。

导弹维修一般分为基层级、中继级和基地级三级维修或分为基层级和基地级两级维修。分配的指标是哪一级维修,就应将其分配到相应的维修级别的可更换单元。

3. 分配程序

1)系统维修职能分析。维修职能分析是根据产品的维修方案规定的维修级别划分,确

定级别的维修职能,以及各级别上的维修的工作流程,并用框图的形式来描述。

2)系统功能层次分析。在一般系统功能分析和维修职能分析的基础上,对系统各功能层次各组成部分,逐个确定维修措施和要素,并用一个包含维修的系统功能层次图来表示。

3)确定各层次各产品的维修频率,包括预防性维修和修复性维修的频率,而修复性维修的频率就等于其故障率,由可靠性分配或预计得到。预防性维修的内容与频率,可根据故障模式与影响分析,采用"以可靠性为中心的维修"(RCM)等方法确定。研制初期,可参照相似产品,确定该产品的维修频率。

4)分配维修性指标。采用维修性分配方法将给定的系统维修性指标自高向低逐层分配到各产品。

5)研究分配方案的可行性,必要时进行调整,可以采取以下措施进行调整:

a.修正分配方案,即在保证满足系统维修性指标的前提下,局部调整产品指标。

b.调整维修任务,在不能违背维修方案总的约束前提下,对维修功能层次框图中安排的维修措施或设计特性作局部调整,使系统及各产品的维修性指标都可望实现。

5.1.2 维修性分配的方法

如第4章所述,系统(上层次产品)与其各部分(下层次产品,以下称单元)的维修性参数 $\overline{M}_{ct}$、$\overline{M}_{pt}$、$\overline{M}_1$ 大都为加权和的形式,如平均修复时间为

$$\overline{M}_{ct} = \frac{\sum_{i=1}^{n} \lambda_i \overline{M}_{cti}}{\sum_{i=1}^{n} \lambda_i} \tag{5-1}$$

其他参数也类似,下面以 $\overline{M}_{ct}$ 为例来讨论。式(5-1)是指标分配必须满足的基本公式。但是,满足此式的解集 $\overline{M}_{cti}$ 是多值的,需要根据维修性分配的条件及准则来确定,这样就有各种不同的分配方法。

1. 等值分配法

这是一种简单的维修性分配方法。其适用条件为:组成上层次产品的各单元的复杂程度、故障率及预想的维修难易程度大致相同。也可用在设计初期缺少可靠性、维修性信息时,做初步的维修性分配。

取各单元的指标相等,即

$$\overline{M}_{ct1} = \overline{M}_{ct2} = \cdots = \overline{M}_{ctn} = \overline{M}_{ct} \tag{5-2}$$

2. 按故障率分配法

取各单元的平均修复时间 $\overline{M}_{cti}$ 与其故障率成反比,即

$$\lambda_1 \overline{M}_{ct1} = \lambda_2 \overline{M}_{ct2} = \cdots = \lambda_n \overline{M}_{ctn}$$

代入式(5-1)得

$$\overline{M}_{cti} = \frac{\overline{M}_{ct} \sum \lambda_i}{n \lambda_i} \tag{5-3}$$

当各单元故障率 λ_i 已知时,可求得各单元的平均修复时间 $\overline{M}_{cti}$。显然,系统单元的故障

率越高,分配的平均修复时间越短;反之分配的平均修复时间越长。这样,可以有效地达到导弹的规定可用性和战备完好目标。

3. 按相对复杂性分配法

在分配维修性指标时,要考虑其实现的可能性,通常是考虑系统各单元的复杂性。一般来说,导弹结构越简单,其可靠性越好,维修也越简便、迅速,可用性好;反之,导弹结构越复杂,系统可用度就难以满足性能要求。因此,先按相对复杂程度分配各单元的可用度,即定义复杂性因子 K_i 为预计第 i 个单元的元件数与系统(或上层次)的元件总数的比值。

第 i 个单元的可用度分配值为

$$A_i = A_S^{K_i} \tag{5-4}$$

式中:K_i—— 复杂性因子;

A_S—— 系统的可用度值。

$$A_i = \sum_{i=1}^{n} A_i$$

由式(5-4)计算出单元的可用度后,代入下式,从而计算出系统各单元平均修复时间为

$$\overline{M}_{cti} = \frac{1 - A_i}{\lambda_i A_i} = \frac{1}{\lambda_i}\left(\frac{1}{A_i} - 1\right)$$

$$\overline{M}_{cti} = \frac{1 - A_i}{\lambda_i A_i} = \frac{1}{\lambda_i}(A_S^{-K_i} - 1) \tag{5-5}$$

例 5-1 某串联系统由四个单元组成,要求其系统可用度 $A_S = 0.95$,预计各单元的元件数和故障率见表 5-1,试确定系统各单元的平均修复时间指标。

表 5-1 某串联系统的元件数及故障率

单元号	1	2	3	4	总计
元件数/个	1 000	2 500	4 500	6 000	14 000
$\lambda_i/\mathrm{h}^{-1}$	0.001	0.005	0.01	0.02	0.036

解:将表 5-1 各列值代入式 $A_i = A_S^{K_i}$,可得系统各单元的可用度为

$$A_1 = 0.95^{1\,000/14\,000} = 0.996\,3$$

同理可求,$A_2 = 0.990\,9, A_3 = 0.983\,6, A_4 = 0.978\,3$。

代入式 $\overline{M}_{cti} = \frac{1}{\lambda_i}(A_S^{-K_i} - 1)$,则可直接求出系统各单元平均修复时间为

$$\overline{M}_{ct1} = \left[\frac{1}{0.001} \times \left(\frac{1}{0.996\,3} - 1\right)\right] \mathrm{h} = 3.671\,4\ \mathrm{h}$$

同理可求,$\overline{M}_{ct2} = 1.840\ \mathrm{h}, \overline{M}_{ct3} = 1.662\ \mathrm{h}, \overline{M}_{ct4} = 1.111\ \mathrm{h}$。

该系统平均修复时间为

$$\overline{M}_{ct} = \left[\frac{1}{0.036} \times \left(\frac{1}{0.95} - 1\right)\right] \mathrm{h} = 1.462\ \mathrm{h}$$

分配的结果可加归整,再用式 $\overline{M}_{ct} = \dfrac{\sum\limits_{i=1}^{n}\lambda_i \overline{M}_{cti}}{\sum\limits_{i=1}^{n}\lambda_i}$ 演算。

4. 相似产品分配法

导弹设计研制总是具有继承性和延续性。因此,可借用已有的相似产品维修性信息,将其作为新研制或改进产品维修性分配的依据。

已知相似产品维修性数据,新(改进)产品的维修性指标采用下式计算:

$$\overline{M}_{cti} = \frac{M'_{cti}}{M'_{ct}} \overline{M}_{ct} \tag{5-6}$$

式中:M'_{ct}、M'_{cti}——相似装备(或系统)和它的第 i 个单元的平均修复时间。

5.2 维修性预计

5.2.1 维修性预计目的、作用、参数和程序

1. 目的和作用

维修性预计是一种分析性工作,它可以在导弹试验之前、制造之前,乃至详细的设计完成之前,对其可能达到的维修性水平做出预计。在导弹研制或改进过程中,进行了维修性设计,但是否达到规定的要求,是否需要进行进一步的改进,这就要开展维修性预计。所以,维修性预计的目的是预先估计产品的维修性参数值,了解其是否满足规定的维修性指标,以便对维修性工作实施监控。

其具体作用如下:

1)预计导弹设计或设计方案可能达到的维修性水平,了解其是否能达到规定的指标,以便做出研制决策。

2)及时发现维修性设计及保障方面的缺陷,作为更改导弹设计或保障安排的依据。

3)当研制过程更改设计或保障要素时,估计其对维修性的影响,以便采取适当对策。

此外,维修性预计的结果常常是用作维修性设计评审的一种依据。

2. 预计的参数

维修性预计的参数应同规定的维修性指标相一致,最经常预计的是平均修复时间。根据需要也可预计最大修复时间、平均预防性维修时间或维修工时率等。

维修性预计的参数通常是系统或设备级的,以便与合同规定和使用要求相比较。而要预计出系统或设备的维修性参数值,必须先求得其组成单元的维修时间、工时以及维修频率。在此基础上,运用累加或加权和等模型,求得系统或设备的维修时间、工时、均值以及最大值。

3. 预计的程序

1)收集资料。收集资料包括产品技术说明书、原理图、框图、可更换或可拆装单元清单,乃至线路图、草图和产品图等。

2)维修职能与功能分析。维修职能与功能分析与维修性分配相似,预计前,要在分析上述资料基础上,进行系统维修职能与功能层次分析,建立框图模型。

3)确定维修性设计特性与维修性参数值的关系。维修性预计要由产品设计或设计方案

估计其维修性参数。这就必须了解维修性参数值与设计特征的关系。

4)预计维修性参数值。预计维修性参数值选用适当的预计方法预计维修性参数值。

5.2.2 预计方法

1.单元对比法

任何导弹的设计研制都会有某种程度的继承性,在组成系统或设备的单元中,总会有些是使用过的产品。因此,可以从列装的导弹中找到一个可知其维修时间的单元,以此作为基准,通过与基准单元对比,估计其他各单元的维修时间,进而确定系统或设备的维修时间。这就是单元对比法的思路。

(1)适用范围

由于单元对比法不需要更多的具体设计信息,它适用于各类导弹方案研制阶段的早期预计。预计的基本参数是平均修复时间$\overline{M}_{ct}$、平均预防性维修时间$\overline{M}_{pt}$和平均维修时间$\overline{M}$。

(2)预计需要的资料

1)在规定维修级别可单独拆卸的可更换单元清单。

2)各个可更换单元的相对复杂程度。

3)各个可更换单元各项维修作业时间的相对量值。

4)各个预防性维修单元的维修频率相对量值。

(3)预计模型

1)平均修复时间$\overline{M}_{ct}$为

$$\overline{M}_{ct} = \overline{M}_{ct0} \frac{\sum_{i=1}^{n} h_{ci} k_i}{\sum_{i=1}^{n} k_i} \tag{5-7}$$

式中:$\overline{M}_{ct0}$——基准可更换单元的平均修复时间;

h_{ci}——第i个可更换单元相对修复时间系数;

k_i——第i个可更换单元相对故障率系数,即

$$k_i = \frac{\lambda_i}{\lambda_0} \tag{5-8}$$

式中:λ_i、λ_0——第i单元和基准单元的故障率。

维修性预计过程中,k_i并不需由λ_i与λ_0计算,可由比较单元与基准单元设计特性加以估计。

2)平均预防性维修时间$\overline{M}_{pt}$为

$$\overline{M}_{pt} = \overline{M}_{pt0} \frac{\sum_{j=1}^{m} h_{pi} l_i}{\sum_{j=1}^{m} l_i} \tag{5-9}$$

式中:$\overline{M}_{pt0}$——基准单元平均预防维修时间;

h_{pi}——第i个预防性维修单元相对维修时间系数;

l_i —— 第 i 个预防性维修单元相对于基准单元的预防性维修频率系数,即

$$l_i = \frac{f_i}{f_0} \quad (5-10)$$

同样,l_i 依据单元设计特性的比较进行估计。

3) 平均维修时间 $\overline{M}$ 为

$$\overline{M} = \frac{\overline{M}_{ct0} \sum_{i=1}^{n} h_{ci} k_i + f_0 \overline{M}_{pt0} \sum_{j=1}^{m} l_i h_{pi}/\lambda_0}{\sum_{i=1}^{n} k_i + f_0 \sum_{j=1}^{m} l_i/\lambda_0} \quad (5-11)$$

4) 相对维修时间系数 h_i。第 i 单元相对修复时间系数 h_{ci} 或预防性维修时间系数 h_{pi}(以下用 h_i 代表)是一个由比较得到的数值。为了便于比较,本程序把维修时间分为 4 项活动:故障识别定位隔离,装拆卸,更换可更换单元,校准检验。对每项活动分别比较,故 h_i 也分为 4 项:

$$h_i = h_{i1} + h_{i2} + h_{i3} + h_{i4} \quad (5-12)$$

h_{ij} 由 i 单元第 j 项维修活动时间(t_{ij})相对于基准单元(t_{0j})相应时间之比确定:

$$h_{ij} = h_{0j} t_{ij} / t_{0j} \quad (5-13)$$

h_{0j} 是基准 i 单元第 j 项维修活动时间所占其整个维修时间的比值。显然

$$h_0 = h_{01} + h_{02} + h_{03} + h_{04} = 1 \quad (5-14)$$

(4) 预计程序

1) 明确在规定维修级别上装备的各个可更换单元。若修复性维修与预防性维修单元不同,应分别列出。

2) 选择基准单元。基准单元应是维修性参数值已知或能够估测的单元,它与其他单元在故障率、维修性方面有明显可比性。需强调,修复性与预防性维修的基准单元,可以是同一单元,也可以分别选取。

3) 估计各单元各项系数 k_i、h_i、l_i。

4) 计算系统或设备的 $\overline{M}_{ct}$、$\overline{M}_{pt}$、$\overline{M}$。

例 5-2 某导弹设计与保障方案已知,在现场维修时,可划分为 12 个可更换单元(LRU),由类似装备数据得到:选单元 1 为修复性维修基准单元,单元 1 为插接式模块,当其损坏时装备修复时间平均为 10 min,其中检测隔离平均时间 4 min,拆装外遮挡 3 min,更换约 1 min,更换后校准约 2 min,故障率预计 0.000 5 h^{-1};选单元 3 为预防性维修基准单元,单元 3 预防性维修频率 0.000 1 h^{-1};要求预计其平均维修时间是否不大于 20 min。

选取单元 1 作为基准单元,其故障率系数 $k_0 = k_1 = 1$。由各项活动时间与总时间之比可得系数 $k_{01} = 0.4$,$k_{02} = 0.3$,$k_{03} = 0.1$,$k_{04} = 0.2$。该模块不需要做预防性维修,$l_1 = 0$。

然后,确定各单元的各个系数,列入表 5-2。假定单元 2 是一个质量较大需用多个螺钉固定的模块,其外还有屏蔽,寿命较短。因此,其相对故障率系数高,取 $k_2 = 2.5$。检测隔离与基准单元相差不大,取 $h_{21} = 0.5$;更换时需拆装外部屏蔽遮挡,比基准单元费时,取 $h_{22} = 1$;多个螺钉固定,更换费时,取 $h_{23} = 2$;调校较费时,取 $h_{24} = 0.6$;该单元不需做预防性维修,$l_2 = 0$。单元 3 假定是一个小型电机,依其设计、安装情况,与基准单元相比,估计各系数见表

5-2。因为它需要定期检修和润滑,故该单元需要做预防性维修,作为预防性基准单元,$l_3 = l_0 = 0$。其余各单元可按照上面的方法估计各维修系数,并列于表 5-2。

表 5-2 某导弹维修可更换单元系数表

可更换单元序号	k_i	h_{ij}				h_i	$k_i h_i$	l_i	$l_i h_i$
		h_{i1}	h_{i2}	h_{i3}	h_{i4}	$\sum h_{ij}$			
1	1	0.4	0.3	0.1	0.2	1	1	0	0
2	2.5	0.5	1	2	0.6	4.1	10.25	0	0
3	0.7	1.8	0.3	0.5	0.7	3.3	2.31	1	3.3
4	1.5	2	1.2	0.8	0.5	4.5	6.75	0	0
5	0.5	1.2	0.5	0.3	2	4	2	0	0
6	2.8	0.4	1	0.25	0.5	2.15	6.02	2.5	5.375
7	0/8	1.3	0.7	1.2	0.8	4	3.2	0	0
8	2.2	0.2	0.5	0.4	0.3	1.4	3.08	0	0
9	3	0.6	0.8	0.6	0.5	2.5	7.5	1.5	3.75
10	0.08	5	2	2	2.5	12.5	1	0.04	0.5
11	0.9	1	2	0.8	1	4.8	4.32	0	0
12	1.4	0.6	0.3	0.4	0.5	1.8	2.25	0	0
合计	17.38						49.95	5.04	12.925

按表 5-2,计算各系数之和。代入公式(5-7)、式(5-9)、式(5-11)计算出装备维修性参数预计值。由于各维修时间系数均是以单元 1 为基准的,故公式中的基准单元维修时间均应用单元 1 的 10 min 计算,有

$$\overline{M}_{ct} = \overline{M}_{ct0} \frac{\sum_{i=1}^{n} h_{ci} k_i}{\sum_{i=1}^{n} k_i} = (10 \times 49.95/17.38) \text{ min} = 28.74 \text{ min}$$

$$\overline{M}_{pt} = \overline{M}_{pt0} \frac{\sum_{j=1}^{m} h_{pi} l_i}{\sum_{j=1}^{m} l_i} = (10 \times 12.925/5.04) \text{ min} = 25.64 \text{ min}$$

$$\overline{M} = \frac{\overline{M}_{ct0} \sum_{i=1}^{n} h_{ci} k_i + f_0 \overline{M}_{pt0} \sum_{j=1}^{m} h_{pi} l_i / \lambda_0}{\sum_{i=1}^{n} k_i + f_0 \sum_{j=1}^{m} l_i / \lambda_0} =$$

$$\left(\frac{10 \times 49.95 + 0.0001 \times 10 \times 12.925/0.0005}{17.38 + 0.0001 \times 5.04/0.0005} \right) \text{ min} =$$

$$\left(\frac{499.5+25.85}{18.39}\right) \min = 28.57 \min$$

预计平均维修时间 $\overline{M} = 28.57$ min 超过指标 20 min，这时需要研制方更改设计方案。由此式可见，其中预防性维修的影响较小，可暂不考虑。要缩短修复时间，即应减小 $\sum k_i h_i$，在 $\overline{M}$ 式中若令 $\overline{M} = 20$ min，则可得

$$\sum k_i h_i = [\overline{M}(\sum k_{ci} + f_0 \sum l_i/\lambda_0) - f_0 \overline{M}_{pt0} \sum l_i k_{pi}/\lambda_0]/\overline{M}_{ct0} =$$
$$[20 \times 18.39 - 25.85]/10 = 34.2$$

要将 $\sum k_i h_i$ 由 49.95 减至 34.2，由表 5-2 可见，重点应放在缩短 2、9、4、6、11 等单元的平均修复时间上。

2. 时间累积法

这种方法是一种比较细致的维修性预计方法。它根据历史经验（如统计数据、图表等），对照装备的设计和维修保障条件，逐个确定每个维修项目、每项维修工作或维修活动，乃至每项基本维修作业所需的时间或工时，然后综合累加或求平均值，最后预计出装备的维修性参数量值。

(1) 适用范围

时间累积法用于预计各种（航空、导弹及舰载）电子设备在各级维修的维修性参数，也可用于任何环境下的其他各种设备的维修性预计。该方法中所给出的维修作业时间标准主要是电子设备的，用于预计其他设备时，需要补充或校正。平均修复时间 $\overline{M}_{ct}$ 是预计的基本参数。

(2) 预计需要的资料

1) 各维修级别的可更换单元 (RI) 的目录及数量（实际的或估算的）。
2) 各个 RI 预计或估算的故障率。
3) 每个 RI 故障检测隔离的基本方法（如机内自检、外部检测或人工隔离等）。
4) 故障隔离到一组 RI 的更换方案。
5) 封装特点和要求。
6) 估算的或要求的隔离能力，即故障隔离到 RI 的隔离率。

(3) 预计的基本原理和分析步骤

1) 基本原理。面对一个系统（或设备），要直接估计出其维修性参数值是不现实的。但可以把它分解开来，把每个单元出故障后的维修过程也分解开来，针对某个单元某项活动或作业，采用时间累积法估计其维修时间或工时则比较现实。运用时间累积法进行维修性预计是一个反向综合过程，从估计维修动作的时间（工时）开始，计算各项维修活动时间（工时）、各 RI 在各故障检测与隔离 FD&I (Fault Detect and Insulate) 输出的修复时间（工时）、各 RI 的平均修复时间 R_n（工时），最后估算出系统（设备）的平均修复时间 $\overline{M}_{ct}$。这就是时间累积法的思路或计算过程（见图 5-1）。

2) 分析步骤如下：

① 维修对象的分解。把系统或设备分解，直到规定的维修级别的 RI。每个 RI 的故障率 λ_n 可由可靠性预计或历史资料得到。

②RI 的故障分析。一个 RI 发生故障,其故障模式可能有几种,故障检测与隔离 FD&I 的方式及其输出(即 FD&I 时得到的信号、迹象、仪表读数、打印输出等)也就不尽相同,FD&I 所需时间以及整个修复时间就会不一样。因此,要按 FD&I 输出将单元故障区分开,并确定每种 FD&I 输出下的故障率 λ_{nj} 及平均修复时间 R_{nj}(n 代表第 n 单元,j 代表第 j 种输出 FD&I)。

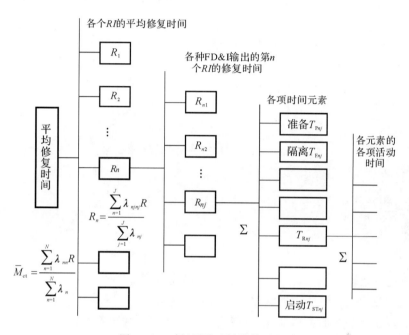

图 5-1 时间累计法的计算过程

③维修时间的分解。一般情况下,一次维修活动可能包含 8 种维修活动,其时间即是修复时间 T_m(脚注 m 表示第 m 项活动时间)。

a. 准备时间 T_P——进行故障隔离之前完成的各项准备工作的时间。

b. 故障隔离时间 T_{FI}——将故障隔离到进行修理的层次所需的时间。

c. 分解时间 T_D——拆卸设备以便达到故障隔离所确定的 RI 所需的时间。

d. 更换时间 T_I——拆卸下并更换失效或怀疑失效的 RI 所需的时间。

e. 重装时间 T_R——进行重新安装设备所需的时间。

f. 调准时间 T_A——对设备(系统)进行校准、测试和调整所需的时间。

g. 检验时间 T_C——检验故障是否排除、设备(系统)能否正常运行所需的时间。

h. 启动时间 T_{ST}——确认故障已被排除后,使设备(系统)重新进入故障前的运行状态所需的时间。

④维修活动的分解。一项维修事件可能是由若干个基本维修作业组成。而这些活动时间短且相对稳定(时间散布不大)。因此,可以选择常见的基本维修作业,通过试验或现场统计数据,确定其时间(工时),作为维修性预计的依据。

上述过程中,运用的数学模型基本上是两类:累加和均值模型。累加模型用于串行作业,在不考虑并行作业情况下由基本维修作业时间合成为维修活动时间,维修活动时间合成为各 RI 在各 FD&I 输出下的平均修复时间;均值模型用于求系统平均修复时间。

(4)预计程序

1)确定预计要求。首先要明确需要预计的维修性参数及其定义,其次确定预计程序和基本要求,最后明确预计所依据的维修级别,清楚其维修保障条件与能力。

2)确定更换方案。要明确装备的维修方案,哪些是规定维修级别的可更换单元。

3)决定预计参数。在维修方案所列资料的基础上,进一步确定预计用的基础数据。

4)选择预计的数学模型。应根据实际维修作业情况选择与修正预计数学模型。

5)计算维修性参数值。

在以上分析与数据收集、处理的基础上,利用维修性预计模型由下而上计算,求得系统所需平均维修时间或维修工时数。

5.3 测试与测试性

5.3.1 测试及其发展

1. 概念

测试(Test and Measurement)包含测量与试验两部分内容。测试是利用试验的方法,借助于一定的仪器设备,得到被测量数据大小,描述被测量性质和属性的过程。测试是人们认识和研究客观物质世界的基础。在测试的进行过程中,人们必须借助于专门的仪器设备,通过科学的试验和必要的数据处理,最终才能取得被测对象的准确信息。

与测试有关的概念还包括测量、检测、检验和计量等。

1)测量(Measurement)是以确定量值为目的的一组操作,即用同性质的标准量与被测量比较,确定被测量对标准量的倍数(标准量是国际国内公认的、性能稳定的量)。

2)检测(Detection)是指利用传感器提取信息,对被测量通过检查与测量的方法赋予定性或定量结果的过程。

在实际使用过程中,经常对测试、测量和检测并不做严格区分。例如测试设备也可称为测量设备、检测设备等。

3)检验(Detect)与测量相近,但是检验与测量有区别。检验通常不需要被检测对象有关参数的准确值,而是更关心被检测参数是否在给定的范围内。

4)计量(Metering)是指实现单位统一、量值准确可靠的活动。计量是技术和管理的结合体,凡是以实现计量单位统一和测量准确可靠为目的的科学、技术、法制、管理等活动都属于计量的范畴。计量具有准确性、一致性、溯源性和法制性的特点。

测试技术是指研究各种物理量的测量原理和测量信号(包括可能的误差信息)的分析处理,描述被测量属性的技术。随着各种相关技术(如计算机技术、传感器技术、大规模集成电路技术、通信技术等)的飞速发展,测试技术领域发生了巨大的变化,从而产生了自动测试技术。自动测试技术是自动化技术一个重要分支,是研究在测量过程中不需要或者仅需要很少人工干预而自动进行并完成的一门技术。自动测试系统是采用自动测试技术组建的系统,其核心是采用了微处理器或者计算机。

现代测试技术是采用自动化技术、计算机技术、网络技术、人工智能技术及控制论、信息论等现代新技术和新理论的一门测试技术。其主要特点是以计算机为核心构成测试系统。该系统一般具有开放化、远程化、智能化、多样化、网络化、测控系统大型化和微型化、数据处理自动化等特点,它将成为仪器仪表与测控系统新的发展方向。隶属于信息科学和试验科学,并在其中占据很重要的部分。

2. 作用

随着科技发展,测试技术越来越广泛地应用于工业、农业、国防、航空航天、科学研究和日常生活等各个领域,它在国民经济中起着重要作用。

测试技术是决定导弹性能和提高系统可靠性的必要手段。导弹的测试精度决定了武器的射击精度和制导武器的制导精度,先进的武器装备制造水平是以测试技术为基础的。导弹从方案论证、设计到出厂检验无不离开测试技术。在部队,导弹的使用维护、故障诊断等,都是以测试技术作为基础的。所有导弹,不论是作战装备还是维护保障装备,保证其日常系统的可靠性、可用性、维修性等指标都离不开测试技术。

测试技术与科学技术相互渗透、相互作用的密切关系,使它成为一门十分活跃的技术学科,几乎涉及人类的一切活动领域,发挥着愈来愈大的作用。

3. 发展现状

20世纪,美国启动了军用自动测试系统(Automatic Test System,ATS)发展计划,ATS是指人极少参与或不参与的情况下,自动进行量测,处理数据,并以适当方式显示或输出测试结果的系统。军用ATS包括空军的模块化自动测试设备(Modular Automatic Test Equipment,MATE)计划、海军的综合自动化支持系统(Consolidated Automated Support System,CASS)计划和陆军的中间级战场测试设备系列(ITFE)计划。

由于是分散管理、分别投资,各军兵种ATS的特点是品种繁多,通用性差,重复投资。随后,美国国防部(DOD)从顶层加强统一管理,组织军方和有关企业开展了大量研究工作,进行顶层规划,提出了纵向集成测试和横向集成测试等一系列新概念和技术战略,着重加强了ATS的标准化建设,这标志着美军全面开始推进各军种ATS的通用化建设。典型系统就是海陆空三军共同参与的"下一代测试"(NxTest)系统。NxTest系统的技术特点是共享TPS(Test Program Set)和自动测试设备(Automatic Test Equipment,ATE),共享诊断基础结构,改善TPS开发环境,便于TPS的移植,将ATE的硬件数量减少2/3,采用并行测试和多线程方法,实现测试诊断信息的综合。NxTest系统的特点是通用、跨军种、跨武器平台,研制目标是降低费用,提高各军种ATS之间的通用性,轻小型化,提高测试质量。

以地空导弹测试为例,测试技术经历了从无到有,从手动到自动,从模拟到数字的发展过程,综合测试系统的发展,根据系统组建及技术特点可以总结经历了4代:

第1代是起步阶段,时间是20世纪60年代,对应地空导弹的仿制阶段,综合测试系统由部分弹上设备单元测试设备拼组而成,是全实物的仿制,以分立元件搭建的模拟电路为核心,纯手动测试。

第2代是在20世纪80年代,综合测试系统针对部队引进的国外测试系统进行功能仿制,组合级设备则是自行设计硬件电路,纯手动测试。

第3代是从20世纪80年代末到90年代,对应地空导弹的仿研结合阶段,综合测试系统引入计算机和台式测量仪器,组建以数字电路为核心的测量体系,采用GPIB(通用接口总线)为主的控制方式,实现半自动化测试。

第4代是21世纪初到现在,对应导弹的自主开发研制阶段。随着计算机及虚拟测试技术的飞速发展,综合测试系统采用更先进的VXI测试总线,充分利用其开放式的系统架构、强大的测试测量功能、高集成度、高可靠性、高吞吐量、高费效比的优点,真正组建了满足模块化、系列化、通用化等要求的智能测试系统,实现了全自动化测试。目前,在研地空导弹型号综合测试系统都是基于VXI测试总线构建的。随着导弹武器系统协同作战以及全寿命周期综合保障要求的日益提高,网络化将成为武器系统、作战指挥、综合保障等的共同特点,导弹综合测试技术将从VXI测试总线向基于网络的LXI测试总线转变,未来第5代导弹综合测试系统的技术特点势必呈现智能化、网络化色彩。

4. 发展动向

随着现代传感器技术、通信技术、计算机技术、新材料技术等的迅猛发展,为测试技术的发展提供了基础和条件。同时,测试技术的发展又促进了相关技术的发展,两者相互促进。测试技术的发展大致有以下几方面。

(1)测量设备向高精度、多功能方向发展

随着技术发展,测量仪器仪表的测量精度越来越高,测量范围在不断扩大,测试系统的可靠性不断提高。从20世纪50年代至今,一般机械加工精度由0.1 mm量级提高到0.001 mm量级,相应的几何量测量精度从1 μm 提高到 $0.01\sim0.001$ μm,其间测量精度提高了3个数量级,这种趋势将进一步持续和精确。随着微机电系统(Micro Electro-Mechanical System,MEMS)、微/纳米技术的发展,以及人们对微观世界探索的不断深入,测量对象尺度越来越小,达到了纳米、皮米量级。随着技术发展及对可以探索需求的不断深入,导致从微观到宏观的尺寸测量范围不断扩大。随着制造工艺水平的提高及智能故障诊断与容错控制等技术应用于测试系统,测试系统的可靠性大大提高。现在的电子测试仪器仪表的功能更加全面、更加综合,已经不局限于原来只对单一物理量的测试功能,扩大测试系统的功能成为一大发展趋势。

(2)测试过程向自动化方向发展

大型测试系统需要测试的参数数量多,种类各异,仅靠人工测试使得测试时间长,测试费用高,测试精度差。以计算机为核心的自动测试系统,可以实现测试参数自动校准、自选量程、自动故障诊断,实现多输入参量的自动切换或者同步测量,自动完成测试结果记录、处理和分析,大大提高了测量精度,缩短了试验周期。

(3)测试系统向智能化、虚拟化、微型化、网络化方向发展

智能化仪器也称为微机化仪器,它是把微处理器和通用标准接口总线引入仪器仪表中的电子测量仪器。这种仪器具备通用的测试功能,可以单独使用,也可以通过总线接口作为可程控仪器组建自动测试系统。这类仪器与传统的仪器相比增加了新的功能和特点,例如具有自动调零、量程自动转换、多点快速测量、自动修正误差、数据处理等功能。

测试系统微型化是在MEMS技术发展的微型传感器,以及可以将敏感元件、信号调理

电路等集成在一个芯片上的集成化技术基础上发展起来,使得测试系统中的元器件微型化、测试系统小型化,系统更加紧凑。

网络化测试是指测试技术与计算机技术、网络技术相结合,从而构成网络测试系统。测试和数据处理任务不仅可以在局域网的系统上进行,也可通过互联网构成测试系统。通过网络化测试可以实现在网络内远程实时测试、测试系统与设备共享,有利于降低测试系统成本,有利于实现设备的远距离诊断和维护。

(4)测试系统由过去的主从式向分布式发展

分布式系统由多个具有一定智能的、独立具有监测和故障诊断单元的设备组成。如发射控制设备和导弹之间逐渐由研制测发控设备转变为网络结构的研究。如何利用网络合理组织去进行测发控设计已成为主流研究方向。

5. 导弹综合测试

导弹综合测试用于导弹功能及性能的测试及评定,贯穿于导弹研制、生产、装备全过程,是导弹总体设计及验证的主要途径,也是导弹武器装备实现和提高综合保障能力的重要手段。实践表明,当前导弹综合测试的技术水平,已基本达到测试内容全面、测试结果准确的整体要求。因此:导弹综合测试,凭借其安全、可靠的实施过程,成为检测导弹质量的重要手段;凭借其全面、真实、精确的测试结果,成为检测导弹整体性能的可信依据。

导弹综合测试特点是既具全面性又有综合性。所谓全面性,是指测试系统所设测试项目,能够使导弹各主要功能系统(如制导控制系统、稳定系统、引战系统、火工系统等)均得到有效的测试。所谓综合性,是指某个项目的测试内容,不仅要完成对导弹所指部件自身性能的测试,而且还应包含相关部件间,连接匹配性能的测试。

综合测试的主要内容对导弹各分系统功能、技术参数和全系统的综合性能及工作协调性进行的检查和鉴定。分为水平测试和垂直测试。其主要内容包括弹上仪器设备安装、连接的正确性检查,火工品通路及脱落连接器、保险机构的功能检查,导弹各分系统主要性能参数、工作协调性及系统通路、极性、传递系数检查,导弹模拟飞行、模拟发射和紧急关机检查等。通常在技术阵地进行。某导弹综合测试场景见图 5-2。

图 5-2 某导弹综合测试场景

随着导弹综合保障要求的提高和信息技术的不断进步,导弹综合测试目标正向着武器装备综合测试、诊断、保障的一体化系统发展。

5.3.2 组成和分类

1. 组成

为了完成测试,需要有测试系统。其一般的功能应包括如下几项要素:

1)激励的产生和输入。产生必要的激励并将其施加被测单元(Unit Under Test,UUT)上去,以便得到要测量的响应信号。

2)测量、比较和判断。对 UUT 在激励输入作用下产生的响应信号进行观察和测量,与标准值相比较,并按规定准则或判据判定 UUT 的状态乃至确定故障部位。

3)输出、显示和记录。将测试结果用仪表、图文、音响和警告灯等显示方式输出,并可用各种存储器、打印机等记录。

4)程序控制。对测试过程中的每一操作步骤的实施和顺序进行控制。

完成上述的测试功能基本要素,测试系统需要有相应的组成部分(见图 5-3)。

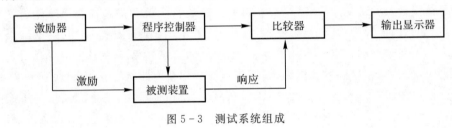

图 5-3 测试系统组成

2. 分类

采用不同的方法,可将测试分类如下:

1)系统测试与分部测试。按照被测试单元 UUT 是整个系统还是它的组成部分[外场或现场可更换单元(LRU)、车间可更换单元(SRU)]来区分的。

2)静态测试与动态测试。按照输入激励的类型区分:激励为常数的,则称为静态测试,激励为变量的,则称为动态测试。例如:枪炮、导弹的尺寸和重量测量是静态测试;发射过程,车辆行驶中的测试是动态测试。

3)开环测试和闭环测试。按照测试系统有无反馈区分。

4)机内测试和外部测试。按照测试系统与装备任务系统的关系来区分。

5)在线测试和离线测试。按照装备的工作状态区分。

6)定量测试和定性测试。按照测试的输出区分;若测试的输出仅通过和不通过,则称为定性测试。

7)自动测试、半自动测试、人工测试。按照测试控制的方式区分。

5.3.3 导弹测试性

1. 测试性(Testability)

测试性的定义:指能及时准确地确定产品(系统、子系统、设备或组件)状态(可工作、不可工作、性能下降)和隔离其内部故障的一种设计特性。

导弹测试性主要表现在以下方面：

1) 自检功能强。装备本身一般具有专用自检硬件和软件,可监测装备工作状况,检测、识别和隔离故障。

2) 测试方便。测试设备或装置便于维修人员掌握,方便携带、检查和测试,并可自动存储故障信息。

3) 便于使用外部测试设备(ETE)进行检查测试。导弹上有足够的测试点和检查通路,自动测试设备(ATE)或通用仪器接口简单、兼容性好。

总之,使导弹便于测试和(或)其本身就能完成某些测试功能。提高导弹的测试性,主要是进行固有测试性设计和提高机内测试能力。

2. 固有测试性(Inherent Testability)

提高导弹的测试性,首先要从导弹功能硬件设计上考虑。例如,导弹单元划分就是一个影响测试性的设计问题。导弹上测试点的设置及其与外部测试设备接口等,都是影响测试性的设计因素。这些从导弹硬件设计上考虑便于用内部和外部测试设备检测和隔离导弹故障的特性就是固有测试性。所以,固有测试性可定义为:取决于系统或设备的设计,不受测试激励数据和响应影响的测试性。

3. 综合诊断(Integrated Diagnostics)

测试工作中,要采用"综合诊断"来提高系统和设备的诊断能力。所谓综合诊断是指通过综合考虑全部有关诊断要素,如测试方法、自动和人工测试设备、培训、维修辅助装置和技术信息等,使武器系统达到最佳诊断能力而构成的设计和管理过程或程序。综合诊断包括设计、工程技术、测试性、可靠性、维修性、人机工程以及保障性分析之间的接口关系,其目标是有效地检测和准确隔离系统和设备的故障,以满足武器系统的任务要求。

5.3.4 机内测试(BIT)

1. 定义

为了使测试简便、迅速,在装备内部专门设置测试硬件和软件,或利用部分任务功能部件来检测和隔离故障、检测系统运行情况,这就是机内测试(Built-In Test,BIT)。机内测试的定义是系统或设备自身具有的检测和隔离故障的自动测试功能。完成BIT功能的可以识别的部分称为机内测试设备(BITE)。表征BIT性能的指标参数(如检测率、隔离率和虚警率等)是衡量BIT水平的重要指标。随着BIT技术的发展,这些指标要求也在不断提高。

2. 分类

按启动和执行方式的不同,BIT可以分以下三类：

1) 连续BIT。连续地检测系统工作状况,发生故障时,给出信号或指示,不需要专门启动可自动工作。

2) 周期BIT。以某一频率周期地进行故障检测和隔离的一类BIT,不需要专门启动可自动工作。

3) 启动BIT。仅在外部事件激励(如操作者执行)后才执行故障检测和隔离的一类

BIT。系统每一次接通电源时就进行一遍规定的检测程序,这样的 BIT 称为加电 BIT,它是启动 BIT 的特例。

3. 用途

BIT 系统有三种用途:故障指示、故障隔离和自动纠错。

1）故障指示是通过任意模块的故障信号触发而产生的。

2）故障隔离可将故障定位到现场可更换单元(即模块)。其优点是提高了系统快速修复的能力,改善了系统可用性。

3）自动纠错即通过故障模块的故障信号的判决和触发,将工作运行状态自动从故障模块转换为备用模块。这种设计大大增强了故障条件下系统的可用性。

4. 功能

导弹武器系统,根据分系统的组成、层次和规模,系统 BIT 往往采用集中与分散相结合的体制。科学、合理的安排系统级和分系统级各自的测试、控制和管理的职能,使 BIT 的功能有所扩展,以满足射前自检、故障监视、功能测试、故障检查、隔离和性能测试的需要。

机内测试一般完成以下功能:

1）对系统主要功能(如作战)进行快速测试,确认系统可用性。

2）对系统故障进行检查和定位,为快速修复和评估提供前提条件。

3）监测与预报系统故障,为视情维修提供完整的信息。

4）自动纠错,即通过故障信号触发,将工作运行状态从故障模块转移到备用模块。

BIT 系统所具备的这种快速性、智能化、多用途和低成本的诸多优越性,使其具有十分广泛的应用前景。

5. 原理

从原理方面分析,BIT 包括状态检测、故障诊断、故障预测、故障决策四个方面内容。

(1) BIT 状态检测

设备状态检测是故障诊断的基础,状态信息获取的准确性与完备性直接影响 BIT 故障检测与诊断能力。状态检测包括制定 BIT 检测方案、确定被测信号和参数、选用传感器等。

具体应考虑以下几个方面的问题:

1）准确地采集和测量被测对象的各种信号和参数,如功率、电压、电流、温度等。关键在于提高检测精度和简化检测方法,要针对不同测试对象,合理地应用各种新型智能传感器,从而降低体积和功耗,提高精度和稳定性,降低后端数据处理难度。

2）针对基于边界扫描机制的电路板日益增多的情况,侧重考虑基于边界扫描机制的智能电路板级的 BIT 检测方案。

3）对检测过程中得到的原始状态数据进行必要的滤波处理,减少由于噪声和干扰造成的 BIT 虚警。

4）在 BIT 状态检测过程中,单个检测点得到的数据往往只能反映被测对象的部分信息,不同检测测点的信息之间可能存在冲突,为了提高检测的有效性,可对不同检测点得到的数据信息进行融合处理。

5）采用智能传感技术、自适应滤波技术等进行信息的获取和分析,以降低虚警率和提高

BIT 的检测性能。

(2) BIT 故障诊断

BIT 故障诊断就是根据所掌握的被测对象的故障模式和特征参量,结合检测得到的系统状态信息,判断被测对象是否处于故障状态,并找出故障部位和故障原因。

除传统的故障诊断理论和方法外,近年来智能故障诊断领域的研究成果,大多数相关理论和技术,都可以应用于 BIT 的故障诊断。

(3) BIT 故障预测

BIT 故障预测包括故障的发展趋势和设备的剩余寿命等。其中,混沌理论、神经网络等在故障预测中都起到了广泛应用。

故障预测神经网络主要以两种方式实现预测功能:

1) 以神经网络作为函数逼近器,对设备工况的某参数进行拟合预测。

2) 考虑输入与输出间的动态关系,用动态神经网络对过程或工况参数建立动态模型而进行故障预测。

动态神经网络预测是一个动态时序建模过程。人们已经提出了许多有效的网络结构,其中包括全连接网络以及各种具有局部信息反馈结构的网络模型等,这些网络的一个共同特点是其输出不仅取决于当前输入,还依赖于网络过去的状态、网络本身的动态情况。这样,就可以利用设备中多个相关参量的历史数据判断并预测设备的状态,从而降低了因间歇故障引起虚警的概率,这是 BIT 故障预测技术得到重视的一个重要原因。

(4) BIT 故障决策

BIT 故障决策就是在综合各方面情况的基础上,针对不同的故障源和故障特征,采用最优化方法,提出最合理的维修方案、维护策略和处理措施。BIT 故障决策的主要依据是故障危害度分析,例如,导弹电源系统 BIT 决策的内容主要有降级运行、跳闸保护、裕度供电等多种备选处理方案,决策的方式可分为现场决策和远程支持决策。

例如,某导弹武器系统,其 BIT 的功能包括:

1) 射前自检。

2) 实时监测。

3) 全功能测试。

4) 联调维修测试。

其中又包括:

1) 预备测试。

2) 故障检查。

3) 故障定位。

4) 性能测试。

5) 轴向校准。

6) 模拟发射检查。

7) 遥控线对接。

可以预见,随着 BIT 技术的不断发展,智能化和自纠错 BIT 将在导弹武器系统研制中获得广泛的应用,维修性水平将会提高到新的高度。

5.3.5 测试性参数

测试性要求把武器装备故障尽可能都检测出来,能检测出来的比例越大越好。测试性定量要求是一系列的指标,而指标是测试性参数的要求值。

常用的测试性参数如下。

1. 故障检测率(r_{FD})

故障检测率(Fault Detection Rate,FDR):被测试项目在规定时间内,在规定条件下用规定的方法正确检测到的故障数与故障总数之比,用百分数表示。

$$r_{FD} = \frac{N_D}{N_T} \times 100\% \tag{5-15}$$

式中:N_D—— 在规定时间内,在规定条件下用规定方法正确检测出的故障数;
N_T—— 在规定时间内发生的全部故障数。

这里:"被测试项目"是指系统、设备、现场可更换单元等;"规定时间"是指用于统计发生故障总数和检测出故障数的时间区间;"规定条件"是指测试时机、维修级别、人员技术水平等;"规定方法"是指 BIT、专用、自动或通用测试设备、人工检查或综合来完成故障检测,应根据具体被测对象而定。

对于导弹电子设备,在进行测试性分析、预计时可取故障率(λ)为常数,式(5-15)就变为

$$r_{FD} = \frac{\lambda_D}{\lambda_T} = \frac{\sum \lambda_{Di}}{\sum \lambda_i} \times 100\% \tag{5-16}$$

式中:λ_i—— 被测试项目中第 i 个部件或故障模式的故障率;
λ_{Di}—— 其中可检测的故障率。

从式(5-16)中可以看出,导弹设计研制时应重点考虑故障率高的部件的检测问题。

2. 故障隔离率(r_{FI})

测试性还要求检测出的故障应尽量找出具体的故障部位,即隔离到损坏的单元。故障隔离率(Fault Isolation Rate,FIR):被测试项目在规定时间内已被检测出的所有故障,在规定条件下用规定方法能够正确隔离到规定个数(L)以内可更换单元的百分数。

$$r_{FI} = \frac{N_L}{N_D} \times 100\% \tag{5-17}$$

式中:N_L—— 在规定条件下用规定的方法正确隔离到小于或等于 L 个可更换单元的故障率。

当 $L=1$ 时,确定(非模糊)性隔离,要求直接将故障确定到需要更换以排除故障的那一个单元;当 $L>1$ 时为不确定(模糊)性隔离,即 BIT 或其他检测设备只能将故障隔离到一个至 L 个单元,到底是哪个单元损坏还需要采用交替更换等方法来确定。所以 L 表示隔离的分辨力,称为模糊度。

与故障检测率类似,分析和预计时可用数学模型为

$$r_{FI} = \frac{\sum \lambda_{Li}}{\sum \lambda_{Di}} \times 100\% \tag{5-18}$$

式中:λ_{Li}—— 可隔离到小于或等于 L 个可更换单元的第 i 个故障模式或部件的故障率。

3. 虚警率(r_{FA})

虚警率(False Alarm Rate,FAR):在规定的时间内,在规定的条件下发生的虚警数与故障指示总次数之比,以百分数表示,即

$$r_{FA} = \frac{N_{FA}}{N_{FA} + N_F} \times 100\% \tag{5-19}$$

式中:N_{FA}—— 虚警次数;

N_F—— 真实故障指示次数。

BIT 或其他检测设备指示被测项目有故障,而实际该项目无故障的现象称为虚警(False Alarm,FA)。虚警虽然不会造成装备或人员的损伤,但它会增加不必要的维修工作,降低导弹的可用度,甚至延误任务完成。

与检测率类似,在分析预计时可用数学模型为

$$r_{FA} = \frac{\sum \delta_i}{\sum \delta_{Di} + \sum \delta_i} \times 100\% \tag{5-20}$$

式中:δ_i—— 第 i 个导致虚警事件的频率。

4. 故障检测时间(Fault Detection Time)

故障检测时间从开始故障检测到给出故障指示所经过的时间。它是反映检测快速性的指标。

5. 故障隔离时间(Fault Isolation Time)

故障隔离时间是从检测出故障到完成故障隔离所经过的时间。它是修理时间的一部分。

6. 故障定位时间(Fault Iocalization Time)

故障定位时间是实施故障定位的那部分实际修复性维修时间。

7. 故障诊断时间(Fault Diagnosis Time)

故障诊断时间是实施故障诊断的时间。

8. 不能复现率(Cannot Duplicate Rate)

不能复现率是基层级维修时,BIT 和其他监控电路指示的故障总数中不能复现的故障数与故障总数之比,用百分比表示。

9. 重测合格率(Retest Okay Rate)

重测合格率是中继级或基地级维修时,测试设备指示的故障单元总数中重测合格的单元数与故障单元总数之比,用百分比表示。

5.3.6 测试性定性要求

测试性定性要求既是测试性指标要求的补充,又是落实指标要求的技术措施。测试性的定性要求一般包括以下内容:

1)产品划分的要求。把导弹按照功能和结构,合理地划分为 LRU(外场可更换单元)和 SRU(车间可更换单元)等易于检测单元,以提高故障隔离能力。

2)测试点要求。在导弹上,根据需要设置充分的内部和外部测试点,并有明显标记。

3)性能监控要求。对导弹使用安全和关键任务有影响的部件,应能进行性能监控和自动报警。

4)原位测试要求。无充分 BIT 测试能力的导弹,应考虑采用机(车)载测试系统进行原位检测,及时发现故障。

5)测试输出要求。故障指示、报告、记录(存储)要求。

6)兼容性要求。被测试项目与计划用的外部测试设备应具有兼容性,这涉及性能和物理上的接口问题。

7)综合测试能力要求。依据维修方案和人员技术水平,应考虑 BIT、ATE 和人工测试或它们的组合,为各级维修提供完全的测试能力。在各种测试方式、测试设备之中进行权衡,取得最佳性能费用比。

对不同的导弹,测试性要求的具体内容、侧重点有所不同,应根据其使用需求、导弹类型等确定;测试性的指标,要求同前述可靠性、维修性要求进行权衡,协调一致,以较少的全寿命周期费用(LCC)达到导弹所需的战备完好性和可用性要求。

5.4 导弹基于状态的维修

基于状态的维修(Condition Based Maintenance,CBM)是在系统状态的指标到达预定的水平时进行,对此提供了在单位时间费用最小、系统可用度最大等不同准则下确定最优预防性维修时间计划的模型。这主要取决于系统故障率、系统停机费用、维修保障费用、预计使用寿命和可用度。维修策略是根据提前确定的计划对导弹(设备、机件等)进行维修而不考虑问题是否明显。在此基础上,导弹拆卸、分解、检测出故障并进行维修。通过这种方式可减少使用过程的维修保障费用,若导弹复杂且维修时间较长,生产损耗就会增加。

显然,如果可以预测到导弹故障且可以离位进行维修,那么能节省大量的费用。若导弹的故障模式在增加的强度下能够有效被实时检测和识别,则可以进行预测性维修;若导弹在达到临界故障水平时能控制或有效关闭,也可以进行预测性维修。这就是基于状态的维修的基本原则。基于状态的导弹维修可通过对导弹状态的退化特征量进行连续监测来预测一个组件或系统的潜在故障。这些特征量能提供系统状态直接或间接的度量,这些度量则可用来描述退化轨迹。对退化过程的具体建模将能使使用方确定退化阈值的最优阈值,从而使单位时间费效比高,使其发挥最大使用可用度。低阈值水平将导致更频繁的维修(更大的费用和更低的可用度),但高的阈值水平将导致系统在到达阈值前故障,产生较高的维修费用。

随着科学技术的发展,如传感器技术、化学和物理非破坏性试验、先进测量技术、信息处理、无线通信和网络能力的迅猛发展极大地影响了基于状态的维修方法,这些手段提供了能最小化费用和停机时间并增加系统可用度的动态维修计划。更重要的是,安装传感器可以提供系统运行状态和潜在故障的特征量。此外,用于监测设备的传感器缩短了诊断时间,从而缩短了实际使用维修时间。最近还开发了无须人员进入内部结构的检测技术。这些技术从数据采集到数据分析，再到最终的状态评估，已经实现了全自动化，该技术可运用于制造和维修过程。

总之，导弹基于状态的维修三项主要任务是：

1）确定能描述单元状态的状态特征量。这方面一个状态特征量可能是裂纹增长量、磨损速率、腐蚀速率、润滑状态等特征。

2）监测状态特征量并基于收集的数据评估单元实时工作状态。

3）确定状态特征量的极限值和它的两个组成部分，警戒极限和故障极限，给出优化的维修策略。

在线监视和监测用于诊断设备或系统状态的数据包括流速、温度、噪声、速度、膨胀、振动、位置等。绝大多数传感器和监测设备都基于振动、声波、数电信号、液压信号、气动信号、腐蚀、磨损、图像信号及其运动结构。

5.4.1 振动分析

设备在运行中会产生振动，每个机器都有一个由大量不同振幅构成的谐振特征振动信号，内部组件的磨损和故障对这些谐振信号产生的影响随着该组件对整个机器特征信号的贡献不同而差别巨大。例如，在往复式发动机中，其推力来自协调气体产生的扭矩，它是设备运行的热力周期的函数。在一个多缸的发动机中，主要的谐振是通过每次运行的工作行程数来确定。因此，点燃错误的汽缸所产生的振动信号与原始发动机的特征信号相比可能又会有很大的不同，而我们通过一个加速度计就可监测到。加速度计是一个输出与它所承受的振动加速度成比例的机电信号转化器。

设备的振动特征信号取决于频率、振幅、速度、加速度、振动波的斜率。然而，没有任何一个简单的传感器具备绝对宽的谐振信号范围。因此，目前有针对不同频率、振幅、速度和加速度范围的传感器。例如，轴承探针是一个位移测量设备，它只对低频率和大振幅的振动敏感，这使得它只适用于齿轮箱和涡轮叶片振动信号的测量。

另外，振动加速度计可用来监测机电设备的振动，这些设备除了能用高频振动来刻画外，还可用常用负载和平衡振动来刻画。

峰度是用于检测由振动引起的退化的特征量。随机变量 x 的峰度（K）是该随机变量的四阶标准矩，它的定义如下：

$$K = \int_{-\infty}^{\infty} \frac{(x-\bar{x})^4 f(x)}{\sigma^4} dx \quad (5-21)$$

式中：$f(x)$ ——x 的概率密度函数；

σ ——x 的标准差；

$\bar{x}$ ——x 的均值。

由于观察到的振动信号不连续（观测到振动信号单位通常为伏特，这取决于数据采集系统的配置），可以对一个样本量为 N 的样本用下式估计 K：

$$K = \frac{1}{N\sigma^4} \sum_{k=1}^{N} (x_k - \bar{x})^4 \quad (5-22)$$

值得注意的是,标准正态分布的 $K=3$,因此还有另一种定义峰度的方法(称为有偏峰度),其表达式如下:

$$K = \frac{1}{N\sigma^4} \sum_{k=1}^{N} (x_k - \bar{x})^4 - 3 \qquad (5-23)$$

应用式(5-22)或式(5-23)并不影响其主要目标,它的值随着部件损伤的增加而增加。实践经验表明,K 值常用于测量由于振动引起的损伤的特征值,这是因为它对于设备速度、载荷与几何构型的改变并不敏感且不易受温度影响。

5.4.2 温度监测

设备温度升高通常是存在潜在问题的信号。例如,很多电动机的故障是由轴承阻碍摩擦产生过量的热造成的。轴承的寿命取决于它的预防性维修策略和工作环境条件。同样,电路板的过热也可能发生故障,通常这是由过电流引起的。

因此,温度变化的测量可有效地用于以预测性维修为目的的部件和设备监测。目前有大量可用于进行温度监测的设备——如热电偶能准确测量高达 1 400 °F(1 °F=-17.22 ℃)的温度,光学测量高温计通过比较热源的辐射强度,能测量极高的温度(1 000～5 000 °F)。

随着计算机技术的进步,许多非接触红外温度测量成为可能。红外线在所有的辐射能中具有最短的波长且可以通过特殊测量仪器观测到。显然,来自物体的红外光辐射强度是其表面温度的函数,因此当传感器测量物体表面温度时,计算机将计算其表面温度并提供一个表示其温度场的彩色分布图,这样的设备在监测控制器温度和探测管道的热损失方面非常实用,得到一定的应用。

5.4.3 流通监测

分析导弹设备内的流体能揭示设备性能和磨损过程的重要信息。流体监测技术还可用于预测设备部件的可靠度和剩余寿命。随着设备的运行磨损,被油覆盖的部件会产生微量的金属颗粒,因为这些金属颗粒体积非常小,会暂留在油中且不会被油滤滤掉。金属颗粒的总量会随着部件的磨损而逐渐不断增加。目前识别流体颗粒数量与种类最常用的两种方法是原子吸收法和光谱发射法。

原子吸收法通过燃烧小样本的油并分别用每种元素的光源来分析火焰。这种方法非常精确并能获取低到每百万(ppm)中有 0.1 个颗粒数量的结果。然而,由于该方法比较烦琐且耗时长,实际中除非颗粒的种类已知,否则应用较少。

光谱发射法与原子吸收法是类似的,也需要燃烧小样本的油。它的优势在于各种金属的所有质量的颗粒信息在一次燃烧中都能被读取。然而,这种方法只能检测颗粒浓度大于 1 ppm 的情况。另外,表面退化速度非常快且颗粒极大时,光谱法并不能给出及时的设备监测警告。

5.4.4 腐蚀监测

腐蚀是许多金属零部件不断退化的机理。显然,通过监测退化率-腐蚀量,对预防性维修间隔期的制定和系统可用度有着重要的影响。目前有许多检测腐蚀的技术,如超声波测厚检测、电化学噪声、阻抗测量及薄层激活技术。最为有效的在线腐蚀检测技术是薄层激活技术(TLA)。TLA 的原理是使一个待研究设备组部件的表面薄层通过一个高能量入射粒子束,并产生反射性同位素的示踪元素(每 10^{10} 中有 1 个)。金属零部件表面由于腐蚀造成的金属损失能很容易地通过 γ 射线监测器探测到。活性的降低被直接转换为腐蚀的深度,假如损伤并不局限于腐蚀,这也能给出金属表面层平均质量损失大小。

5.4.5 声波发射和声音识别

声波发射(AE)可定义为材料在经历畸变、断裂或畸变和断裂的同时释放的瞬时弹性能。这些释放的能量会产生高频的声波信号,信号的强度取决于如变形率、受力材料的体积和施加应力的大小等参数,通常离信号源几英尺远的传感器可以探测到。

大多数声波发射传感器都是宽带设备或谐振压电设备。声波发射的光学传感器还处于早期研制阶段,其优势在于可作为接触或非接触的测量探针使用,同时在大带宽内有平坦的频响。声波发射已经有许多实际应用,如工具磨损监测、材料疲劳和焊接缺陷检测。

声音识别是可用于探测一些制造过程中异常状态的技术。声音识别系统通过应用声音识别技术包括稳态声音和冲击声音等多种工作声音,然后将其与正常工作声音进行比较和监控。

工作声音的收集是通过一个放置在被监测组件或机器旁边的单向电容式麦克风实现的。当工作机器发出不正常工作的声音时,如产生了工具断裂的声音或电动机轴承磨损的声音,设备将提取声音信号特征并形成一种声音模式,这种声音模式将通过模式识别技术与标准模式进行比较,进行识别和诊断属于该类别的故障。

5.4.6 其他诊断方法

监测金属零部件和系统是为了通过应用大量的传感器来观测一些关键特征量以便实施正确的维修。例如,可以通过观察流体压力、密度、流速和温度变化来监测气动和液压系统。同样,电气元件或系统可以通过观察电阻、电容、电压、电流、温度、幅度和电场强度等改变来进行监测。机械零部件可通过测量速度、应力、角运动、振动脉冲、温度和载荷进行监测。

测量手段和传感器方面的技术进步使得可以对之前很难甚至不可能观察到的特征量进行观测,如气味传感。当前的硅微传感器已经能够模仿人的视觉、触觉和听觉。

传感器精度的提高和成本的降低使得它们的应用越来越广泛。例如,大量的兵器都装备了能提供如保养发动机时间、更换油滤时间和检查发动机流体时间的电子诊断系统。目前,设备和组部件都能对各种干扰源和潜在故障进行连续不间断的监测。离线进行的测量、分析、控制如今都能在线进行,这使得所监测的范围更加广泛,设备使用寿命大大延长,维修工时数将大大缩短。

5.5 导弹维修性分析

武器装备(包括导弹)一般可划分为电气-电子系统、机电系统、机械系统、液压与气动系统、光学系统、化学系统和具有不可逆装置系统等。

武器装备在维修性设计方面需要考虑的共同问题有维修级别、装备系统的维修层次和要完成的维修任务等。此外，对于各具体武器装备类型还应考虑武器装备的特性、维修方法和测试方法等。

下面分别讨论武器装备各分系统的维修性的特点。

5.5.1 电气-电子系统

由于对电气-电子系统的工作情况特点了解较多，其可靠性与维修性的数据积累又比较充分，并且已为这类系统的研究和发展提供了预测与论证的技术。因此这就为解决它们的可靠性与维修性问题提供了有利条件。

电气系统一般涉及的范围是电能的发生与分配问题，它包含了持续转动的部件，如电动机与发电机等。电子系统则包含有源器件和无源器件，主要用于放大、转动和形成电信号。它们一般是不具有持续转动的机件，但具有间歇动作的机电元器件，如开关、继电器、可变电阻、电容和电感等。

电子系统的可靠性与维修性的使用经验表明，它在经历常数故障率阶段（即浴盆曲线随机故障期），随机故障是其主要现象，此时维修性所涉及的基本上是故障排除。其故障出现按指数分布，排除故障时间则按对数正态分布。实践证明，在故障出现之前，一般不做维修，这也许是最好的维修策略。除进行定期测试或性能监控外，进行预防维修往往会导致由于维修而诱发故障（据统计，电子装备由于维修操作而产生的故障约占30%）。

电气系统的情况与电子系统相类似。但在使用转动机件及随动装置等情况下的磨损寿命，肯定要比无磨损的电子系统的寿命短些，故对电刷与触点的检查、更换，轴与轴承的校正、润滑、磨损检查等进行预防维修是完全必要的。其目的就是要保持本系统有良好的战备状态，有效地防止磨损曲线上升部分出现过早。

电子-电气系统本身的性质，使它们很容易在监控、故障判断以及校验方面实现自动化，在排除故障方面达到较短的停机时间也是较为简单的。应予考虑的维修性特点包括：

1) 机内测试点。
2) 机内测试设备。
3) 自动监控。
4) 自动检测。
5) 按功能组装为独立的可更换的模块，模块上有测试点和故障显示器。
6) 控制器与显示器。
7) 连接件。
8) 冗余设备（并联或备用）以提高利用率。
9) 模块为弃件式或可修复的。
10) 在分队级和中继级（靠前）以更换方式来排除大量故障，迅速完成维修的可能性。

5.5.2 机电系统

机电系统包括随动系统、导弹弹翼执行机构、自动驾驶仪、雷达与瞄准联动装置、跟踪雷达等。它除了电子或电气元件外，还使用了机械激发元件来执行该系统的某些功能。此系统由多种零部件组成,其故障方式各不相同,而且具有不同的故障分布统计。某些项目可能具有常数的故障率从而遵循指数分布,其他件可能显示出随时间而增加的故障率,这样就要由某种其他分布(如威布尔分布)来加以描述。对于那些确具常数故障率的部分,排除故障维修方面的设计考虑占有突出的地位,对于具有渐增的故障率部分,则预防维修方面的设计考虑更为重要。这样,机电系统与电子系统相区别的一个要点,就是要关心预防维修的性能,如定期保养、加注润滑油和检查等等。

5.5.3 机械系统

一般来说,机械系统并不具有常数故障率,只要系统一旦投入使用,就开始出现磨损,这并不意味着它们的使用寿命一定很短,而只是说机械运动所产生的磨损特征只要使用就开始表现出来。因此,为了取得合理的预期寿命或合理的平均无故障工作时间,维修性设计的注意力必须集中在考虑如何防止磨损,延长零件和装备寿命的问题上。达到这个目的途径之一,是把重点放在可靠性设计上,即设计长寿命、低磨损的机件,如气浮轴承,或采用硬的表面处理。但在许多情况下,特别是考虑到装备预期使用的环境变化多端时,这样做很花钱,也不现实。另一个途径就是研究机械系统失效的主要物理本质,并在系统设计中结合维修性特点,以防止很快出现磨损特征。因此,必须重视预防维修特点,如定期检查与更换、润滑、调校以及大修之类。对机械系统来说,这也许是达到高度战备状态最实际的手段,往往利用效果也较好。

机械系统中,对于装备项目的寿命同维修间隔、维修人员以及其他维修资源之间的费用-效果的综合权衡是很重要的,维修要求以最低限度的分解更换零部件。故强调对模件化、互换性和标准化的要求,当然这些在电气-电子系统中也是重要的,但在机械系统中要实现这些较为困难。

关于规划机械系统的维修级别问题。旅一级进行简单的预防维修工作(检查、润滑、调校、分解更换等),至于精细的维修任务和复杂的机械项目的故障排除以及大修,可在基地工厂或制造工厂进行。

零部件与装备的周转库方案是一种切实可行的办法。设想是在前方级装备的修复,主要靠零部件或装备的更换来完成,而换下的零部件的修复,则在后方各级修理单位进行,修复品即转入周转库作为备品。实践证明,某些项目使用了相当长的时间以后,需要大修时,周转库方案的利用效果是很好的。

5.5.4 液压与气动系统

以流体为媒介、传递能量为主要手段的,尽管有纯液压和气动系统的实例,但一般来说,这类系统是同电气或机械系统结合在一起,以形成电动液压系统或其他组合系统。此类系统的可靠性与维修性涉及压强、腐蚀、污染和流体的泄漏(密封装置的可靠性),故设计者应考虑的可靠性是零件的材料与寿命特征,诸如高压容器、管道、O形环、密封垫、泵、滤清器以及各类阀门等。从内部来的污染同外部的污染源一样重要(如液体变质、密封腐蚀、机件磨屑等)。对维修性主要是考虑预防维修问题,这是获得长寿命液压与气动系统的重要手段,其中包括校正、润滑、目测指示器、油、气的光谱分析和化学分析、滤清器特性、检查与更换等。

5.5.5 光学系统

对于固定的光学系统(无运动件)，其可靠性一般是比较高的，而且维修性的具体要求是保持系统清洁，做到密封、防潮、防霉、防开胶，调校准确。对于不具有运动件的电子-光学系统，适用于电子系统所考虑的维修性问题。同样，当该系统具有运动动作而成为机械-光学系统或机电-光学系统时，那么应考虑前面所讨论过的适用于那些类型系统应考虑的维修性问题。

光学器材密封设计的一般要求如下：
1) 如果能用密封垫密封的，就不应用注入式密封；注入式密封可用于不需要维修的器材。
2) 两个金属表面之间的密封，应采用橡胶或类似的材料作为密封垫。
3) 光学仪器盒内应设计一个干燥剂容器或配有可更换的旋入式干燥剂容器。
4) 密封仪器应设计有湿度指示器，以便进行适当的周期性清除工作。
5) 光学设备应能防潮、防霉、防冻、防热。
6) 尽可能采用标准式密封。
7) 应提供密封仪器或部件的压力试验和干燥方法，而采用这种方法处理后不需要重新调整或固定。
8) 光学设备应该设有防震座，在运输装载箱内也应有防震和软垫。

5.5.6 化学系统

对于化学系统，要考虑的维修性问题有污染、清洁、安全、目视检查、化学分析以及在化学反应中有关化学仪器的具体性质等。化学系统可能包含着上面介绍过的各类系统的若干特点，其相应的维修问题也是适用的。导弹的推进剂系统是化学系统的典型例子。

5.5.7 不可逆装置系统

不可逆装置是取决于某种物理、化学、生物的反应或作用的装置，其反应或作用一旦开始后，就不可能逆转恢复至原来的状态。弹药(枪弹、炮弹、导弹)、放射性物质(核弹、核动力)，以及化学过程(凝固汽油、火箭推进)等的作用都是不可逆的。由于其反应不可逆，一旦开始就无法修复，所以主要要求在执行任务过程中应有高度的可靠性。因此，对于这些装置的重点一直放在保证其内在的(即设计的)可靠性和安全性上。但这并不意味着不可逆装置不需要考虑维修性的问题，而只能是说一旦开始执行任务后，就不再实现其维修性[这在其他系统(如通信、雷达、飞机、坦克等的系统中是可能的)]。对于这类系统所考虑的维修性问题，主要是该不可逆装置所属系统中的其余部分的维修性。这些其余部分如发射与瞄准装置、点火装置、启动装置等等。导弹发展初期，在可靠性与维修性方面有过不少的经验教训，其中主要的一点是，虽然导弹各个部分只在执行任务期间工作，重点考虑了可靠性设计，但是设计师并未考虑到检测的需要，结果许多早期的导弹，在频繁的检测中损坏了，这是因为积累起来的检测时间，大大超过了其各零部件原设计的耐用时间。为了确保执行任务的高度可靠性,除了不可逆装置(包括点火线路)以外,对于系统所有其他部分的设计都有必要进行操作与检测的时间。这也是推动维修性发展成为一门系统的设计学科的主要由来。

因此,必须考虑不可逆装置系统在其任务开始之前战备状态的维修性问题。要把它们的特点结合到设计中去,重点是定期检测,并从检测结果预测武器装备总的可用度。

其主要有关的问题有:

1)为了正确地操作和检测整个系统的需要,模拟带有不可逆装置系统的工作性能。

2)在各种操作情况下和环境中,不激发不可逆反应而安全地进行测试的性能。

3)一旦执行任务就能获得成功,具有高置信度的性能。

总之,导弹系统的维修性,就是充分强调把安全性和检测性作为导弹设计应考虑的问题。

第 6 章 保障性基础

运用维修工程的基本理论、技术与方法,探讨并解决导弹维修保障的规律和问题,对于装备质量建设和及时形成、保持乃至提高部队战斗力都具有非常重要的作用。本章在介绍保障性与保障性分析的基础上,对维修工程分析过程中用于权衡各种方案的几种常用的系统分析方法加以论述,包括导弹系统可用度、导弹系统效能分析、寿命周期费用分析等。

6.1 保障性与保障性分析

6.1.1 保障性

1. 定义

装备的使用与维修保障看起来是部署使用后的工作,但是,一种装备能否获得及时、经济有效的保障,首先取决于其设计特性与资源要求。装备是否可保障、易保障,并能获得保障,是装备系统一种固有特性——保障性(Supportability)。

保障性是系统(装备)的设计特性和计划的保障资源满足平时战备完好和战时作战使用要求的能力。

保障性的含义比较复杂,它不同于一般的设计特性(如可靠性、维修性等),主要表现在这种特性包括两个不同性质的内容,即设计特性和计划的保障资源。其中,设计特性是指与装备保障有关的设计特性,如可靠性、维修性、运输性等,以及使装备便于操作、检测、维修、装卸、运输、消耗品(油、水、气、弹等)补给等方面的设计特性。装备具有满足使用与维修要求的设计特性,才是可保障的。这些设计特性都是通过设计途径赋予装备的硬件和软件。此外,装备的保障方案和所能达到的战备完好性水平,也是通过对装备保障系统的规划与设计来实现的。

保障性中计划的保障资源是指为保证装备实现平时战备完好和战时使用要求所规划的人力、物资和信息资源。保障资源的满足程度有两方面的含义:一是指品种与数量上满足,二是保障资源要与装备相匹配。二者都应需要通过保障性分析和保障资源的设计与研制来实现。

2. 保障性参数与要求

保障性参数与要求用以定性和定量描述装备的保障性。保障性的目标是多样的,难以用单一的参数来评价,同时某些保障资源参数很难用简单的术语进行表述,通常的做法是:通过对装备的使用任务进行分析,考虑现有装备保障方面存在的缺陷以及保障人力、财力等约束条件,综合归纳为一整套保障性参数,有些参数还要采用与现装备对比的方式进行描述。保障性的定量要求通常以与战备完好性相关的指标提出,如使用可用度(A_o)、能执行任务率(MCR)、出动架次率(SGR)、再次出动准备时间。装备保障资源方面的定量要求包括保障设备利用率、保障设备满足率、备件利用率、备件满足率、人员培训率等。

保障性参数与要求通常分为三类,根据装备和使用特点不同而选用。

(1)保障性综合参数

这是描述保障性目标的参数。保障性目标是平时战备完好和战时的持续使用要求。对不同类型武器装备可采用不同的保障性综合参数(如,战备完好率 P_{or}、使用可用度 A_o、任务准备时间 T_R、保障费用参数等),典型武器装备保障性综合参数参见表 6-1。

表 6-1 典型武器装备保障性综合参数

武器装备	保障性综合参数
飞机	使用可用度(A_o):武器系统当需要时能够正常工作的程度。能工作时间与能工作时间、不能工作时间之和的比值。 能执行任务率(MCR):执行一项规定任务的时间与其总时间的百分比。 出动架次率(SGR):在规定的使用及维修保障方案下,每架飞机每天能够出动的次数
舰船	使用可用度(A_o)。 能执行任务率(MCR)
装甲车辆	使用可用度(A_o)。 能执行任务率(MCR)。 单车战斗准备时间。 战场损伤修复率
导弹	使用可用度(A_o)。 贮存可用度(SA):在规定的贮存条件下、在规定的贮存时间内,产品保持规定功能的概率。 能执行任务率(MCR)
地面通信系统	能执行任务率(MCR)

1)战备完好率 P_{or}:表示当要求装备投入作战(使用)时,装备准备好能够执行任务的概率。它反映了装备质量状况和战备完好性,对装备的使用、维修保障和作战具有非常重要的意义。

战备完好率模型的建立必须考虑装备的使用和维修情况,在装备在执行任务前没有发生需要进行修理的故障,即装备立即可以投入作战;或者在装备在执行任务前发生故障,但修理时间短于装备再次投入作战所需的时间,有足够的时间进行装备修理以投入下一次作战。在这种情况下,装备的战备完好率为

$$P_{or} = R(t) + Q(t) \times P \quad (t_m < t_d) \tag{6-1}$$

式中: $R(T)$——装备在执行任务前不发生故障的概率;

$Q(t)$——装备在执行任务前的故障概率,$Q(t)=1-R(t)$;

t——任务持续时间(h);

t_m——装备的修理时间(h);

t_d——从发现故障到任务开始的时间(h);

$P(t_m < t_d)$——在 t_d 时间内完成维修的概率。

M_2——装备平均故障间隔时间。

2)使用可用度 A_o (Operational Availability):使用可用度是使用最广泛的一个参数(详见 6.2 节内容)。在航空等装备中,常用执行任务率 P_{mc} 来表示,它是指飞机在拥有的时间内至少能执行一项任务所占时间的百分比。

使用可用度与战备完好率的区别与联系如下:

联系:二者都是一旦工作需要系统可使用的能力,都是时间的函数。

区别:二者所考虑的时间不完全相同。使用可用度由能工作时间和不能工作时间(维修时间、管理延误时间和保障延误时间)来定义;而战备完好率考虑的则是全部日历时间,并将下次任务下达前时间及其允许的修复概率单独考虑。由于在下次任务下达前时间内能够修好装备时其修复时间不计入不能工作时间,因此,装备的战备完好率比使用可用度数值通常要大一些。

3)任务准备时间 T_R:装备由接到任务命令(或上次任务结束)进行任务准备所需要的时间。军用飞机常用再次出动准备时间(Turn Around Time),即执行上次任务着陆后准备再次出动所需的时间。

4)保障费用参数:常用每工作小时的平均保障费用表示。

(2)有关保障性的设计参数

这是与保障性有关的主装备设计参数,它也可以供确定保障资源时参考,如平均故障间隔时间 $\overline{T}_{bf}$、平均修复时间 $\overline{M}_{ct}$、维修工时数 M_I、测试性参数(r_{FD}、r_{FI})以及运输性(Transportability)要求(运输方式及限制条件)等。

(3)保障资源要求

保障资源要求的内容比较多,因导弹实际保障要求而定,通常包括人员数量与技术水平,保障设备和工具的类型、数量、备件品种和数量,订货和装运时间,补给时间和补给率,以及设施利用率等。保障资源要求往往利用某一现有装备系统对比的方式加以描述。

6.1.2 保障性分析

1. 任务

保障性分析(Supportability Analysis)过程用于两个方面:一是提出有关保障性的设计因素,二是确定保障资源要求。前者是根据装备的任务需求确定战备完好性与保障性目标,进而提出并确定可靠性、维修性、测试性、运输性等有关保障性的设计要求以影响装备的设计,使研究的装备具有可保障与易于保障的设计特性。后者是根据装备系统的战备完好性与保障性目标,确定保障要求和制定保障方案,进而制订保障计划和确定保障资源要求,确保建立经济有效的保障系统并使系统高效地运行。

实施保障性分析完成的主要任务如下：

1)制定装备的保障性要求。保障性分析的首要任务是在装备研制初期，及时、合理地提出一套相互协调的保障性要求，它是进行与保障性有关的设计、验证与评估等一系列综合保障工作的前提条件。

2)制定的和优化维修保障方案。维修保障方案是装备保障系统完整的系统级说明，是装备维修保障系统的总体设计方案。

3)确定和优化保障资源要求。实施保障性分析要确定并优化新装备在使用环境中达到预期的战备完好性和保障性水平所需的保障资源要求，特别是新的、关键的保障资源要求。

4)评估装备的保障性。在寿命周期的各个阶段，利用保障性试验，验证与评价保障性分析工作的完整性和维修保障的有效性，这是实现装备维修工程目标的有效控制手段。

5)建立保障性分析数据库。在实施保障性分析的过程中，应对保障性分析的大量数据进行收集，建立一个包括可靠性、维修性、测试性、运输性及各保障要素等信息在内的保障性分析数据库。

2.基本过程

保障性分析是一个贯穿于装备寿命周期各个阶段并与装备研制进展相适应的反复有序的迭代分析过程。在装备研制的早期阶段，保障性分析的主要目标是通过设计接口影响装备的保障特性的设计。这种影响设计的分析，由系统级开始按硬件层次由上而下顺序延伸；在后期阶段，通过详细的维修规划，自下而上地详细标识全部保障资源。此外，在全寿命周期各个阶段还要进行保障性的验证与评价工作。

3.分析方法

在进行保障性分析还将应用到许多其他的分析技术和系统分析方法(见图6-1)。主要的分析技术有修理级别分析(LORA)、以可靠性为中心的维修分析(RCMA)、战场损伤评估与修复(BDAR)、维修工作分析(MTA)、故障模式影响及危害性分析(FMECA)等。运用这些分析技术，可以确定或解决预防性维修、修复性维修与战场抢修中的维修工作内容，确定维修工作类型、进行维修时机、维修级别与任务维修时所需资源等问题。

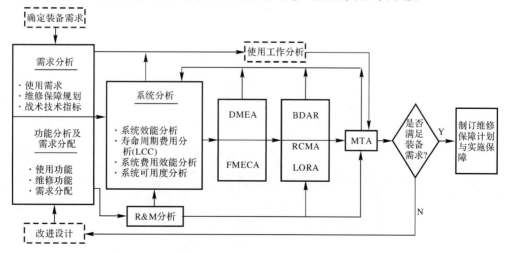

图6-1 维修工程分析中应用的技术与系统分析方法

维修分析过程中,运用系统分析方法进行权衡分析,分析的层次及复杂性不同,其决策的准则和目标可能有很大的不同,所涉及的范围、权衡分析的目的、权衡分析模型也可能不相同。例如,在装备系统层次,基本重要参量有费用-效能、寿命周期费用、系统效能、系统性能、系统可用度等。此时,费用-效能准则则是评价系统的主要准则之一。图6-2列出了权衡分析中决策目标的大致层次。系统分析有多种方法,有定性的也有定量的。本章将介绍两种主要权衡分析方法:系统可用度分析和系统效能分析。

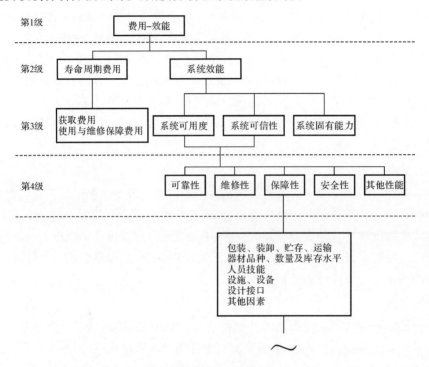

图6-2 权衡分析层次示意图

6.2 导弹系统可用度

可靠性和维修性两者的综合就是可用性,它是可修产品在使用过程中能有效工作的程度。如果一种导弹的可靠性很高,但维修性很差,出了故障难以修复;或维修性很好,可靠性很低,经常出故障。它的实际利用率就极低,真正能有效工作的时间就短。可用度是反映可靠性与维修性的一个综合指标,可用度好,说明其可工作时间长,不能工作的时间短。

6.2.1 基本概念

可用度(Availability)是指装备在任一随机时刻需要和开始执行任务时,处于可工作或可使用状态的概率。它是装备可用性的定量描述。

可用度是使用方最关心的重要参数之一,也是表征系统效能的重要因素,应用十分广泛。其实质就是用概率表示系统在任何时刻的可利用程度。它是武器系统能够进入正常工作的定量指标,它与所经历的事件和时间有关。在导弹战勤值班期间,不论是地面装备还是导弹系统,均视为可修复系统。

可用性概念和相关术语参见图 6-3。

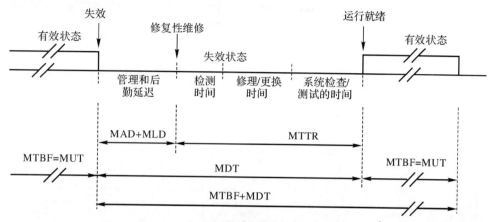

图 6-3 可用性概念和相关术语

注:MTBF 为平均故障间隔时间;MUT 为平均有效时间;MDT 为平均失效时间;MAD 为平均管理延迟;MLD 为平均后勤延迟;MTTR 为平均修复时间;a 表示 MAD 内所有相关部分。

对于可修复系统而言,可用性就是把系统可用时间(即能工作时间)和停用时间(即不能工作时间)两者综合在一起,表示系统可以利用的时间比。可用性(A)的基本数学表达式为

$$A = \frac{能工作时间}{能工作时间 + 不能工作时间}$$

导弹在战勤期间的时间划分见图 6-4。图中:工作时间为开机总时间;值班时间为处于能工作,但不工作状态的时间;维修时间为战勤值班期间总的维修时间,它是修复性维修时间(T_{ct})和预防性维修时间(T_{pt})的总和;延误时间是指由于管理和保障资源补给原因不能进行维修所延误的时间。

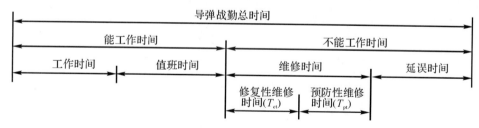

图 6-4 导弹战勤值班期间的时间划分图

研究系统的维修性和有效性时,时间是一个重要的因素,随着产品不同,维修方法不同,时间因素也不一样。一般情况下的导弹寿命期内时间见图 6-5。服役时间是指交付使用时间,非服役时间包括贮存时间、运输时间等自由时间。服役时间可分为可能工作时间和不能工作时间。可能工作时间包括待机时间、启动时间及任务时间;不能工作时间是指产品发生故障或维修、保养、改装等不能工作的停机时间,其中维修时间又可分为预防性维修时间和事后维修时间。预防性维修时间是指定期的计划检修时间及视情(监测)维修时间,事后

维修时间是指故障修复时间、应急修复时间及改进性维修时间。

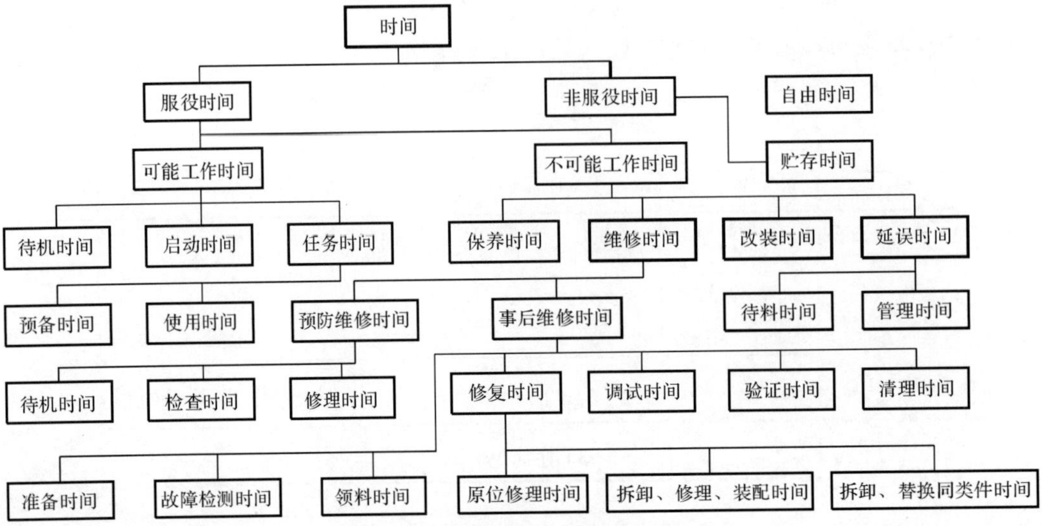

图 6-5　导弹使用寿命内的时间因素

6.2.2　三种常用可用度

1. 固有可用度 A_i

固有可用度是指武器系统或装备在理想的后勤保障环境下,在规定的使用条件下,能在任一未知时刻正常工作的概率。它不包括预防性维修时间及延误时间。这里理想的后勤保障环境是指具有保障的修理仪器和工具、需要更换的备件和具有符合技术水平的维修人员等。

固有可用度是通过设计所赋予的内在可用度,它只受设计的制约,体现了装备设计的品质。作为合同的设计指标之一,根据定义,固有可用度的能工作时间只考虑武器系统连续工作(开机)时间,对不能工作时间则只考虑维修时间。

若以平均故障间隔时间和平均修复时间分别表示系统连续工作时间和修复性维修时间,且服从指数分布,固有可用度与故障率和修复率之间的关系为

$$F(t) = 1 - R(t) = 1 - e^{-\lambda t}$$

$$m(t) = \mu e^{-\mu t}$$

$$\mathrm{MTBF} = \overline{T}_{bf} = \int_0^\infty t f(t) \mathrm{d}t \tag{6-2}$$

$$\mathrm{MTTR} = \overline{T}_{ct} = \int_0^\infty t m(t) \mathrm{d}t \tag{6-3}$$

这时,固有可用度 A_i 为

$$A_i = \frac{\mathrm{MTBF}}{\mathrm{MTBF} + \mathrm{MTTR}} = \frac{\mu}{\mu + \lambda} \tag{6-4}$$

式中：　λ——故障率；

μ——维修率；

$f(t)$ —— 故障密度函数；

$m(t)$ —— 维修时间密度函数；

MTBF —— 平均故障间隔时间；

MTTR —— 平均修复时间。

由式(6-4)可知，为了获得高的固有可用度，必须降低故障率，增加平均故障间隔时间，缩短平均修复时间。

可见，固有可用度取决于武器装备的固有可靠性和维修性。在装备设计研制及其评估时，应综合权衡。

2. 可达可用度 A_a

在不包含延误时间的条件下，导弹在理想的保障环境下，在规定的条件下，能在给定的时刻正常工作的概率称为可达可用度。它是衡量装备可靠性与维修性的一种综合量度。

这里，不能工作时间是指平均维修时间 $\overline{M}$，包括修复性维修 T_{ct} 和预防性维修 T_{pt} 两种时间因素，即

$$\overline{M} = \frac{\sum_{i=1}^{n}\lambda_i \overline{M}_{ct} + \sum_{i=1}^{n} f_i \overline{M}_{pt}}{\sum_{i=1}^{n}\lambda_i + \sum_{i=1}^{n}\lambda_i f_i} = \frac{\overline{M}_{ct}\dfrac{1}{\mathrm{MTBM}_{ct}} + \overline{M}_{pt}\dfrac{1}{\mathrm{MTBM}_{pt}}}{\dfrac{1}{\mathrm{MTBM}_{ct}} + \dfrac{1}{\mathrm{MTBM}_{pt}}} \tag{6-5}$$

式中： $\overline{M}_{ct}$ —— 平均修复性维修时间；

$\overline{M}_{pt}$ —— 平均预防性维修时间；

f_i —— 维修频数；

λ_i —— 故障率；

MTBM_{ct} —— 平均修复性维修间隔时间；

MTBM_{pt} —— 平均预防性维修间隔时间。

能工作时间是指导弹修复性维修和预防性维修的平均维修间隔时间（即无维修平均工作时间），记为 MTBM，它等于修理频数的倒数，即

$$\mathrm{MTBM} = \frac{1}{\lambda + f} \tag{6-6}$$

式中：λ —— 故障率；

f —— 预防性维修频数。

由此可得，A_a 还可表示为

$$A_a = \frac{\mathrm{MTBM}}{\mathrm{MTBM} + \overline{M}} = \frac{\dfrac{1}{\lambda + f}}{\dfrac{1}{\lambda + f} + \overline{M}} = \frac{1}{1 + \overline{M}(\lambda + f)} \tag{6-7}$$

很显然，A_a 在一定程度上受到预防维修制度（工作类型、范围、频率等）的影响，因预防性维修频数随规定的预防维修周期不同而改变，如果预防维修周期太短，会使可达可用性降低。为此，维修管理中必须制定合理的预防维修体制和装备预防性维修大纲，从而使可达可用度逐步提高，达到最佳。

3. 使用可用度 A_o(Operational Availability)

装备使用中,不但预防性维修和修复性维修会造成装备不能工作,而且装备供应保障及行政管理延误也会影响装备能工作时间。使用可用度定义:"武器装备在实际的工作环境下,在规定的使用条件下,一旦需要即能良好工作的概率。"使用可用度也称工作可用度,通常用于评定武器装备在实际使用环境下的可用程度,记作 A_o。

$$A_o = \frac{\text{MTBM}}{\text{MTBM} + \text{MDT}} \tag{6-8}$$

式中:MTBM——平均维修间隔时间,它是预防性维修与修复性维修两类维修合在一起计算的平均间隔时间,$\text{MTBM} = \frac{1}{\lambda + f}$;

MDT——平均停机时间,它是指除了装备改进性维修时间以外的所有停机时间。

对于导弹武器系统,发射设备、导弹、制导雷达、技术保障设备等其工作是不连续的,待命时间很长。不能工作时间除预防维修、故障修理外,还有撤收架设,行军转移等。因此实际工作环境中计算可用度考虑的问题比较多,这种实际工作中所呈现的使用可用度为

$$A_o = \frac{\text{MTBM} + \text{RT}}{\text{MTBM} + \text{RT} + \text{MDT}} \tag{6-9}$$

式中:RT——武器装备平均加电开机准备时间。

A_o 不仅与设计、维修制度有关,而且与综合保障、管理水平、维修体制和人员素质等因素有关。要获得最佳的使用可用性,必须对武器装备的设计制造和管理使用进行全面的考虑,综合权衡。

分析可知,三种可用度,既相互联系又有所区别,它们从不同范围反映了装备的可使用程度。由于考虑因素的增加,装备的能工作时间将缩短,不能工作时间将增长,因此,一般情况下,$A_i \geqslant A_a \geqslant A_o$。通过提高装备的保障性、制定合理适用的预防性维修制度与大纲以及管理、保障供应不断优化,可以使 A_a 和 A_o 接近于 A_i,但却不可能高于 A_i。要提高 A_i,则应从装备设计入手,提高装备的可靠性和维修性。对使用用户来说,最关心的是 A_o,它是实际使用情况下装备的可用程度,反映了装备可靠性维修性保障性的综合性能参数。需要指出的是,A_o 中涉及的管理与供应保障延误是装备研制、生产中难以控制和验证的,故在装备研制合同中,常使用 A_i 作为参数指标,而 A_o 是 A_i 由转化而来的。

6.3 导弹系统效能分析

6.3.1 定义、影响因素和量度

1. 定义

军事装备的效能在《装备费用-效能分析》(GJB 1364—1992)中的定义是指系统在规定条件下达到规定使用目标的能力。"规定的条件"指的是环境条件、时间、人员、使用方法等因素,"规定使用目标"指的是所要达到的目的,"能力"则是指达到目标的定量或定性程度。它是对军事装备的多元度量,并随着研究角度的不同,而具有不同的具体内涵。

作战效能是在规定的作战环境下,运用装备系统执行的作战任务时,所能达到预期目标的程度。显然,作战效能是装备在特定条件下由特定的人使用所表现出来的,是装备、人和环境综合作用的结果,因而,也称兵力效能或作战使用效能。

效能的表达式为

$$E = ADC \tag{6-10}$$

式中:A—— 系统可用性;

D—— 任务成功性;

C—— 固有能力。

系统可用性(Availability)在任一随机时刻需要和开始执行任务时,处于可工作或可使用状态的程度。它取决于装备可靠性、维修性和保障性等因素。

任务成功性也称可信性(Dependability)是指装备在任务开始后,可用性给定的情况下,在规定的任务剖面中的任一随机时刻,能够使用且能完成规定功能的能力。任务成功性描述了装备是否能持续地正常工作,它受装备任务可靠性、任务维修性、安全性和生存性等因素的影响。

固有能力(Capability)描述在整个任务期间,如果装备正常工作,能否成功地完成规定的任务,它是执行任务结果的量度,通常受装备的作用距离、精度、功率和杀伤力等性能因素的影响。

2. 影响因素

影响装备系统效能的影响因素见图 6-6。

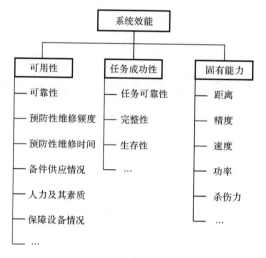

图 6-6 影响装备系统效能的影响因素

由上可知,系统效能就是回答下述三个问题:

1)装备是否随时可用?

2)使用(工作)时是否可信(任务成功)?

3)是否有足够的能力?

系统效能比任何单一指标更能确切地反映装备完成规定任务的程度。例如,反坦克导

弹最终任务是消灭敌坦克。为完成这一任务就需要:
  a. 通过精细维护、使用和管理,系统随时可用,尽可能不出故障。
  b. 导弹发射时动力部分能正常工作,制导系统精确控制导引,也即任务可靠性高。
  c. 命中目标过程中,引战配合好,战斗部威力达到要求。这三方面综合起来,就是反坦克导弹武器系统的系统效能。

  可靠性和维修性对系统效能具有十分重要的意义。提高可靠性直接有助于系统可用性和可信性的提高,而提高维修性,则意味着缩短武器装备的停机工作时间。实践证明,装备的性能再好,功能再强,如果故障率偏高或停机维修时间过长,在战场上是没有多少战斗力的。

  3. 效能量度

  定量地预测可用度时,需要建立可用度的数学模型。在建立数学模型之前,应首先确定系统的任务,进而在对系统的工作、维修等状态加以剖析的基础上,为系统可用度选择合适的量度单位。这种量度单位既要与任务有关,又能体现系统的特性。由于对系统性能的量度很复杂,而可靠性与维修性的量度又必须与之相适应。所以,选择和确定可用度合适的量度单位并不是很容易的事。有些情况下,必须使用若干子模型,以便在不能结合为单一的总系统可用度量度时,形成不同种类的量度。

  对于军用武器装备,其典型的效能量度有:
  1) 每次战斗任务,每一武器系统预期消灭的目标数。
  2) 每次战斗任务,每一武器系统预期压制(雷达等也可能是搜索、侦察)的区域面积。
  3) 每发弹(导弹)毁歼概率或杀伤概率。
  4) 输送有效负载的速度。
  5) 任务成功的概率。
  6) 敌方所遭受的损伤的数学期望。
  ……

  量度单位选定后,就必须使系统可用度的数学模型适应该量度单位。能按该量度单位的要求,给出定量的数值答案。对于导弹装备系统来说,除性能、可靠性、维修性是重要的输入量外,还有一些附加因素,如生存能力、突防能力、杀伤能力、电子对抗及敌方作战能力等,都应包括到可用度模型中去。

6.3.2 系统效能模型

  要进行系统效能分析,必须要研究并建立系统效能模型。

  1. 建立步骤

  系统效能模型的建立是在系统寿命周期各阶段中反复进行的。在设计阶段的早期,首先应对各种可能的系统构型做出效能预测;通过硬件试验取得关于战斗性能、可靠性与维修性等特征量的最初实测数据;将这些数据输入系统效能模型中,修正原先的预测结果,并进一步运用模型改进设计和装备维修保障。

  不同的系统,不同的建模目的,其建模步骤也不完全相同,但大致有以下步骤(见图6-7):

1)系统任务分析:要考虑系统的任务要求,进行功能分析和维修保障系统设想分析。
2)系统描述:可利用功能图、任务剖面图、维修职能框图等对上述分析结果进行描述。
3)确定有关因素:规定质量因素,确定对系统效能有关的因素,如可靠性、维修性、约束条件等。
4)建立单因素的子模型:如可靠性模型、维修性模型、可用性模型、费用模型等。
5)获取数据:包含历史的统计数据、相似装备数据、试验数据等,并代入子模型。
6)建立系统效能模型并分析使用。
7)评价与反馈:通过系统效能分析,对装备系统效能进行评价并反馈给有关部门。
显然,上述建模过程需要反复迭代,单因素的子模型与系统效能模型之间需要协调。

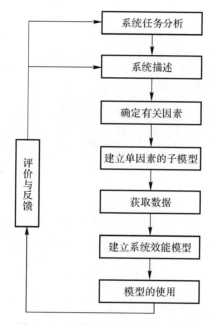

图 6-7 系统效能模型的建立步骤

2. 系统效能模型

系统效能作为系统完成其规定任务或服务要求能力的量度,适用于各种不同的系统。

美国工业界武器系统效能委员会(The Weapon System Effectiveness Industry Advisory Committee,WSEIAC)认为:"系统效能是预期一个系统满足一组特定任务要求的程度的量度,是系统可用性、可信性与固有能力的函数。"常用的系统效能模型主要是 WSEIAC 模型。

WSEIAC 系统效能的表达式为

$$E = ADC$$

式中:A——可用度向量,$A = [a_1 \quad a_2 \quad \cdots \quad a_n]$,$n$ 为系统可能的全部状态数(包括不能执行任务的停机状态),故有 $\sum_{i=1}^{n} a_i$;

D 是可信度矩阵,即

$$D = \begin{bmatrix} d_{11} & \cdots & d_{1n} \\ \vdots & & \vdots \\ d_{n1} & \cdots & d_{nn} \end{bmatrix} \qquad (6-11)$$

式中：d_{ij}——系统在开始执行任务时处于 i 状态，系统在执行任务过程中处于 j 状态的概率；即 $\sum_{j=1}^{n} d_{ij} = 1$ 矩阵中每行之和等于 1；

C 是固有能力向量，即

$$C = \begin{bmatrix} c_1 \\ \vdots \\ c_n \end{bmatrix}$$

式中：C_j——系统处于 i 状态时完成某项任务的概率。

由上式可知，运用 WSEIAC 模型分析武器装备执行某项任务时的系统效能计算公式，即

$$E = [a_1, a_2, \cdots, a_n] \begin{bmatrix} d_{11} & \cdots & d_{1n} \\ \vdots & & \vdots \\ d_{n1} & \cdots & d_{nn} \end{bmatrix} \begin{bmatrix} c_1 \\ \vdots \\ c_n \end{bmatrix} = \sum_{i=1}^{n} \sum_{j=1}^{n} a_i d_{ij} c_j \qquad (6-12)$$

对于多项任务的武器装备系统，系统总体效能 E_S 可以是对各项任务效能的加权或乘积，即

$$E_S = \sum_{i=1}^{m} a_i E_i \qquad (6-13)$$

对于必须完成前一项任务才能进行下一项任务的武器装备，其系统效能计算公式为

$$E_S = \prod_{i=1}^{m} E_i \qquad (6-14)$$

式中：a_i——第 i 项任务的权系数，共 m 项任务；

E_i——武器装备系统对第 i 项任务的效能。

6.3.3 空地对抗作战效能评估分析

1. 可用度向量

地空导弹作战中，其组成包括 4 个部分，包括目标搜索、目标跟踪、发射制导和毁伤效果，如有一个故障，则整个导弹拦截任务失败。因此，4 个部分可用度存在着串联模型关系，模型为

$$a_1 = \prod a_{1j}$$

式中：a_{1j} 表示第 j 部分的可用度（$j=1,2,3,4$ 分别表示目标搜索、目标跟踪、发射制导和毁伤效果 4 个部分）。

$$a_2 = 1 - a_1$$

因此，系统可用度矩阵由平均故障间隔时间（MTBF）及平均修复时间（MTTR）得出。如 MTBF 设为 t_1，MTTR 设为 t_2，则系统从出现故障到恢复正常状态所需时间的概

率为

$$\left.\begin{array}{l}a_1 = \dfrac{t_1}{(t_1+t_2)} \\ a_2 = (1-a_1)\end{array}\right\} \qquad (6-15)$$

2. 任务成功性矩阵

1) 在考虑不遭受目标攻击情况下，地空导弹武器系统可信度矩阵仅仅与平均故障间隔时间有关，其故障概率近似服从指数分布，且在飞行过程中故障不可修复，因此不考虑与目标空地对抗条件下的可信度矩阵为

$$\begin{cases} \boldsymbol{D} = \begin{bmatrix} d_{11} & d_{12} \\ d_{21} & d_{22} \end{bmatrix} \\ d_{11} = \exp(-L/V_m t_1) \\ d_{12} = 1 - d_{11} \\ d_{21} = 0 \\ d_{22} = 1 \end{cases}$$

式中：L——地空导弹飞行射程（km）；

V_m——地空导弹平均飞行速度（m/s）；

t_1——平均故障间隔时间。

2) 遭受一次威胁被击毁概率

地空导弹遭遇单个威胁被击毁概率表示为

$$P_{DG} = P_M P_{KS}$$

式中：P_M——阵地被目标雷达探测的概率；

P_{KS}——阵地被目标击毁的概率。

如果只考虑目标攻击阵地，对于近炸弹头（导弹攻击）

$$P_{KS} = \left(\dfrac{r_0^2}{2\sigma_0^2 + r_0^2}\right) P_y$$

式中：P_y——目标引信的引爆概率；

r_0——比例参数，可取 $1.2 r_1$，r_1 为弹头杀伤半径；

σ_0——目标总的脱靶距离标准差，圆形脱靶距离的圆概率 CEP 为 $1.177\sigma_0$。

3) 当 N 个目标攻击地空导弹阵地时，有

$$P_{DG} = P_M \left[1 - \prod_{i=1}^{N}(1 - P_{KS})\right]$$

拦截过程中，地空导弹若与 n 类不同目标遭遇，导弹阵地被毁概率为

$$P_n = 1 - (1 - P_{DG1})(1 - P_{DG1})\cdots(1 - P_{DGn})$$

因此，在实际空地作战对抗中，可信度矩阵表示为

$$\left.\begin{array}{l} d_{11} = (1 - P_n)\exp(-L/V_m t_1) \\ d_{12} = 1 - d_{11} \\ d_{21} = 0 \\ d_{22} = 1 \end{array}\right\}$$

即

$$D = \begin{bmatrix} (1-P_n)\exp(-L/V_m t_1) & 1-(1-P_n)\exp(-L/V_m t_1) \\ 0 & 0 \end{bmatrix}$$

3. 能力向量

地空导弹武器系统涉及设备的搜索发现能力、跟踪制导能力、导弹的命中概率、毁伤效果和导弹数量有关。由于处于故障是无法完成作战任务的状态，因此，$C_2 = 0$。对目标的搜索发现能力表示为 P_S，跟踪制导能力表示为 P_B，命中概率表示为 P_M，毁伤效果表示为 P_H。假设拦截导弹数量为 m 枚。由于只有发现并且跟踪目标的情况下，才会有效的实施拦截，因此：

$$\left. \begin{array}{l} C_1 = P_S P_B [1-(1-(1-P_{AP})^m)] \\ P_{AP} = P_M P_H \end{array} \right\}$$

4. 算例

设某型地空导弹武器系统的平均故障间隔时间（MTBF）为 10 h，平均修复时间（MTTR）为 1 h，由式(6-15)可得

$$\begin{cases} a_1 = \dfrac{t_1}{(t_1+t_2)} = \dfrac{10}{10+1} = 0.91 \\ a_2 = (1-a_1) = 0.09 \end{cases}$$

空地对抗作战场景假设为地空导弹拦截一架战斗机，地空导弹飞行时间为 18 s。目标飞行高度 $0.1 \sim 10$ km，目标雷达发现概率 P_M 为 1，目标 CEP 为 10 m，近炸弹头 r_1 为 $1 \sim 10$ m，引爆概率 P_y 为 1，假定地空导弹射程 L 为 130 km，地空导弹平均飞行速度 V_m 为 600 m/s。

对于机载武器单发导弹 P_{KS}，有

$$P_{KS} = \left(\dfrac{r_0^2}{2\sigma_0^2 + r_0^2} \right) P_y = \dfrac{(10 \times 1.2)^2}{2 \times (10/1.77)^2 (10 \times 1.2)^2} \approx 0.5$$

假定地空导弹命中概率 $P_M = 0.8$，毁伤效果 $P_H = 0.9$。由于目标高度和突防速度对地空导弹搜索和跟踪有一定影响，100 m 以下低空突防，地空导弹雷达发现目标概率 $P_S = 0.5$ 跟踪制导能力 $P_B = 0.6$，目标高度在 $3 \sim 8$ km 时，$P_S = 0.9$，$P_B = 0.9$。

那么，100 m 以下低空突防目标发射单枚导弹（$P_{KS} \approx 0.5$），地空导弹发射单枚导弹（$m=1$）与其对抗的系统效能为

$$E = ADC = \begin{bmatrix} a_1 & a_2 \end{bmatrix} \cdot \begin{bmatrix} (1-P_n)\exp(-L/V_m t_1) & 1-(1-P_n)\exp(-L/V_m t_1) \\ 0 & 0 \end{bmatrix} \cdot$$

$$\begin{bmatrix} P_S P_B \{1-[1-(1-P_{AP})^m]\} \\ 0 \end{bmatrix} =$$

$$\begin{bmatrix} 0.91 & 0.09 \end{bmatrix} \cdot \begin{bmatrix} 0.5 & 0.5 \\ 0 & 0 \end{bmatrix} \begin{bmatrix} 0.216 \\ 0 \end{bmatrix} \approx 0.1$$

同样计算可得，目标高度在 $3 \sim 8$ km 时，目标未发射导弹（$P_{KS}=0$），地空导弹发射一枚导弹的系统效能为 E 约为 0.53。

目标高度在 3～8 km 时，目标未发射导弹（$P_{KS}=0$），地空导弹发射两枚导弹的系统效能为 E 约为 0.68。

分析计算可知，攻击中高空目标时，地空导弹发射数量由 1 枚增加两枚导弹，系统效能 E 提高约为 15%。因此，地空导弹中高空作战效能高，目标低空突防攻击仍然是地空导弹的主要威胁。如果要提高地空导弹作战效能，除提高地空导弹的命中概率和毁伤效果，还可以从压制目标雷达，降低目标雷达探测概率 P_M 和机载武器发射概率 P_y 来提高作战效能。同样，也可以通过空基卫星或预警机来提高信息获知和组网能力，为地空导弹攻击目标创造更多的反应时间。

6.4 导弹系统寿命周期费用分析

费用是装备系统研制和采购决策的一个重要条件。全费用观点要求在讨论装备费用时，不仅要考虑主装备的费用，而且还要考虑与主装备配套所必需的各种硬件费用，即全系统的费用；既要考虑装备的研制和生产费用，还要考虑整个全寿命周期的各种费用，即全寿命费用。在装备研制与使用保障的重要决策时，应当采用科学的方法进行系统费用分析。

6.4.1 基本概念

1. 导弹寿命周期（System Life Cycle）

寿命周期费用分析的基础是对系统寿命周期的基本理解。导弹寿命周期是指武器系统从开始酝酿一直到退役和处置的整个周期。实际上，它包括对用户进行需求调查，然后经过规划、研究、设计、试制、生产、鉴定、使用和维修，直到退役和处置。

为方便起见，导弹系统的寿命周期可以分为几个阶段。通常分为研制阶段、生产阶段、使用保障阶段和退役阶段。

2. 寿命周期费用（Life Cycle Cost，LCC）

（1）定义

寿命周期费用是装备论证、研制、生产、使用（含维修、贮存等）和退役各阶段一系列费用的总和，即

$$C_{LC}=C_1+C_2+C_3+C_4+C_5 \qquad (6-16)$$

寿命周期费用尚有其他叫法，如全寿命费用（Whole-Life Cost）、占有期总费用（Total Cost of Ownership）、在役费用（Mission Cost）。导弹全寿命周期费用结构见图 6-8。

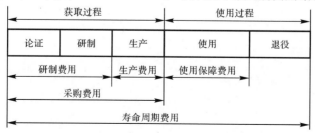

图 6-8 导弹全寿命周期各阶段和费用划分

导弹寿命周期各阶段和费用划分见图6-9。由装备研制和生产成本所形成的采购费用也称为获取费用。由于它是一次性投资,所以又叫作非再现费用。使用过程中的使用、维修及保障费用也成称为使用保障费用。由于它是重复性费用,所以它又被称为再现费用或继生费用。

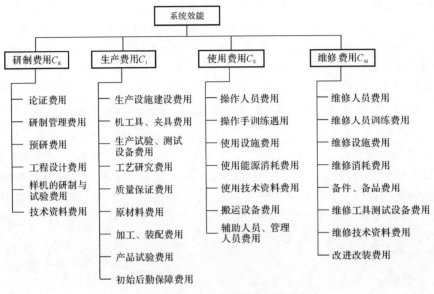

图6-9 导弹全寿命周期费用结构图

(2) 基本思想

一枚导弹,从设计、试制、生产直到退役各阶段的费用,看起来似乎是由有关部门决定的,其实它们的寿命周期费用在决定投产前就基本确定了。这是因为在生产和使用阶段,特别是使用阶段,要改变定型装备的性能和结构是很难的,而且耗费也大。因此要想大量改变定型装备的使用维修费用的可能性就比较小。寿命周期的各阶段对费用的影响程度是不同的,越到后面影响就越小,(美)B-52轰炸机全寿命周期各阶段对费用的影响见图6-10。

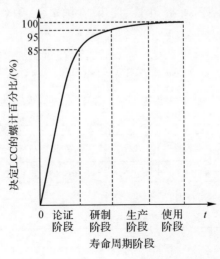

图6-10 (美)B-52轰炸机全寿命周期各阶段对费用的影响

鉴于寿命周期费用取决于"先天"这个重要特点,所以,要控制和节省寿命周期费用,必须从装备初步设计开始就予以考虑。

实践证明,导弹的可靠性和维修性是决定导弹使用维修费用的首要因素。可靠性和维修性提高,则寿命周期费用降低,从而有较大节约,这是因为设置费是一次性投资,而维持费是长期起作用的结果,全寿命周期费用与可靠性的关系见图6-11。

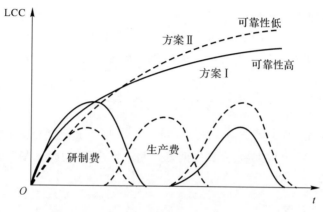

图6-11　全寿命周期费用与可靠性的关系

6.4.2　某导弹制导系统费用估算

1. 费用估算

以某导弹制导系统为例,考虑了几种不同的可靠性水准。对达到上述可靠性和水准所需费用,以及从而算出的设置费用、维持费用和寿命周期费用,编制出一张估算表,其有关的数据见图6-12。寿命周期费用最低的数值是显而易见的。

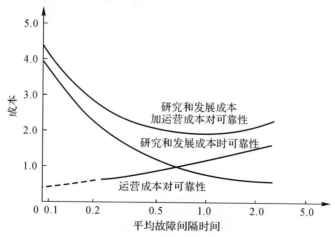

图6-12　某导弹制导系统费用与可靠性的关系
注:平均故障间隔时间横纵坐标轴数据为标准化后的。

进行研制初期费用设计,有如下几项优点:
1)由于费用的各项指标明确,从而便于对费用进行管理。
2)对于费用高的部分,便于尽早采取必要的对策。
3)便于实现导弹系统的目标费用。
4)可以获得性能和费用相权衡的良好系统,从而提高系统的经济性。

2. 费用分析

导弹的寿命周期费用分析是涉及导弹的各种资源最有效利用的分析方法,属于运筹学的一个分支。在航空航天中,当资金和人员等条件限制的情况下,从可供选择的方案中选择最佳方案时,都面临着如何决策的问题。选择最佳方案时,将导弹系统的效率和其所需寿命周期费用加以对照,即

$$费用效率 = \frac{系统效率}{寿命周期费用} \tag{6-17}$$

由式(6-17)可知,导弹的寿命周期费用分析是在导弹系统的目的和目标确定后,计算出导弹的系统效率和寿命周期费用,并在两者之间进行权衡,同时也在其设置费和维持费之间进行权衡,以期确定最佳方案。

6.4.3 LCC 分析程序

LCC 分析的一般程序见图 6-13。

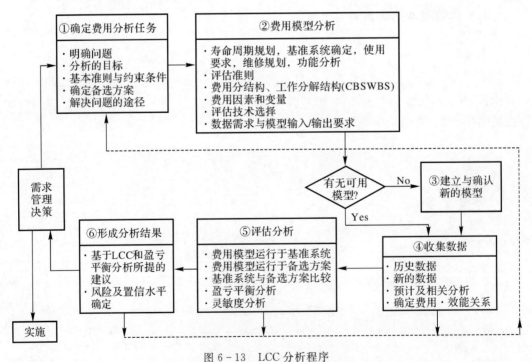

图 6-13 LCC 分析程序

另外,在进行费用-效能分析时,分析对象、分析目的和时机不同,分析步骤和方法也会

有差别。LCC 分析的一般流程见图 6-14。

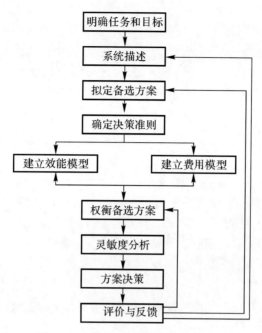

图 6-14　费用-效能权衡分析流程图

第 7 章 维修工程分析及方法

导弹构造复杂,技术含量高,采用什么样的维修方案？何时实施什么样的维修？由谁在何处进行维修？需要什么样的维修保障资源？这些都是导弹维修保障系统建立过程中应研究和解决的问题。本章围绕以上问题,主要论述以可靠性为中心的维修(Reliability Centered Maintenance,RCM)、预防性维修周期的确定、修理级别分析和维修资源的确定与优化等方面内容。

7.1 以可靠性为中心的维修

7.1.1 以可靠性为中心的维修定义和目的

1. 定义

以可靠性为中心的维修是指按照以最少的维修资源消耗保持装备固有可靠性和安全性的原则,应用逻辑决断的方法确定装备预防性维修要求的过程。RCM 的最终结果是产生装备的预防性维修大纲。

装备的预防性维修大纲是装备的预防性维修要求的汇总文件,一般包括下列内容：
1) 需进行预防性维修的产品和项目。
2) 需维修产品(项目)要实施的预防性维修工作类型及工作的简要说明。
3) 各项预防性维修工作的间隔期。
4) 实施每项预防性维修工作的维修级别。

2. 目的

1) 通过确定适用而有效的预防性维修工作,以最少的资源消耗保持和恢复装备可靠性和安全性的固有水平；装备可靠性和安全性的固有水平是由设计与制造所赋予的,通过进行适用而有效的预防性维修,可以使其固有水平得以充分发挥。

2) 提供必要的设计改进所需的信息。通过 RCM 分析,可以有效地发现对装备的可靠性、安全性和维修性等重大影响或后果的设计缺陷,为改进设计提供重要信息。

7.1.2 以可靠性为中心的维修发展过程

20 世纪武器装备维修主要采用定时(期)维修。当时普遍认为：

1)机件工作就有磨损,磨损就有故障,故障影响安全,因此必须经常检查并定时翻修才能恢复其可靠性。

2)预防性工作做得越多,定期维修时间越短,翻修深度越大,装备越可靠。这样,随着装备的复杂化,无论机件大小都进行定时维修费不堪负担。

美国联合航空公司对航空机件进行分析认为:符合浴盆曲线的机件占少数,具有明显耗损期的情况并不普遍,没有耗损期约占多数;有些产品或项目,不论定期维修缩到多短,维修深度增到多大,其故障率仍然不能得到有效控制。

经过长期的维修探索和改革,1978年诺兰(Nowlan)与希普(Heap)在合著的《以可靠性为中心的维修》,提出了维修工作应将定时维修、视情维修和状态监控相结合,并在军方首先推广,制定一系列指令、军用标准和维修手册,取得了很好的效果。

1991年,英国人约翰莫·布雷(Jone Moubray)撰写了新的《以可靠性为中心的维修》,1997年和21世纪修订后再版几次,成为指导武器装备维修工作的纲领性文件。

20世纪80年代以后,在武器装备维修质量管理中引进以可靠性为中心的维修思想;80年代取消了飞机50 h定时检修;1992年,颁布了军用标准《装备预防性维修大纲的制定要求与方法》;90年代取消了飞机100 h定时检修。21世纪以来,武器装备维修主要采用定时维修、视情维修和状态监控相结合,科学维修、规范维修和精细维修已成常态化。

7.1.3 以可靠性为中心的维修基本原理

在故障模式及影响分析(FMEA)的基础上,以维修的适用性、有效性和经济性为准则,进而确定科学、合理的维修决策,这就是 RCM 的基本方法。它是建立在如下基本原理基础上:

1)装备的固有可靠性与安全性是设计制造赋予的特性,有效的维修只能保持而不能提高它们。因此,想通过增加维修频数来提高固有可靠性与安全性水平是不可取的,维修次数越多,不一定会使装备越可靠、越安全。

2)产品(项目)故障有不同的故障影响或后果,应采取不同的对策。故障后果是由产品的特性所决定的,是由设计制造而赋予的固有特性。故障后果的严重性是确定是否做预防性维修工作的出发点。对于大型复杂装备,应当对会有安全性(含对环境危害)、任务性和严重经济性后果的重要产品,才做预防性维修工作。对于采用余度技术的产品,可以从经济性方面加以权衡,确定是否需要做预防性维修工作。

3)产品的故障规律是不同的,应采取不同方式控制维修工作时机。有耗损性故障规律的产品应定时拆修或更换,以预防功能故障或引起多重故障;对于无耗损性故障规律的产品,定时拆修和更换常常是有害无益,适宜于通过检查、监控、视情等进行维修。

4)对产品(项目)采用不同的预防维修工作类型,其消耗资源、费用、难度与深度是不相同的,可加以排序。对不同产品(项目),应根据需要选择适用而有效的工作类型,从而在保证可靠性与安全性的前提下,节省维修资源与费用。

7.1.4 以可靠性为中心的维修对策分析

按照上述以可靠性为中心的维修的基本原理,对于装备故障及其影响,其总的维修对策如下。

(1) 划分重要和非重要产品(项目)

重要产品(项目)是指其故障会有安全性、任务性或重大经济性后果的产品(项目)。对于重要产品(项目)需做详细的维修分析,从而确定适当的预防性维修性工作要求。非重要产品(项目),其中某些产品(项目)可能需要一些简单的预防性维修工作,如目视检查等,但应将预防性维修工作控制在最小范围内,使其不会显著增加总的维修费用。

(2) 按照故障后果和原因确定预防性维修工作或提出更改设计的要求

对于重要产品(项目),通过对其进行故障模式影响分析(FMEA),确定是否需做预防性维修工作。其准则如下:

1) 若其故障具有安全性或任务性后果,必须确定有效的预防性维修工作;

2) 若其故障仅有经济性后果,那么,只在经济上合算时才做预防性维修工作;

3) 按照适用性与有效性准则,确定有无适用而有效的预防性维修工作可做。如果没有有效的工作可做,那么必须对安全性后果的产品更改设计;对于有任务性后果的产品一般也要更改设计。

(3) 根据故障规律及影响,选择不同的预防性维修工作类型

按所需资源和技术要求将预防性维修工作类型由低到高将其大致排序如下:

1) 保养(Servicing):保养包括保持产品的固有设计性能而进行的表面清洗、擦拭、通风、添加油液或润滑剂、充气等作业。

2) 监控(Operator Monitoring):操作人员在正常使用装备时,对装备所含产品的技术状况进行监控,其目的是发现产品的潜在故障。

这类监控主要包括:

a. 装备使用前的检查。

b. 对装备仪表的监控。

c. 通过感官发现异常或潜在故障,如通过气味、烟雾、声音、振动、温度等感觉辨认异常现象或潜在故障。

3) 使用检查(Operational Check):按计划进行的定性检查,如采用观察、演示、操作手感等方法检查,以确定产品能否完成其规定的功能。其目的是及时发现隐蔽功能故障。

从概念上讲,使用检查并不是产品发生故障前的预防性工作,而是探测隐蔽功能故障以便加以排除,这种维修工作类型也可称为探测性(Derective)维修。在飞机、导弹、航天器等高安全、高可靠性的系统中,余度设计越来越普遍,这种维修工作类型越来越重要,应用越来越广泛。

4) 功能检测(Functional Check):所谓功能检测是指按计划进行的定量检查,以便确定产品功能参数指标是否在规定的限度内。其目的是发现潜在故障,预防功能故障发生。

5) 定时(期)拆修(Time Restoration):产品使用到规定的时间予以拆修,使其恢复到规定的状态。拆修的工作范围可从分解后清洗直到翻修。通过这类工作,可以有效地预防具有明显耗损期的产品故障发生及其故障后果。

6) 定时(期)报废(Time Discard):产品使用到规定的时间予以报废。该类工作资源消耗更大。

7)综合工作(Integrated Task):实施上述两种或多种类型的预防性维修工作。

采用上述方法,若不能找到一种合适的主动预防性维修工作,那么,应根据产品的故障后果决定采取何种非主动维修对策。

7.1.5 以可靠性为中心维修分析的步骤与方法

以可靠性为中心的维修分析一般分为三部分:
1)系统和设备的以可靠性为中心的维修分析。
2)结构项目的以可靠性为中心的维修分析。
3)区域检查分析。

系统和设备的以可靠性为中心的维修分析适用于各类装备的预防性维修大纲的制定,具有通用性;结构项目的以可靠性为中心的维修分析适用于大型复杂装备的结构部分,如导弹结构等。由于结构件一般是按损伤容限与耐久性设计而成的,对其进行专门的检查是非常重要的。区域检查分析适用于需要划区进行检查的大型飞机、舰船等装备。

1. 以可靠性为中心的维修分析所需要的信息

1)产品概况,如产品的构成、功能和余度设计等。
2)产品的故障信息,如产品的FMEA、故障率、故障判据、潜在故障发展到功能故障的时间、功能故障和潜在故障的检测方法等。
3)产品的维修保障信息,如维修设备、工具、备件、人力等。
4)费用信息,如预计的研制费用、维修保障费用等。
5)相似产品的上述信息。

2. 以可靠性为中心的维修分析的一般步骤

1)确定重要功能产品(Functionally Significant Item,FSI)。
2)进行故障模式影响分析(FMEA)。
3)应用逻辑决断图确定预防性维修工作类型。
4)确定预防性维修工作的间隔期。
5)提出维修级别的建议。
6)各维修级别的工作内容。

3. 重要功能项目的确定

在进行以可靠性为中心的维修分析时没有必要对所有的产品逐一进行分析,只有会对产生严重故障后果的重要功能产品(项目)才需做详细的以可靠性为中心的维修分析。

重要功能项目是指其故障会有下列后果之一的产品:
1)可能影响装备的使用安全或对环境造成重大危害。
2)可能影响任务的完成。
3)可能导致重大的经济损失。
4)隐蔽功能故障与其他故障的综合可能导致上述一项或多项后果。
5)可能有二次性后果导致上述一项或多项后果。

7.1.6 以可靠性为中心维修的逻辑决断分析图

1. 理论基础

旧的定时维修方法的主要缺点之一,就是不能提供尚可使用的零件在何时可能要出故障的真实基础。也就是说,没有客观的手段来鉴别抗故障能力的下降。需要鉴别潜在故障状况的这一认识,是从定期翻修向视情检查转变的决定性因素。

然而,并不是所有的机件都能受到这种视情维修工作的防护。在有些情况下,故障机理没有被完全了解;在另外一些情况,故障是随机的;还有一些情况则是视情检查的费用超过了人们所能提供的利益。

对于威胁到装备或人身安全的故障是必须加以预防的。同样,隐蔽功能故障必须用预定维修来保护,既是保证它们的可用性,又能预防出现多重故障的风险。

另外,故障的后果是经济性的,因而预防性维修必须根据经济性来衡量。在有的情况下,这类后果是比较严重的,特别是当故障影响到装备的使用性能时。每当要把装备停用以便排除故障时,故障的费用就包括使用上的损失。因此,如果装备的预期用途具有重要的价值,那么这种用途的延误或者放弃将会造成重大的损失。这是在评定预防性维修利益时所必须考虑到一点。其他故障带来的损失只是排除或修理的费用。这种故障发生后再加以排除所花费的费用小于预防它们发生而投入的费用,从这个意义上来说,这类故障应为"事后"排除为宜。

以可靠性为中心的维修,起源于对故障问题的周密思考。例如:故障是怎样发生的?它的后果是什么?预防性维修有什么好处?简言之,在所有维修决断中的主导因素,不是某一个项目的故障,而是故障对装备整体后果。从这个角度出发,有可能拟订出一种有效的预防性维修大纲,能够满足安全性要求并符合使用性能的目标。但是,这样一种最优化问题的解决需要某些具体的数据资料,而这些数据资料在制定初始维修大纲时大多还不具备。因此,还需要一种为做出决断而采取的基本对策,按照当时可用的数据资料做出最优的维修决断。所以,初始以可靠性为中心的维修大纲的指导方法包括下列步骤:

1) 把装备按构造细化,以鉴别需要做仔细研究的项目。

2) 鉴别重要项目,即那些发生了故障对设备整体有安全性后果或重大经济性后果的项目,以及鉴定所有的隐蔽功能,它们不管重要性如何都要求做预定维修。

3) 根据故障后果评定每个重要项目和隐蔽功能的维修要求,并只选定满足这些要求的工作。

4) 鉴别出那些找不到既适用又有效的工作可做的项目;对这些项目,如果是涉及安全性后果,就建议更改设计;或者是在取得进一步的资料之前不规定预定维修工作。

5) 为每项维修大纲所包含的工作选定保守的初始间隔时间,并把这些工作组合成套以便执行。

6) 建立工龄探索方案,以提供为修订初始决断所需要的实际数据资料。

这些步骤中的第一步纯粹是一件事务性工作,是为了把分析问题减少到便于管理的规模,并且按照工程专业领域加以划分。后面的三步是以可靠性为中心的维修分析的关键,它们都与一连串的决断问题有关,并为每个问题做出"是"或"否"的回答时提供所要求的资料。

第7章 维修工程分析及方法

在还没有这种资料时,用一个暂定答案来规定措施,这种措施在具备做出其他决断的基础之前能最好地保护装备。这个决断图方法不仅仅提供了一种能以有限的资料来做出决断的有条理性的方法,而且还为以后的审查提供了清楚的审核路线。

因为任何一种初始维修大纲都必须是在有实际使用数据之前制定和执行的,所以以可靠性为中心的维修大纲中的一个重要的内容是工龄探索,这是对确定某些维修工作的适用性和评定另一些工作的有效性所需情报进行系统收集的过程。随着这种情报的积累,可采用同样的决断图来对初始大纲进行修订。当然,对于已经使用了一段时间的装备,有许多这种数据是现成的。虽然所需的具体数据可能还得从若干不同的情报系统中获取,而且装备的剩余寿命会是某些决断的因素,但是在这些情况下的以可靠性为中心的维修分析中的暂定决断比较少,因此可得出接近最优的维修大纲。这样的大纲,通常比按较旧的方针制定的大纲包括更多的视情检查,而定期拆修工作则比较少。

有效的预定维修大纲能实现装备所能达到的全部可靠性。但是,没有一种预防性维修能改变设计所赋予的固有特性。在执行了一切既适应又有效地预防性工作之后仍残留的故障率,反映了装备的固有能力;如果这种可靠性水平不合格,唯一的办法就是重新进行设计。这项工作可以是专门针对单个的部件,以排除占支配地位的故障类型;也可以是专门针对某一特性的,使一种具体的预防技术成为可行。这种装备的改进工作,在任何一种复杂装备的头几年使用中一般都会要做的。因此,虽然以可靠性为中心的维修从短期看来只涉及基于装备的实际可靠性特性的工作,但也会促进为提高可靠性的装备改进工作。

2.评定提出的维修工作

以可靠性为中心的维修分析的下一个阶段是系统研究每种故障类型,可以使用决断图方法(见图7-1)。

对于机件的每一种预期的故障类型,第一个要考虑的工作是视情检查,即探测潜在故障的视情检查工作是既适用又有效的吗?如果回答是肯定的,那么把针对该种故障类型的视情检查工作列入大纲。如果对一个机件的所有故障类型的问题都得出了肯定的答案,那么该机件的分析就全部完成了。

视情工作的适用性由专家确定,他们熟悉机件的设计特性、所使用的材料,以及可用的检查技术。因此这些资料在装备投入使用以前是会有的。但是,在制定初始的维修大纲时,可能没有足够的资料来确定工作是否有效。在这种情况下,假定它是有效的,并根据后果的严重性确定一个初始的检查间隔时间。如果间隔时间是足够短的,那么任何适用的检查工作在故障的预防上都能有效。如果以后的使用经验表明在费用上不合算,那么该项工作可以在下一次审订大纲时从大纲中删除。

如果视情工作对某些故障类型不适用,那么下一个选择是定期拆修工作,即降低故障率的拆修工作是既适用又有效的吗?在这种情况下,其适用性和有效性都要求有使用数据的分析。因此,除非从以前的类似机件在类似环境中已经了解了该机件的工龄与可靠性关系特性,否则在制定初始的大纲时要假设该机件不能从定期拆修中得到好处。在缺乏资料时,这个问题的答案都会是否定的,要等待装备投入使用以后取得必要的资料后再定。

决定哪一类预防性维修工作见图7-2。对于特定的机件是既适用又有效地提供了基本的机理。但是,要使用这个决断图,必须知道决定每种情况下的有效性和支配在每一层决断中所要采取的暂定措施的故障后果。

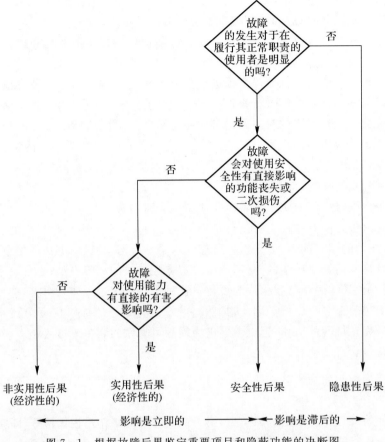

图 7-1 根据故障后果鉴定重要项目和隐蔽功能的决断图

3. 综合决断图

图 7-3 所示的决断图它既可以用于制定新装备的以可靠性为中心的维修大纲,也可用于制定现有装备的以可靠性为中心的维修大纲。下面来看一下故障后果是怎样影响工作选择的。

考虑一个会发生危险性故障的机件。对问题 1 的回答是"是",因为任何一个对使用安全性有直接不利影响的故障对使用者都是明显的(当然,这个回答只是对所考虑的具体功能的丧失)。对问题 2 的回答也是"是",因为前面说了故障是危险的。所以关于这个故障的所有以后的问题都是在决断图中安全性后果这一分支内的。这对于预定维修有两个重要的含义:

1) 如果能找到适用的预防性工作,那么预定维修是必要的。

2) 只有能把发生危险性故障的危险降低到合格的水平,工作才被认为是有效的。

现在要研究可能引起这个故障的每一种故障类型,以确定在所提出的预防性工作中哪一类工作能实现所需的目的。如果视情工作对某种故障类型是适用的,那么通常它可以通过规定一个保守的短的检查间隔时间而使之成为有效的(对问题 4 的回答为"是")。如果视情检查不适用,那么就要考虑定期拆修的问题。但是在制定初始大纲时为确定这种工作的适用性所需的故障数据很少是现成的,而且没有哪个使用部门能提出需要这种资料的危险性故障的数目。因此对危险性故障类型来说,对问题 5 的回答是"否"。

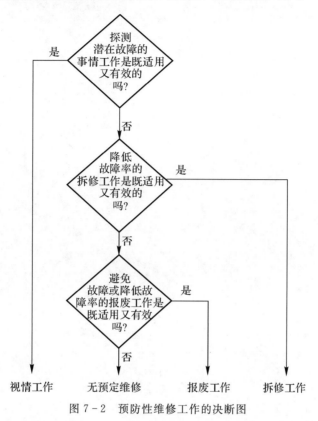

图 7-2 预防性维修工作的决断图

这就是要考虑机件或其发生危险性故障的零件的定期报废问题,也就是安全寿命问题。在确定初始大纲的要求时,工程上的看法也许会认为这种工作是适用的,但是,除非安全寿命是按模拟使用条件的研制试验确定的,否则其有效性是无法评定的。如果安全寿命已经确定,那么按这个寿命的定期报废是必要的;如果该机件的寿命尚未确定,那么对问题 6 的回答将是"否"。

如果某种故障类型都不能用以上三种工作恰当地控制的话,那么还要问下一个问题:综合的预防性工作是既适用又有效的吗?偶然两项或两项以上预防性工作结合起来能使危险性故障的风险降低到可以接受的水平,但在大多数情况下,这是易损件在重新设计之前所采取的权宜措施。如果在此过渡期间找不到能有效地避免危险性故障的综合性工作的话,可能就有必要限制装备的使用甚至停止使用。现在回到决断图的上端。假设机件的故障没有安全性后果(问题 2 的回答是"否"),但确有使用性的后果(问题 3 的回答为"是")。此时就只涉及功能故障的经济性后果:

1)如果预定维修的费用低于使用性后果的损失和故障的修理费用,那么预定维修是适宜的(最好是要做的)。

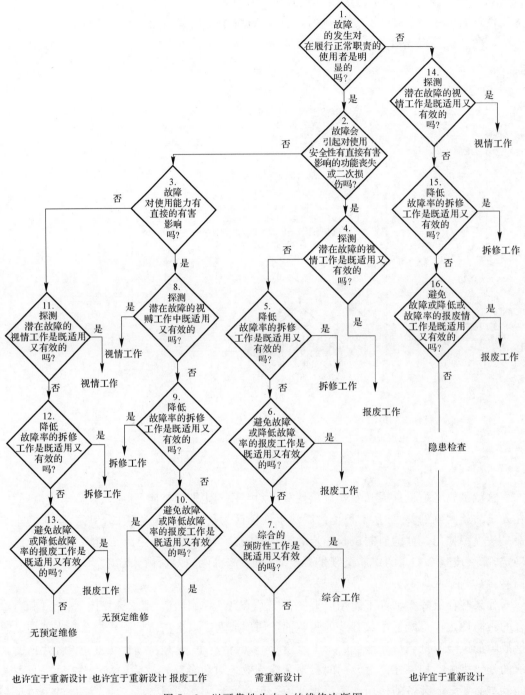

图 7-3 以可靠性为中心的维修决断图

2）只有在费用上合算时，工作才能被认为是有效的。任何使用性后果的损失总是可以转嫁为装备不能按计划使用的机会性费用。

为了确定所提出的维修工作在经济上是否合算，就必须知道预期或使用性后果的转嫁费用。对导弹来说，在战争情况下，使用性后果有时将使国家蒙受重大损失，或导致一次战斗的失败，其损失无法用经济数字来衡量。在初始的维修大纲中，这个费用通常是根据在采购装备对预期的使用效果或收益而人为地定的一个数字。此外，还必须考虑故障的可能性、工作的费用以及如果允许机件用到出故障而要付出的修复性维修费用。一般来说，如果预期的故障率低，而且使用性后果（的费用）又不重，那么决断会是无预定维修。随着故障总费用的增加，预防性维修就成为比较可取的了。在大多数情况下，不必进行正式的经济性权衡研究就能做出决断。

在找不到一种适用的而且经济上有效的维修工作时，就必须或者是接受使用性后果（如不做预防性维修），或者是将机件重新设计以降低故障的频度。这个决断通常取决于使用性后果的严重性。如果经济损失是大的，那么暂定的决断是重新设计。

如果机件的故障没有使用性后果，那么工程的有效性问题按照直接的经济性评定：

1）如果预定维修的费用低于所要预防的故障的修理费用，那么预定维修是适宜的。

2）工作只有经济效果才可认为是有效的。

在这种情况下，工作的有效性是在预防费用与修复费用之间的简单权衡。如果这两种费用都在同一个数量级，决断应是无预定维修。这样做的理由是，任何预防性维修都会打乱机构的稳态状况，如没有正当的理由就不应该引入这个风险。因此，只有当修复故障机件的费用大大超过预防故障的费用时才要预定预防性维修。

要注意的是，有许多通过这种决断方法确定为无预定维修的机件完全有可能在一开始就鉴定为预定维修无益的机件。但是，决断图的这个分支可使我们评定模棱两可的机件，这种机件如果能找到适用的预定工作也可能得益。

对于有隐蔽功能的机件，工作的有效性涉及以下两个准则：

1）为了避免可能出现的多重故障，预定维修是必要的。

2）只有通过工作，能保证发现隐蔽功能故障时，才能被认为是有效的。

有些隐蔽功能相当重要，故它的可用性要由使用者进行周期性的检查来保护。也就是说，把检查这些隐蔽功能包括在使用者的正常职责之内，使之成为明显的。但是，在其他所有情况下，预定检查是必要的。由于隐蔽故障对安全性或使用能力不会有直接的影响，故我们可以允许这种机件工作到发生故障，但是不允许产生未被发现的故障的可能后果，即多重故障。因此，在没有任何既适用又有效的直接的预防性工作时，总是要规定具体的隐患检查工作。

7.1.7 以可靠性为中心的维修大纲修订

任何复杂装备都是一种故障发生器，而且各个故障事件在装备的整个使用寿命期间都会发生。对这些事件的反应取决于故障的后果。如果一种未预期的故障对安全性有严重的影响，它的第一次出现就立即启动了维修与修改设计的直接循环。在其他情况下，可以等它多发生几次故障，这样能更好地估计其发生的频度，以确定预防工作的经济效益，或是要重新设计。很经常的是，要等它发生足够多的故障来评定工龄—可靠性关系，这样能提供修订初始维修决断所需的数据资料。

预防维修大纲的修订并不单纯包括对未预期故障的反应，所取得的使用数据资料（包括不出故障的资料)还用于系统地评定初始大纲中所有的工作。根据实际数据可调整最初的比较保守的视情检查间隔时间,研究定期拆修和经济寿命工作的适用性。实际使用经常能证实早先对故障后果的估计,但是偶尔也会发生故障后果比预计的更重些或轻些,或者原来以为某一故障对使用者是明显的而实际不是,或者相反。取得所有这种数据资料的过程叫作工龄探索,这不仅是因为数据资料的多少是装备的使用工龄的正比函数,还因为有些数据资料是与机件的本身有关的。

1. 数据应用

军用武器装备,使用经验的积累不那么快,数据资料可以通过对最先的几台装备的有意地大量使用而取得,尽管样本数据的规模小是个严重的缺点。

从实际使用经历中取得的可靠性数据资料是相当多变的。虽然故障率在早期使用中,在确认设计上的问题和评定工作的有效性方面有作用,但是还要有工龄探索大纲以提供下列各种数据资料:

1) 装备实际出现的故障类型及其频度。

2) 每个故障的后果,包括直接危及安全、严重的使用性后果、很高的修理费用、长时间的修理停用以及可推迟排除费用不大的功能故障。

3) 证实划分对在执行其正常职责的使用者是明显的功能故障确是明显的。

4) 鉴定故障的环境以确定故障是在正常使用中发生,还是由于某种外界因素所造成的。

5) 证实视情检查确实能探出对待定故障类型的抵抗能力的下降。

6) 抗故障能力的实际下降速度,以确定最佳的检查间隔时间。

7) 某些故障类型的机理,以鉴定新的视情检查形式和需做设计改进的零件。

8) 鉴定初始大纲中作为暂定措施的工作是否适用和有效。

9) 鉴定只发现很少故障的成套维修。

10) 鉴定未发生故障的机件。

11) 发生故障的工龄,以便能用统计分析来确定定期拆修和报废工作的适用性。

2. 对严重故障的反应

在装备投入使用以后,它会经受未预料到的故障和故障后果。其中,最严重的通常是在动力装置和基本结构中发生的。虽然这种故障可以在装备寿命中的任何时间发生,但可能性最大的还是发生在使用的早期。第一次故障可能对使用安全性和经济性有严重的影响,以致所有的使用部门和制造公司都立即做出反应。因此,存在一种处理意外故障的系统性的步骤,它形成一个改进可靠性的特性循环。

假定未预料到的故障是一个危险的故障。作为一个立即的步骤,是进行工程研究,以确定是否有某种有效的视情检查或其他预防性工作。这种预防措施也许会使维修费大大增加。对于新装备来说,不论是由于发生了潜在故障还是由于定期拆卸而造成的大量的装备拆卸,也会给提供更换用的备件造成困难。下一步就是对故障类型起源的零件进行重新设计。当新的零件设计、制造好时,所有使用中的装备就必须进行相应的改装。并不是所有的设计更改都是成功的,有的可能要花两三年的时间做若干次尝试才能解决问题。问题一经消除,为控制这种故障类型的预定维修工作就不再需要了,可以终止执行。

对于新装备,作为对早期的危险性故障的反应而做的预定维修工作,差不多总是视情检查。工龄限制工作的可行性不大,这是因为没有数据可作统计分析,而且对早期故障来说,取发生故障的工龄的几分之一作为安全寿命,很可能会是无效的。另外,短的安全寿命实际上可能使装备不能继续使用,这是因为难于提供这样频繁维修所需的劳力和备件。但是,确定一项适用的视情工作也许要费很大的精力:必须确定故障类型,必须鉴定有实际迹象表明抗故障能力下降的具体零件,然后必须设想出能对零件进行原位检查的某种方法。

在这些情况下,潜在故障点和检查间隔时间都会定得很保守。视情工作一开始执行,所有在使用中的装备都要检查。连队的第一次检查往往会因新定义的潜在故障导致大量拆卸。当然,在这第一次检查之后的拆卸率会大大降低。它可能低到足以判定应该延长初始的保守的检查间隔时间,但是检查本身还会继续下去,直到经验证明问题不再存在为止。

严重的未预料到的故障不一定发生在新装备寿命的早期。但是在以后,这类故障也许不会导致设计的改变。第一个反应仍然是一样的,即拟定新的预定维修工作。在这个阶段,规定安全寿命也许在技术上和经济上都是可行的。视情工作也许会适用的,但是检查可以预定再从较高的工龄开始,并且也许会有较长的间隔时间。除非故障类型与工龄有密切的关系(在这种情况下定寿命更为适合),否则由视情检查所发现的潜在故障数要比上述的较新装备中的情况少得多。重新设计是否合算,取决于装备的工龄,这是因为经济上的权衡取决于装备的剩余的技术淘汰寿命。

对付故障的另一个办法,是在部件能重新设计前限制使用,使易损部件少受应力。在鉴定不出具体潜在故障状况时,可以用使严重故障在其他的环境下发生的办法来预防严重故障。

一台新的复杂装备常常会有高的故障率。另外,这些故障的大多数,也往往是由少数几种故障类型所引起的。应该针对不同的故障类型,采取相应措施。有时需修改设计,以提高其可靠性,使故障的条件概率下降。

3. 大纲修订

对未预料到的故障做出反应,增加维修工作,只是工龄探索过程的一个方面。在制定初始大纲时,某些可靠性特性是未知的。例如,衡量抗故障能力下降的能力是可以确定的,但是却没有各机件在使用中的实际下降速度的数据资料。同样,评定经济效果和工龄-可靠性关系所需的数据资料,也只有在装备投入使用一段时间以后才能取得。维修大纲一旦生效,预定工作的结果给调整初始的保守的工作间隔时间提供了依据,并且随着使用数据的日益增多,在缺乏资料时所做出的暂定决断,也逐渐从大纲中消除。

(1)工作间隔时间的调整

作为初始大纲的一部分,许多机件都预定了频繁的抽样检查,以监控其状况和性能;其他工作则规定了短的保守的初始间隔时间。所有这些工作都组合成套以便执行。如果最初达到了检查时间的几个机件没有显示出不合格的状况,那么就能有把握地假定其余机件的工作间隔时间可以延长。确定任何一台工龄已达到现在的检查期限的装备为延时样本。

但是,机会抽样提供了检查这些使用中零件的手段。由于装在动力装置上的使用时间最多的零件的工龄,与所检查的使用时间最多的样本的工龄没有多大的差别,因此,有可能把这两种机件的检查期限,都延长到样本件开始显示出恶化迹象的工龄。

(2)统计分析在工龄探索中的应用

虽然对未预料到的严重故障要立即做出反应,但对于非经常性的故障或没有重大后果的故障,通常要等到已经收集了足够的数据资料,能充分评定可能的维修措施时才做工作。对于拆修工作更是如此,这是因为它只有在条件概率曲线表明确有一个可鉴定的耗损区时,才是适用的。这种曲线是统计分析的结果。在统计分析中,在各工龄间隔时间的故障数,是用机件的总工作时间(所有机件的总使用时间)和到该工龄间隔时的生存概率来衡量的。

统计分析不需要好几百个故障事件。生存曲线只要有 20 次功能故障的数据就能绘制出来,必要时,有 10 个样本也可以。但是,由于积累这么多的某一给定类型故障的发生次数需要几千小时的使用时间,故有时关心在某一工龄以后因耗损而造成的故障骤增。如果所有在使用中的机件的工龄都是相同的,那么也许会这样。但是,由于导弹部队的装备是逐步增加的,故使用中的机件的工龄是很分散的。如果机件在低工龄时可靠,并且在部队满额后的某一段时间才发生第一次故障,那么在该期间中,使用的机件的工龄分布,将与部队中装备的工龄分布相同。这就意味着在最老的机件与最新的机件的工龄之间可能有 5 年以上的差别。

正是使用中机件的工龄的这种分布情况,使得可用统计分析作为工龄探索的工具。如果发现在较高的工龄时,故障的可能性有突然地增大,那么还有充分的时间来采取预防性的步骤,由于在这个情况被发现时只有很少几个机件真正达到了这个寿命极限。因此,注意力集中于最老机件的故障情况上,以便即使是有耗损区。能在其他的机件达到这一工龄很久以前,就可能把拆修工作加到维修大纲中去。

包括潜在故障在内的条件概率曲线确实显示出随工龄而增加。但是,除了重新设计以外,并不要降低潜在故障的发生率,这是因为这些对潜在故障的检查对降低功能故障显然是有效的。既然如此,每个组件都能继续使用到发现潜在故障为止,而且在这种情况下功能故障率并不随工龄而增加。这样,视情检查本身预防了进入会发生功能故障的耗损区,而且同时能使每个组件都差不多实现其全部的有用寿命。

4. 维修要求修订

作为对未预料到的严重故障的反应而制定的维修工作通常都是临时性措施,只要对问题在重新设计解决前加以控制。但是有两种技术上的改变也许会导致预定维修要求的修订:一个是新的诊断技术的发展,另一个是现有装备的改装。

(1)新的诊断技术

由于视情检查是测定抗故障能力以鉴定具体问题的,故其大多依靠诊断技术。用于武器装备的最早的最简单的技术是目视检查,这种目视检查由于故障诊断技术的发展而得以引申。在探测金属机件的裂纹方面,有超声波探伤、射线探伤、涡流探伤、磁粉探伤和荧光探伤等技术。激光全息照相技术也已开始使用,不仅用于探测裂纹,还可用于不需分解机件而检查间隙和构型的变化。

适用的诊断技术,必须能探出有把握定义为潜在故障的某种具体状况。它应能足够精确地鉴定出所有已达到这种状况的机件,而不包括离发生故障还很远的大量的机件。换句话说,这种技术必须具有很高的分辨力。对这种分辨力的要求,一部分取决于故障的后果。分辨能力低的诊断技术,尽管它能造成许多不必要的拆卸,只要它能防止少量的关键部件的故障,则对于重要装备来说也是有价值的。

某些诊断技术看来具有很大的潜力,但在能被普遍采用之前,还要做进一步的发展。例如,有时使用测量润滑油中金属元素含量的光谱分析法来探测金属零件的磨耗。但是,在许多情况下,它难于定义与金属含量有关的故障状况。有时零件没有预期的警告就已经发生故障,而有时警告又不一定与即将发生的故障联系在一起,甚至润滑油牌号的改变也要求有新的标准来解释分析结果。尽管如此,如果故障是有重大后果的,即使预报(和预防故障)的成功率很低,也可能抵消掉无效检查的费用。

我们已经知道,定期拆修工作的适用性是有限的,报废工作也只在比较特殊的条件下才适用。因此,维修有效性的主要改进有赖于诊断技术的广泛运用。对更多的技术的搜寻还在继续,而且这些新的发展在经济上的适宜性必须不时地重新评价。

(2)修改设计

产品改进过程也是修改维修要求的一个因素,这是因为设计上的更改,不论是有意识的还是无意识的,都会改变机件的可靠性。可能会增加了或消除了隐蔽功能,增加了或消除了危险性故障类型,改变了支配性故障类型和(或)工龄-可靠性特性,并且还可能会改变视情工作的适用性。

每当机件进行了较大的改装时,必须重新审定其维修要求。也可能要复核机件的工龄探索过程,这既是为了要判明改装是否达到了预期的目的,也是为了要确定这些改装影响该机件的现行的维修要求的情况。最后,大多数装备在其寿命期间,会增加一些全新的机件。对这些机件,每一种都要制定初始的要求,在逐渐取得使用数据时再做必要的修正。

5.现役装备以可靠性为中心的维修大纲

前述的决断方法是用新装备来阐述的。但是,这种方法也可以推广适用于制定已经在使用的、按其他方法制定的预定维修大纲所保障的装备的以可靠性为中心的维修大纲。在这种情况下,由于已经具有相当数量的使用资料,故暂定答案会少得多。例如,至少会有某些关于每个机件的总故障率、各种故障的实际的经济性后果、什么故障类型会导致功能的丧失、哪些会造成重大的二次损伤以及哪些是支配性的等方面的数据资料。许多隐蔽功能会已经鉴别出来了,而且还可能有许多机件的工龄-可靠性特性的数据资料。

以可靠性为中心的维修大纲的制定仍然要求重审装备的设计特性,以确定一整套重要功能与功能故障。通常的结果是:在新的大纲中,目前单个处理的机件可组合成一个系统而作为一个重要项目。要确定包括所有现行的能满足适用性准则的工作的一套维修工作;还可以增加有符合这些准则的工作。然后像对初始大纲一样地按故障的后果进行有效性的分析。

在制定新的以可靠性为中心的维修大纲时应当尽量不参考现用的大纲,而且在新大纲完成之前,不应当比较这两个大纲。这主要是避免过去偏见的影响,使能自由地运用决断逻辑。当最后做比较时,会发现新的以可靠性为中心的维修大纲一般会有以下特点:

1)许多系统和子系统被定为重要项目。

2)较少的装备机件要规定独特的预定维修工作。

3)大部分系统机件不再作定期拆修。

4)复杂项目只作几项具体的拆修工作或报废工作,而不做定期的彻底翻修。

5) 对动力装置的某些确定的零件做工龄探索抽样,这种探索要继续进行到零件达到很高的工龄为止。

6) 扩大应用视情工作。

7) 会因危险性故障类型、使用性后果或隐蔽功能增做一些新的工作。

8) 大大延长了较大的成套维修的间隔时间,而较小的成套维修(主要是保养工作和可以推迟的修复性工作)间隔时间,将大体上保持不变。

9) 整个的预定维修工作量将减少。

如果现用的大纲规定有大量机件要作定期拆修的,那么可能会有一些顾虑:取消这些工作会造成故障率大大升高。这个问题可以通过新大纲中的对这些机件的故障数据的统计分析来解决,用以证实维修方法的改变对其总的可靠性并没有不利的影响。如果这些分析表明对某些机件拆修工作还是既适用又有效的,那么还可以再加进去。

新的以可靠性为中心的维修大纲不会需要像它所取代的大纲那样多的工作内容,因而在调整维修机构中的编制要求时应加以考虑。也许有必要估计每一套维修中心所取消的工作内容,在新大纲开始执行时就进行人数的调整。否则预计能缩短的预定维修工时和时间往往不能实现。

7.2 预防性维修周期的确定

预防性维修中的一个关键的问题是如何确定零部件在未损坏前就提前将其更换的时机,更换太早,造成人力、物力的浪费;反之,更换不及时,会在使用过程中发生故障,影响任务的完成,甚至造成严重后果。所以,需要确定维修周期,以便定期对零部件进行更换。

7.2.1 两种更换方式

装备维修更换的方式分为全部更换和逐个更换两种。图 7-4 为零部件的两种更换方式。图 7-4(a)为全部更换的更换方式。每隔预定的更换周期 T,就将正在运转的零部件全部换成新品,即使有的零部件在周期途中因故障更换过,到时也一起更换。这种方式适合于价格比较低廉且使用数量又比较多的零部件。

7.2.2 两种预防维修

在进行定时维修之前,难免会有些零部件不到维修期就发生故障而需要修复维修。修复维修分为维修型和更新型两种。这两种修复维修都能恢复系统或零部件的功能,但是由于恢复的深度不同,更新型的工作时间从零算起,维修型的工作则不从零算起。所以进行预防维修时,也可分为维修型预防维修和更新型预防维修(见图 7-5)。

图 7-5 的预防性维修,既可看成是整个系统的预防维修,也可看成是某一单项功能的预防维修或系统中某一零部件的预防维修。所不同的只是,故障率、修复维修时间 T_c、预防维修时间 T_p 以及预防维修的内容和方式方法不一样。

图 7-5(a)为维修型修复维修的预防维修。当系统或零部件实际工作了时间 T 以后,就对系统进行预防维修。如未到时间 T,在时间 T_1($T_1<T$)出现了故障,则采用维修型修

复维修加以修复。由于修复以后,工作时间不是从零算起,所以系统或零部件继续运转到时间 $T_2=T-T_1$ 时,连故障前工作那一段时间 T_1 一起,实际工作时间已到了 T,这时就进行预防维修。这种预防维修类型和前面所介绍的定时全部更换类似。

图 7-5(b)为更新型修复维修的预防维修。如未发生故障,则在实际工作时间 T 以后就对系统或零部件进行预防维修。如未到时间 T,在时间 $T_1(T_1<T)$ 出现了故障,就采用更新型修复维修加以更新。由于这时系统或零部件已得到更新,工作时间从零算起,所以故障前一段时间 T_1 就不应计算在更新后的实际工作之内。这样,更新以后就应重新记录工作时间,到重新工作了时间 T 时,再进行预防维修。这种预防维修类型和前面所介绍的定时逐个更换类似。

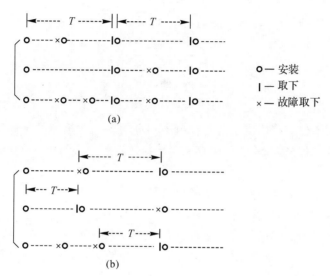

图 7-4 零部件两种更换方式

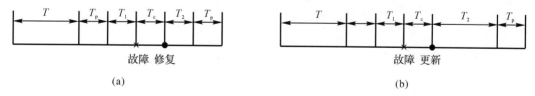

(a) 故障 修复 (b) 故障 更新

图 7-5 两种预防维修比较

注:T—预定维修周期($T=T_1+T_2$);T_p—预定维修时间;T_c—预定维修时间。

7.3 修理级别分析

以可靠性为中心的维修分析是关于预防性维修的决策分析。修理级别分析(Lever Of Repair Analysis,LORA)解决产品一旦出了故障是否进行修理?如何修?在哪里修?同可靠性为中心的分析一样,它也是维修工程分析的一项重要内容,是装备维修规划的重要分析工具之一。

7.3.1 修理级别分析的目的、作用及准则

修理级别分析是针对故障的项目,按照一定的准则为其确定经济、合理的维修级别以及在该级别的修理方法的过程。

1. 修理级别分析目的和作用

在装备全寿命周期中,首先是在研制过程中进行修理级别分析,即当装备的初始设计一经确定就要提出新装备的修理级别建议,在装备整个寿命周期中应根据需要对修理级别建议进行合理的调整。因此,修理级别分析是一个反复进行的过程。

(1) 目的

确定产品是否修理,以及在哪一级维修机构执行最适宜或最经济,并影响装备设计,即在装备设计时,回答两个基本问题:

1) 应将组成装备的设备、组件、部件设计成可修理的还是不修理的(故障后报废)?

2) 如将其设计成可修理的,应在哪一级别上进行修理?

(2) 作用

修理级别分析不仅直接确定了装备各组成部分的修理或报废的维修级别,而且还为确认装备维修所需要的保障设备、备件贮存和各维修级别的人员与技术水平、训练要求等提供信息。

修理级别分析不仅直接确定了装备各组成部分的修理或报废的维修级别,而且还为确认装备维修所需要的保障设备、备件贮存和各维修的人员与技术水平、训练要求等提供信息。修理级别分析是所建立的维修方案的细化。在装备研制阶段,修理级别分析主要用于制定各种有效的、最经济的备选维修方案;在装备使用阶段,修理级别分析主要用于完善和修正现有的维修保障制度,提出改进建议,以降低装备的使用保障费用。

2. 修理级别分析的准则

修理级别分析的准则可分为非经济性分析和经济性分析两类准则。

(1) 非经济性分析

非经济性分析是在限定的约束条件下,是对影响修理决策主要的非经济性因素优先进行评估的方法。

非经济性因素包括那些无法用经济指标定量化或超出经济因素的约束因素,主要考虑安全性、可行性、任务成功性、保密要求及其他战术因素等。

(2) 经济性分析

经济性分析是一种收集、计算、选择与维修有关的费用,对不同修理决策的费用进行比较,以总费用最低作为决策依据的方法。

进行修理级别分析时,经济性因素和非经济性因素一般都要考虑,无论是否进行非经济性分析,都应进行以总费用最低为目标的经济性分析。

7.3.2 维修级别

所谓维修级别是指按装备维修时所处场所而划分的等级,通常是进行维修工作的各级

组织机构。各军兵种按其部署装备的数量和特性要求,在不同的维修机构配置不同的人力、物力,从而形成了维修能力的梯次结构。

1. 基层级维修(Organization Maintenance)

基层级维修记为"O"级,分队级维修,一般由装备使用分队在使用现场或装备所在的维修单位实施维修。由于受维修资源及时间的限制,基层级维修通常只限于装备的定期保养(清洗、擦拭、通风、添加油液和润滑剂、检测、测试等)、判断并确定故障及部位、拆卸更换零部件等。在作战装备现场由操作员利用随带设备和备件进行,以便更换模块、插件、组合方式维修。

2. 中继级维修(Intermediate Maintenance)

中继级维修记为"I"级,一般指基层级的上级维修单位及其派出的维修分队,具有较高的维修能力。中继级维修一般由军、旅的维修机构以及战区修理机构等实施,主要负责装备中修或规定的维修项目,同时负责对基层级维修的支援。相对于基层级维修场所、工具、设备、人员技术水平应该更高。中继级维修可以由机动的、半机动的和固定的、专业化的维修机构和设施实施。中继级维修其任务是支援基层级维修,对基层级中不能覆盖的部分进行维修;对基层级更换下来的部件、组合或接插件进行检查和修复。

3. 基地级维修(Depot Maintenance)

基地级维修记为"D"级,一般由导弹总装厂或导弹制造厂完成。它们拥有最强的维修能力,能够执行修理故障所必要的任何工作,包括复杂的改进性维修。基地级维修的内容通常有装备大修、翻修或改装以及中继级不能完成的项目。

7.3.3 修理策略

修理策略是指装备(产品)故障或损坏后如何修理。它规定了某种装备预定完成修理的深度和方法,不仅影响装备的设计,而且也影响维修保障系统的规划和建立。在确定装备维修级别和制定维修保障方案时,必须确定装备的修理策略。

修理策略的实现要落实到具体产品上,要求按修理策略将装备(产品)设计成为不修复(损伤后即更换)、局部可修复和全部可修复的装备(产品)。

(1) 不修复产品

不修复产品是指不通过维修恢复其规定功能或不值得修复的产品,即故障后即予以报废的产品,其结构一般是模块化的,且更换费用较低。图7-6给出了某导弹装备的修理策略。若是在设计上选定单元 A、B、C 在基层级故障后即报废,则应建立有关机内自检的系统设计准则,以确保在使用中能够故障隔离到单元。

(2) 局部可修复单元

产品发生故障后,其中某些单元的故障可在某维修级别予以修复,而另外一些单元故障后则不修复需予以更换。单元中的混频器、驱动器部件在中继级时可修的,而电路板则在故障后是不修复的(见图7-6)。

(3) 全部可修复的产品

对于基层级而言,单元 A、B 内的各个电路板都是可修复的。在这种情况下,设计准则必须包括电路板直至其内部的零(元)件层次。就检测与保障设备、备件、人员与训练、技术资料以及各种设施来说，这种策略需要大量的维修保障资源。

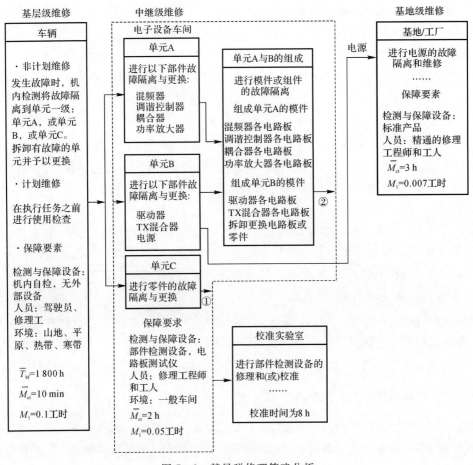

图 7-6 某导弹修理策略分析

注：①弃件式零件；②电路板要设计成弃件式的。

7.3.4 修理级别分析的步骤与方法

实施修理级别分析的分析流程图见图 7-7。

1. 修理级别分析的步骤

1) 划分产品层次并确定待分析产品。一般可将装备(飞机、导弹等)划分为 3 个约定层次：装备、设备、零部件和元器件。

2) 收集资料确定有关参数。按照所选分析模型所需的数据元清单收集数据，如进行经济性分析常用参数有费用现值系数、年故障产品数、修复率等。

3) 进行非经济性分析。对每一待分析产品首先应进行非经济性分析，确定合理的维修级别(基层级、中继级和基地级)；如不能确定，则需进行经济性分析，选择合理、可行的维修级别或报废。

4)进行经济性分析。利用经济性分析模型和收集的资料,定量计算产品在所有可行的维修级别上的维修有关费用,以便选择确定最佳的维修级别。

5)确定可行的维修级别方案,根据分析结果,对所分析产品确定出可行的维修级别方案编码。

6)确定最优的维修级别方案。根据上述确定出的各可行方案,通过权衡比较,选择满足要求的最佳方案。

2.修理级别分析的常用方法

(1)非经济性分析方法

进行修理级别分析首先应进行非经济性分析,以确定合理的维修级别。通过对影响或限制装备修理的非经济性因素进行分析,可直接确定待分析产品在哪级维修或报废。

非经济性分析常采用问答形式对每一个分析的产品提出问题。需要回答的非经济性因素包括安全性、保密、现行的维修方案、任务成功性、装卸、运输和运输性、保障设备、人力与人员、设施、包装和贮存等方面。例如,装卸、运输和运输性将采用提问为:将装备从用户送往维修机构进行修理时存在任何可能有影响的装卸与运输因素(如重量、体积、特殊装卸要求、易损性)吗?另外,故障件或同一件上某些故障部件做出修理或报废决策时,不能仅凭非经济性分析为根据,还需分析评价其报废或修理的费用,以便使决策更为合理。

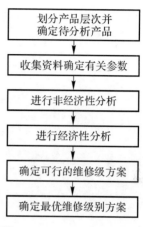

图7-7 LORA分析流程图

(2)经济性分析方法

进行经济性分析时要考虑在装备使用期内与维修级别决策有关的费用。一般应考虑如下费用:

1)备件费用,指对待分析产品进行修理时所需的初始备件费用、备件周转费用和备件管理费用之和。

2)维修人力费用,包括与维修活动有关人员的人力费用。

3)材料费用,通常用材料费用占待分析产品的采购费用的百分比来计算。

4)保障设备费用,保障设备费用包括通用和专用保障设备的采购费用和保障设备本身的保障费用两部分。

5)运输与包装费用,指待分析产品在不同修理场所和供应场所之间进行包装与运送等所需的费用。

6)训练费用,指训练修理人员所消耗的费用。

7)设施费用,指对产品维修时所用设施的有关费用,通常用设施占用率来计算。

8)资料费用,指对产品修理时所需文件的费用。

修理级别分析需要大量的数据资料,如每一规定的维修工作类型所需的人力和器材量、待分析产品的故障数据寿命期望值、装备上同类产品的数目、预计的修理费用、新产品价格、运输和贮存费用、修理所需日历时间等。因此,从装备论证阶段和方案阶段初期开始就应注意收集有关数据资料。

7.3.5 修理级别分析模型

修理级别分析模型与装备的复杂程度、装备的类型、费用要素的划分、分析的时机等多种因素有关。

1. 修理级别分析决策树

对于待分析产品,可采用修理级别分析决策树(见图7-8)。初步确定待分析产品的维修级别。

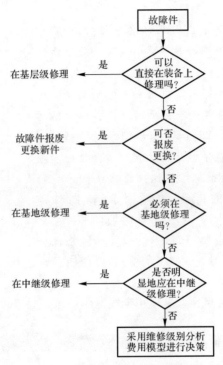

图7-8 修理级别分析决策树

分析决策树有4个决策点,首先从基层级分析开始:

1)在装备上进行修理不需将故障件从装备上拆卸下来,是指一些简单的维修工作,利用随机工具由使用人员执行。

2)报废更换是指在故障发生地点将故障件报废并更换新件。它取决于报废更新与修理费用权衡,一般情况下在基层级进行,但要考虑基层级备件工作和费用负担。

3)必须在基地级修理是指故障件复杂程度较高,或需要较高的修理技术水平并需要较复杂的机具设备。

4)如果故障件修理所需人员的技术水平要求和保障设备都是通用的,或即使是专用的但不十分复杂,那么该件的维修工作应设在中继级进行。

若某待分析产品在中继级或基地级修理很难辨识出何者优先时,则可采用经济性分析模型做出决策。

2. 报废与修理的对比模型

当一个产品发生故障时,将其报废可能比修复更经济,这种决策要根据修理一个产品的费用与购置一件新产品所需的相关费用的比较结果做出。这种决策的基本原理为

$$(T_{bf2}/T_{bf1})N < (L+M)/P \tag{7-1}$$

式中:T_{bf1}—— 新件的平均故障间隔时间;

T_{bf2}—— 修复件的平均故障间隔时间;

L—— 修复件修理所需的人力费用;

M—— 修复件材料费用;

P—— 新件单价;

N—— 预先确定的可接受因子。

若此式成立,则采用报废决策。

这里 N 是一个百分数(通常 50%～80%),它说明了产品的修复费用占新件费用的百分比临界值,超过这一比值则决定对其进行报废处理。

3. 经济性分析模型

若完成某项维修任务,对维修级别没有任何需要优先考虑的因素时,则修理的经济性就是主要的决策因素,这时要分析各种与修理有关的费用,建立各级修理费用分解结构,并制定评价准则。式(7-2)和式(7-3)分别给出了中继级和基地级费用模型:

$$C_I = C_{se} + C_{sem} + C_{td} + C_{tng} + C_s + C_l \tag{7-2}$$

$$C_D = C_{se} + C_{sem} + C_{td} + C_{tng} + C_{ss} + C_{ps} + C_{rp} + C_l \tag{7-3}$$

式中:C_I—— 中继级费用;

C_D—— 基地级费用;

C_{se}—— 保障设备费用;

C_{sem}—— 保障设备维修费用;

C_{td}—— 资料费用;

C_{tng}—— 训练费用;

C_{ss}—— 库存费用;

C_{ps}—— 故障件的包装、装卸、贮存和运输费用;

C_s—— 备件的发运和贮存费用;

C_{rp}—— 修理件供应费用;

C_l—— 修理故障件的人力费用。

当确定对某产品进行修理时,首先选用修理级别分析决策树,考虑非经济性因素,进行维修级别决策,然后进行经济性分析。

7.4 维修工作分析

在确定要实施的预防性维修工作类型和产品故障后是否修、由谁修之后,还必须确定为完成这些维修工作所需具体作业及维修资源和要求。

7.4.1 维修工作分析的目的

维修工作分析(Maintenance Task Analysis,MTA)是将装备的维修工作分解为作业步骤进行详细分析,用以确定各项维修保障资源要求的过程。由于要对每项工作任务进行分析,制定相当数量的文件,协调多方面工作,所以该项工作是十分烦琐和复杂的。

维修工作分析的主要目的是:

1)为每项维修任务确定保障资源及其储备与运输要求,其中包括确定新的或关键的维修保障资源要求。

2)为评价被选维修保障方案提供依据。

3)为备选设计方案提供维修保障方面的资料,为确定维修保障方案和维修性预计提供依据。

4)为制定各种保障文件(如技术手册、操作规程等)提供原始资料。

5)为其他有关分析提供输入信息。

7.4.2 维修工作分析的所需信息

维修工作分析中,由于要对每项工作进行分析,确定所需的各种保障资源,因此,需要收集各种信息,以便得出准确结果。分析时所需的主要信息如下:

1)装备功能要求和备选维修保障方案中提出的维修要求信息,如使用前后的准备与保养、测试与维修的主要部位与要求等。

2)已有装备类似的维修现场数据和资料,如维修时所用的工具和保障设备、确定维修工时和备件供应以及所需技术资料等。

3)修理级别分析所拟定的各维修级别的维修工作内容,如在装备或分系统中所需要更换的部件或零件和要求以及拆卸分解的范围等。

4)各种维修保障资源费用资料。

5)当前维修保障资源方面的新技术,如新型通用测试设备和工具及先进的工艺方法等。

6)有关运输方面的信息,如运送待修件的距离、部队现有运输工具等。

从上述这些信息来看,做好维修工作分析,首先要做好数据和资料输入的接口工作,否则可能导致工作重复和高的费用。

7.4.3 维修工作分析的分析过程

维修工作分析过程流程图见图7-9。

7.4.4 维修工作分析的工作内容

维修工作分析与确定的流程图见图7-10。

维修工作可被划分为一系列维修作业,维修作业又可进一步划分为维修工序(基本维修作业)。为确定实施维修工作所需的维修资源,应将维修工作加以细化并确定。

第 7 章 维修工程分析及方法

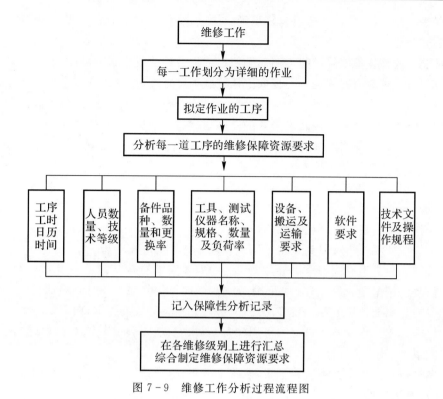

图 7-9 维修工作分析过程流程图

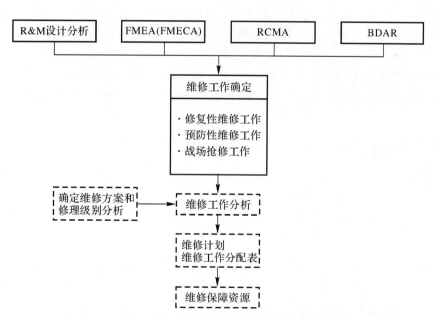

图 7-10 维修工作分析与确定流程图

最一般的维修工作包括以下方面：
1) 接近。为接近下一层次的部件或者为了接近所分析的部件而必需实施的工作。

2)调整。在规定限度内,通过恢复正确或恰当位置,或对规定的参数设置特征值,进行维修或校准。

3)对准。调整装备中规定的可调元件使之产生最优的或要求的性能。

4)校准。通过专门的测定或与标准值比较来确定精度、偏差或变化量。

5)分解(装配)。拆卸到下一个更小的单元级或一直到全部可拆卸零件(装配则反之)。

6)故障隔离。研究和探测装备失效的原因,在装备中隔离故障的动作。

7)检查。通过验证将产品物理的、机械的和(或)电子特性与已建立的标准相比较以确定适用性或探查初期失效。

8)安装。执行必要的操作,正确地将备件或配件装在更高层次的装配件上。

9)润滑。利用一种物质(如机油、润滑脂等),以减小摩擦。

10)操作。控制装备以完成规定的目的。

11)翻修。恢复一个项目到完全可用或可操作状态的维修措施。

12)拆卸。从更高层次中取出故障件(配件)需要实施的操作。

13)修复。用来使成品装备或零部件恢复到随时可用状态的一种维修活动或工作任务。

14)更换。用能使用的部件替换有功能故障的、损坏的或磨损的部件。

15)保养。使装备保持在良好的可用状态,要求定期进行的操作,如清洗、换油、补充燃料、更换润滑油、液体和气体。

16)测试。通过测量某项装备的机械、气动液力或电特性并将这些特性与规定的标准值比较来验证其适用性。

7.5 维修资源的确定与优化

维修资源是装备维修所需的人力、物资、经费、技术、信息和时间的统称。维修工程的一个最终目的就是提供装备所需的维修保障资源并建立与装备相匹配的经济、有效的维修保障系统。

7.5.1 维修资源的确定与优化的原则、层次和范围

维修资源是实施装备维修的物质基础和重要保证,无论是平时训练还是战时抢修,维修资源保障都占据着十分重要的地位,不仅直接影响着装备的全生命周期费用效果,还直接影响着装备的战备完好性以及部队战斗力的生成。其把握的一般原则有以下几点。

1. 一般原则

1)适时靠前修理和损件修复的原则;预见性(探索其规律性),在时间允许的条件下尽量修复。

2)自行保障,合理运用现有保障资源。

3)维修资源的费用和采办过程适时进行优化。

4)尽量选用标准化(系列化、通用化、组合化)的设备器材。达到易于维修,节约费用的目的。

5)采用市场易采购的产品,达到质量第一的原则。

同时,在维修资源确定过程中,应把握维修工作"三匹配"原则:
1)人员技术能力与承担相应工作相匹配。
2)备件供需量与故障损坏报废件相匹配。
3)维修工具、设备与该级别规定的维修内容相匹配。

2. 层次和范围

维修资源的确定与优化是个决策问题,因此决策的层次性和装备系统本身的层次性决定了维修资源确定与优化具有不同的层次和范围。权衡所针对的层次由低到高,主要是:

1)针对单台(件)装备。研究确定其携行的维修资源,如工具、备件、检测设备或仪器、使用维护手册等,以完成规定的由操作手(含部分基层维修人员的帮助)能够承担的日常使用维护工作。

2)针对某个型号装备群体。研究某个维修级别(首先应考虑基层级)应配置的维修资源,包括一些较大的备件、专用工具、设备以及修理技术规程和维修人力要求等。

3)针对武器系统。如地空导弹武器系统包括预警跟踪、指挥控制、发射以及保障等不同类型装备的组合。应尽可能采用通用的维修资源,如工具、设备和备件等。

4)针对部队保障系统。例如旅(团)、军乃至更高层次部队维修保障系统,它的保障对象是多种类型装备或武器系统,例如空军部队包含飞机、地空导弹、通信、电子等各种装备,应着眼整个部队保障系统的优化,考虑各种维修保障资源配置。

5)针对军兵种及全军维修保障系统。其保障对象包括军、兵种或全军的各种类型装备或武器系统,而保障级别不仅包括部队的基层级和中继级,而且包括基地级,要综合权衡,统筹规划。

7.5.2 维修人员的确定

维修人员是使用和维修装备的主体。在新装备研制与使用过程中,必须考虑维修人员数量、专业技能水平的要求和训练保障。

1. 维修人员确定的一般步骤

1)确定专业类型及技术等级要求。根据使用与维修工作分析对所得的不同性质的专业工作加以归类,并参考类似装备服役人员的专业人工,确定维修人员的专业及其对应的技能水平。如机械修理工、车工、电工等。

2)确定维修人员的数量。维修人员的确定比较复杂,因为通常情况下维修人员并没有与特定装备存在一一对应的关系。因此,在确定保障某种装备所需的维修人员数量时,就需要做必要的分析、预计工作。通常可利用有关分析结果和模型予以确定。

2. 主要方法

根据装备的特点和维修工作不同,各维修机构(级别)维修人员的数量要求直接与该维修机构的维修工作有关,可以通过各项维修工作所需的工时数直接推算出。例如:

$$M = \frac{(\sum_{j=1}^{r} \sum_{i=1}^{k_j} n_j f_{ji} H_{ji}) \eta}{H_0} \tag{7-4}$$

式中：M —— 某维修机构（级别）所需维修人员数；

r —— 某维修机构（级别）负责维修的装备型号数；

k_j —— j 型号装备维修工作项目数；

n_j —— 负责维修 j 型号装备数量；

f_{ji} —— j 型号装备完成第 i 项维修工作的年均频数；

H_{ji} —— j 型号装备完成第 i 项维修工作所需工时数；

H_0 —— 维修人员每人每年规定完成的维修工时数；

η —— 维修工作量修正系数（如考虑战损增加的工作量或考虑休、病假、其他非维修工作等占用的时间，$\eta > 1$）。

另外，也可由使用和维修工作分析汇总表，计算各不同专业总的维修工作量，并粗略估算各专业人员数量：

$$M_i = \frac{T_i N}{H_d D_y y_i} \qquad (7-5)$$

式中：M_i —— 第 i 类专业人数；

T_i —— 维修单台装备第 i 类专业工作量；

N —— 年度需维修装备总数；

H_d —— 每人每天工作时间；

D_y —— 年有效工作日；

y_i —— 出勤率。

预测出所需装备维修人员数之后，还应将分析结果与相似装备的部队编制人员专业进行对比，做相应调整，初步确定出各专业人员数量，并通过装备的使用试验与部署加以修正。确定装备维修人员的分析流程图见图 7-11。

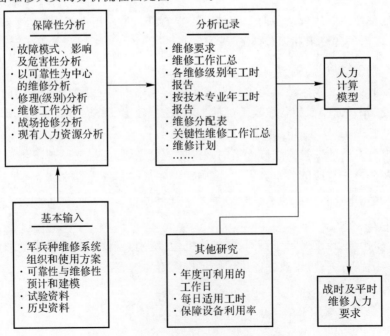

图 7-11 确定装备维修人员分析流程图

需指出,在确定维修人员与技术等级要求时,要控制对维修人员数量和技能的过高要求。当人员数量和技术等级要求与实际可提供的人员有较大差距时,应通过改进装备设计、提高装备的可靠性与维修性水平、研制使用简便的保障设备和改进训练手段,从提高训练效果等方面对装备设计和相关保障问题施加影响,使装备便于操作和维修,进而减少维修工作量和降低对维修人员的数量和技术等级要求。

7.5.3 备件及供需量

导弹维修备件的筹措与供应是维修管理的重要业务之一。备件的经费支出在整个寿命周期费用中占了相当大的份额。备件筹措与供应是否得当:一方面直接影响到装备效能的正常发挥,影响装备利用效能的提高;另一方面如果备件的品种、数量过多势必造成积压浪费。所以搞好备件管理具有重大的现实意义。

1. 备件的形式

(1) 标准式备件

这类备件有:

1) 各种类型的紧固件,主要有螺钉、螺栓、螺母、铆钉、卡锁、扣锁、支持器等。

2) 各种类型的轴承。

3) 各种防松件,主要有弹簧垫圈、各种形式和用途的挡圈、圆螺母用止动垫圈、内齿弹性垫圈、外齿弹性垫圈、单耳及双耳垫圈等。

4) 销连接件,各种圆锥、圆柱销,销轴和开口销等。

5) 各种润滑器件,如各类油嘴、油环、油标和油塞。

6) 各种密封件,主要有各种毡封、皮封、纸封油圈、各种形状橡胶油封等。

7) 各种标准电器元件。

(2) 模件式备件

模件是指装备中具有一定功能的组合构件。某个装备可由若干模件组成,它是现代设计思想的产物,其最大特点是非常便于拆卸和安装,有很大的独立性,为方便、迅速地检查判断故障原因和修理创造了极为有利的条件。维修时更换下来的模件,可以是"弃件式"的,也可以是能够修复的,这由设计时根据费用的综合权衡来定。

(3) 半成品备件

这类备件是一种使用前需根据与其配合零件的形状和尺寸要求进行补充加工的零件。常见的有加大了外径的轴类零件,孔径留有加工余量的各种轴套等。使用这类备件虽然能使零件得到充分利用,但使维修设备和维修时间增加;维修技术等级的要求提高,而且还使装备原有的互换性遭到破坏,给以后的维修带来困难。

(4) 组合式备件

这类备件由两个以上的零件组成。常见的有蜗杆涡轮副、齿轮副、螺旋传动副、连杆副等。其特点是修理时一般要求成组地更换,否则容易导致效能下降,甚至使维修频数增加,这类备件成本高,零件利用不充分,但更换迅速,适合战时快速修理。

2. 备件选择的一般原则

1) 应实行备件标准化、通用化备件标准化与通用化是为实现备件最佳互换性,从而节约管理与采购费用的一项有效措施。当最大限度地实现标准化和通用化时,除能显著地节约经费外,还能有效地提高装备的可靠性和维修性。

2) 逐步增加模件化备件 由于模件化具有一系列的优点,所以被认为是一种发展方向。由于信息化战争对维修的靠前性、及时性和快速性要求,采用模件化备件就更为必要。

3) 尽量不用半成品备件 首先,由于采用半成品备件,相应地要采用铰孔换轴和清轴配套的修理方法,这不仅对维修技能和维修设备的要求高,而且破坏了装备原有的互换性。由于修理难度大,技术要求高,有些离开专用设备就无法修理,其结果是部队难以承担。另外,由于互换性的破坏,战时拆配修理将十分困难甚至成为不可能。

4) 综合权衡做出备件决策 对于装备寿命周期保障费用影响最大的三个因素是人员、保障设备与备件。根据装备种类的不同,备件费用的多少有时仅次于人员的费用,有时则列于保障设备费用之后。不论是哪一种情况,备件费用总是很高的。这些备件费用包括初始储备费用、补给管理费用与备件补充费用。前者是一次性的,而后者则是每年要支付的。

3. 备件确定与优化

备件的确定与优化是一项较复杂的工作,需要可靠性、维修性、保障性分析等多方面的信息数据,并与维修保障诸要素权衡后才能合理地确定。就维修器材的备件确定而言,一般应包括以下几个步骤:

1) 进行装备使用、故障与维修保障分析,确定可更换单元。

2) 进行逻辑决断分析,筛选出备选单元。逻辑决断分析包括两个问题的决断:一是分析可更换单元在寿命过程中更换的可能性;二是判断是否是标准件,如是则可按需求采购。

3) 运用备件品种确定模型,确定备件品种。进一步对备选单元进行分析,以确定备件的品种。一般应考虑影响备件的主要因素,如备件耗损性、关键性和经济性等。

4) 运用 FMEA 及故障与修理统计数据,确定备件的需要量。

5) 运用备件数量确定模型进行计算与优化。

6) 调整、完善及应用。备件确定流程图见图 7-12。

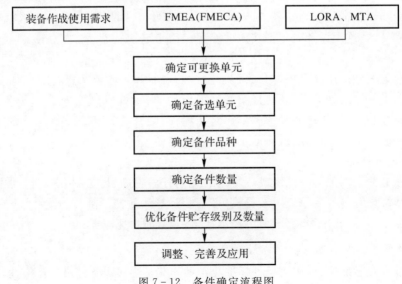

图 7-12 备件确定流程图

4.备件数量计算模型

(1)备件数量依据

1)该备件的可靠性(故障率)。

2)装备上使用该备件的数量(基数)。

3)备件的可用概率。

4)该备件对任务成败的关键性。

5)该备件的费用(成本)。

上述5个方面在实际备件(贮存)数量时,工程技术人员应综合权衡,统筹安排。

(2)备件数量计算模型

$$P = \frac{(K\lambda t)^n e^{-K\lambda t}}{n!} \tag{7-6}$$

式中:P——备件的可用概率;

K——系统中使用相同工作单元数量(单机基数);

n——系统非工作储备单元数;

λ——每个单元的故障(失效)率。

例 7-1 某导弹上某部件的平均寿命为 100 h,计划有 100 枚这样的导弹要执行一项 15 h 的任务,试确定在执行任务期间有三个备件。试求备件的可用概率是多少?

解:根据题意 $n = 0 \sim 2$;$\lambda = 1/\theta = 1/100$;$K\lambda t = 10 \times 1/100 \times 15 = 1.5$。代入式(7-6)得

$$P = \frac{(K\lambda t)^n e^{-K\lambda t}}{n!} = 0.223 + 0.335 + 0.251 = 0.809$$

答:有 2 个备件的满足率为 0.809,只有 1 个备件的满足率只有 0.558。

7.5.4 获取维修设备

维修设备是指装备维修所需的各种机械、电子电器、仪器等的统称。一般包括装拆卸和维修工具、测试仪器、诊断设备、切削加工和焊接设备、修理工艺装置以及软件保障所需的特殊设备等。维修设备获取过程流程图见图 7-13。在装备使用阶段,要在维修实践中检验维修设备的性能(可靠性)和完备性,并根据需要改进和补充。

7.5.5 撰写维修资料

维修资料是从事导弹维修的指导文件,又是检验维修质量的技术标准包括基地修理厂的修理技术规程,部队修理所及分队技师、技工用的修理技术规程或修理手册,分队指战员用的勤务教程及其他修理资料。维修资料是各级维修人员在技术上的依据,它能有力地促进维修质量的提高。

1.要求

维修资料应符合以下要求:

1)完整性。维修资料中应包含每个维修级别中所必需的全部技术数据、图纸、修理工艺和技术检查、验收的方法,以及有关的参考资料。其他技术资料则不要编入,以免增加维修资料的容量。

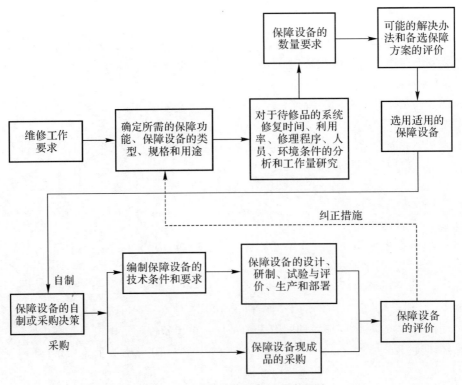

图 7-13 获取维修设备过程流程图

2）准确性。维修资料中的数据（尺寸公差、技术要求等）和图纸必须准确无误，维修工艺程序，检查验收方法必须是经实践证明确实有效的。当装备有改进时，必须根据改进情况，及时修改补充。

3）通俗性。维修资料要求文字通俗、简明易懂，语言表达要准确，不能模棱两可。要用标准的术语和代号，避免用维修人员不熟悉的术语代号或编者自己创造的术语代号。设计人员和维修工程师之间要紧密联系，以便对有关技术问题取得共同的一致的理解，避免由于理解上不同造成维修工作的混乱。在内容编排上要多用图表图例，做到直观易懂，提高阅读效率。

4）先进性。维修资料中介绍的管理方法、加工工艺、测试、检查和验收方法应是先进的，可行的，以求得高效率、低成本和高质量。

2. 种类

1）装备技术资料、技术说明书。
2）使用操作资料、操作说明书。
3）维修操作资料、维护规程。
4）装备及零部件的目录和清单。
5）包装、装卸、贮存和运输资料。

3. 资料编写

维修资料编写的一般方法如下:

1) 导弹设计的初期,就应开始考虑使用和维修手册的编写工作,并由熟悉该导弹的设计人员和维修工程师来编辑和审查。这些人员应熟悉部队维修人员的水平。

2) 在制定具体说明时,对于维修的各类问题最好能分组分工进行,以便使问题考虑得细致全面。每一个问题的说明,应当包含该问题所需的有关资料。

3) 维修资料中有关任务说明所用的标志符号要与装备保持一致。

4) 导弹上所有的测试点、检查点、注油嘴等最好用图解、附表和照片并加上清楚的注解说明。说明中应包含允许输出的数据和技术要求等。

5) 备件的数量应列入备件表中,并附上备件形状图,以便更换时能迅速找到。

6) 维修资料中所用的各种表格,应具体规定什么时候和怎样使用。表格中的所有资料应便于维修人员直接使用,进行数据变换。需要变换的数据,应在资料上核算好,使维修人员能直接查到。否则会增加弄错的机会或降低维修效率。

7) 维修资料中,还应包含一些简明的检查表格,供有经验的维修人员使用。

导弹列装部署使用后,随着使用、维修实践经验的积累以及装备、零部件及其软件的修改和升级,对维修资料要及时修改补充。通过不断应用,不断检查和修订,最终得到高质量的技术资料。技术资料的编写过程流程图见图 7-14。

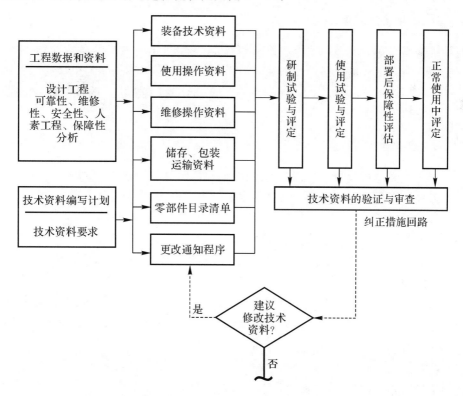

图 7-14 技术资料的编写过程流程图

第8章 战场抢修与抢修性

装备战场抢修是战时技术保障工作中十分重要的内容。为适应信息化战争需求,各国十分重视装备战场抢修理论及实际应用与演练。我军在长期的战争实践中,积累了丰富的装备战场抢修方面的经验,但运用系统、科学的理论与方法进行研究和探索,还需要做很多工作。本章紧贴武器装备作战训练要求,主要介绍战场抢修、制定战场抢修方案、战场损伤分析及战场损伤与修复分析方面内容。

8.1 战场抢修

8.1.1 战场抢修的定义

战场抢修是指在战场上运用应急诊断和修复等技术,迅速恢复装备战斗能力的一系列活动。它包含对装备战场损伤的评估和对损伤的修复。外军将其称为"战场损伤评估与修复"(Battlefield damage Assessment and Repair,BDAR)。其根本目的是使部队能在战场上持续战斗并争取胜利。

8.1.2 战场抢修的特点

平时维修主要包括预防性维修和修复性维修两类,主要是预防性维修。平时维修与战场抢修的目的和工作重点不相同。两者的主要区别在以下方面。

(1)目标不同

平时维修的目标是使装备保持和恢复到规定状态,以最低的费用满足战备完好性要求。战场抢修的目标是使战损装备恢复其基本功能,以最短时间满足当前作战基本要求。

(2)引起修理的原因不同

平时装备修理主要是由装备系统的自然故障或耗损而引起的,其故障的模式、原因、机理通常是可以预见的。战场抢修主要是由于战场上的战斗损伤(如射弹损伤、碎片穿透、能量冲击等)引起的。

(3)修理的标准和要求不同

平时维修是根据规程和修理手册,有规定的工程技术人员进行的一种标准修理。战场抢修则不同,要求尽可能短的时间内恢复一定程度的作战能力,为了不影响作战,甚至只要自救就可以了。

(4)维修条件不同

平时维修按规定的级别开展实施,通常有确定的设施和设备,有规定技能的维修人员以及器材等。战场抢修则是在战地或邻地实施,一般没有大型维修设备,战场环境复杂多样,可用器材和人员技术水平与平时有显著差别。

战场抢修具有以下主要特点。

(1)抢修时间的紧迫性

一般来说,损伤的装备如果不能在 24 h 内修复,就不能被投入本次战斗。美国陆军研究报告指出,允许的抢修时间为:连 2 h,营 6 h,旅团 24 h,军 48 h。

(2)损伤模式的随机性

特别是战场损伤在平时的训练与使用中出现很少,使得战场抢修的预计分析与处理、维修保障资源的需求量等较平时维修更加困难。在海湾战争中,据统计,由于美军作战不适应环境作战造成的非战斗损伤修复达到了 73%。

(3)修理方法的灵活性

战场抢修大多采用临时性应急处理方法。由于战场环境复杂多变,时间紧迫,许多抢修采用应急性临时措施。但时间允许情况下,应按照规定的技术标准实施。

(4)恢复状态的多样性

在紧急情况下,可能使损伤的装备恢复到下列状态之一:

1)能够担负全部作战任务,即达到或接近平时维修后的规定状态。

2)能进行战斗。虽然性能水平有所降低,但仍能满足大多数的任务要求。

3)能作战应急。能执行某一项当前急需的战斗任务。

4)能够自救。使装备能够恢复适当的机动性,以便能够撤离战场。

8.1.3 战场抢修的重要性

(1)现代战场抢修与传统战场抢修研究的不同

1)当今的战场损伤评估与修复是从武器系统的全系统考虑,强调统一规划,系统地研究和准备。

2)当今的战场抢修是从武器装备全寿命角度着眼,从装备研制、生产时就考虑未来的抢修,进行抢修性设计,准备抢修资源,而不全是等到装备使用后再从头研究和准备。

3)抢修对象的变化,由过去主要是甚至唯一是机械装备,改变为机械、电子、光学、控制等多种装备及其组合,各种金属、非金属、复合材料,包含电子线路的各种高新技术装备的抢修。

4)抢修技术的变化,由过去以各种机械或手工加工、换件等传统修理方法,发展到采用各种新技术、新工艺、新材料,以实现"三快",即快速检测、快速拆卸、快速修复。

5)研究与准备条件的变化,由过去以实战、实兵演练及其经验总结为主,发展到各种分析技术、模拟技术的大量使用,特别是对一些新武器,没有经验可以借鉴,进行试验又需要很大的投入。因此,分析、模拟技术显得更为重要。

(2)战场抢修在信息化战争中的地位和作用

在现代条件特别是高科技条件下的局部战争中,战场抢修是保持与恢复部队战斗力的重要因素。战场抢修对作战坦克可用度的影响图见图8-1,其结果与第四次中东战争以色列军队的战争实践非常吻合。在战争开始的头几个小时内作战坦克损伤严重,如果不进行战场抢修,在2天内部队就会失去战斗力。由于进行了战场抢修和部件替换,在战场上可以一直保持最初战斗力的70%以上。

装备战场抢修具有更加突出的地位和作用:

1)武器装备战损的比例趋于增大。信息化战争中,在精确制导武器打击下,武器装备损伤比例明显增大,抢修任务将更加繁重和严峻。

2)武器装备以质量优势代替数量优势,一旦战损,对战斗力影响巨大。信息化战争,通过战场快速抢修恢复战斗力不但必不可少,而且愈加重要。

3)在有限的战争空间和时间内对战损装备的抢修要求趋于增大。信息化战争中,武器装备战损趋于严重,抢修环境则更加恶劣,抢修时间更加紧迫,抢修难度趋于增大。能否对战损装备做出快速反应,通过战场抢修实现战斗力恢复尤为重要。

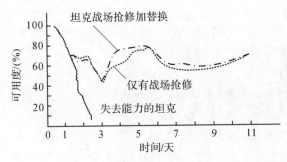

图8-1 战场抢修对作战坦克可用度的影响

(3)美军战场抢修发展

美军一直重视战场抢修工作,第二次世界大战期间就建立相关专门机构研究战场快速抢修与修复技术,并且走军民融合的发展道路。战场抢修在抗美援朝战争中得到了成功了应用。第二次战役我军三炸水门桥,美军三次快速修复就是典型的战例。水门桥是美军陆战1师撤退必经之地。志愿兵一小分队于1950年12月1日把水门桥炸了,按理说十天半个月是修不好的,但是美军很快用木桩把桥修好了。12月4日组织第二次炸桥,不仅仅炸了木桥,还把相关支撑材料也毁了。结果美军工兵营再一次利用一晚上修好了可以通行的钢制结构桥梁。12月6日晚,志愿兵第三次炸桥,数百战士身负炸药包,从水门桥多个方向发起进攻,最终整个大坝的基座都给炸毁了。此时就等大部队到来全歼美陆军1师,但美军通过8架C-119大型运输机,从日本运来空投8套M-2型钢梁(见图8-2)。在工兵营的修建下,重新修建好一座全钢结构能让重型机械通行的水门桥,志愿兵已没有能力在组织炸桥行动了,敌人溃败南逃。我们赢得了战争胜利,但美军战场快速修复技术的成功实践值得我们思考。

20世纪的第四次中东战争将成为美军在现代化战场抢修领域的一个重要转折点。这次战争中,以色列军队在开战仅仅20 h内就有约3/4的坦克损坏失去了战斗力,但是依靠于实施了大量有效的靠前修理(即维修装备和人员在战场实施就地抢修),出人意料地将损坏的坦克在不到一天内就恢复了4/5,随即修好的坦克便可以迅速投入到战斗中去,其中最令人难以想象的是有些坦克损坏修复次数达5次之多。而在这些修复的坦克之中甚至还包括阿拉伯军丢弃的坦克,使部队作战能力迅速恢复,最终赢得了战争胜利。以军出色的战场抢修使美军深受启发,并在此后投入大量的精力与物资,开始对战场抢修展开系统的研究。20世纪70年代后期,以美国为首先后开展了专门的战斗损伤修复研究,经验做法在各军兵种陆续展开实践。

图8-2 水门桥(a)和空投M-2型钢梁场景(b)

海湾战争爆发前,美军先后投入了数十亿美元在战场抢修领域研究中。1982年,美国国防部制定并颁布了《战场损伤评估与修复(BDAR)纲要》,用来统一领导各军兵种的战场抢修工作。同时也开展其他相关工作:

1) 确立完善的战场抢修理论体系。
2) 拟定、编撰各种战场抢修相关条令条例和手册书籍。
3) 研发战场抢修装备及工具箱。
4) 同时从制订战场抢修训练计划、调整建立编制体制着手,全方位提升战场抢修水平。

美军之所以拥有世界顶尖水平的战场抢修不仅是因为其较早开展的理论研究,还有美军拥有丰富的实战经验,比如伊拉克战争、海湾战争、阿富汗战争等。海湾战争中,美军紧急组装1 050套地面维修工具箱运往前线,成功地解决了武器装备修理不适应高温沙尘条件的问题。伊拉克战争中,战场抢修极大地保证了装备的完好性,其各型飞机战备完好率达到92%,舰船90%,陆军组建的"陆军保障大队"也在作战期间修理了3.4万件武器装备;海军在战场上抢修了损伤较为严重的"特里波利"和"普林斯顿"两艘军舰,并且都是在其遭到损伤2 h内迅速对其完成基本功能的一个修复,修复后的军舰还能担负部分作战任务,并且依靠着自身的动力返回前沿修理基地进行"大修";空军派4个维修分队对6个中队的144架A-10等各种型号的飞机进行维修保障,且随时对战损飞机进行抢修。其中还包括导弹、坦克、火炮等装备也对其进行了不同层级的战场抢修。

进入信息化时代以来,美军想方设法地来不断提升装备战场抢修能力,并且积极研发开展战场损伤评估与修复新技术,应用快速拆拼技术、新材料及新工艺等来提高装备战损修复能力。伊拉克战争中,美军使用了一种基于三维交互式战场损伤评估与修复训练系统,提高了复杂装备的抢修训练效率。当前,该系统已广泛使用于美军平时的抢修训练。与此同时,美军还开设多个有关机构和学校开展战场抢修相关方面的人才培养、训练以及科学研究。

8.2 制定战场抢修方案

8.2.1 组建战场抢修小组

古语"术业有专攻",打战也是这个道理。信息化战争表明,健全的编制体制是形成战斗力的重要因素,同时也是提高战场抢修能力的基础。因此只有通过建设成立一支专门的地导战时抢修力量,才能保证快速且高效地完成好战场抢修工作,进而形成强大的抢修保障能力。

以地空导弹兵部队为例,我们需要在地导部队建立一支力量充实,本领过硬,技术精湛,保障全局的战场抢修力量。根据抢修的不同规格和程度,可以构想在地导部队建立两级战场抢修体制,即基地级和基层级。在基地级设立地导装备战场抢修总部,可以编于维修保障总部,但是其重心任务为开展研究战场抢修方面相关工作。基地级的抢修总部负责地导装备的战场抢修全局工作,包括:从抢修力量组织架构的建立,具体抢修方案的制定,以及拟定基层抢修小组的训练大纲,还有战场抢修工具和装备的研究,等等。

在基层级设立战场抢修分队。在地空导弹兵部队中以营为单位,每一个地导营成立一个战场抢修班或者战场抢修小组,结合专业的不同、装备车辆数量的不同和装备技术含量复杂程度等多项综合因素考虑,从营内抽调人员来组成(或者由基地级的抢修总部选调人员或专业技师来组成)。例如,设想地空导弹战场抢修小组可以从测试专业、电源专业、雷达专业、其他专业分别抽调 4 名人员,发射专业抽调 4 名人员,来相应负责筒弹测试车、电源车、天线收发车和雷达车、发射车和筒弹运输车、装填车以及其他保障车辆,要求各专业人员必须熟练掌握其对应装备车辆的基本结构和原理,并且熟悉其相应车辆容易出现的故障及排除方法。总之,无论是什么型号的武器装备,对于抽调的抢修人员都应要求具有与相对扎实的专业技术,丰富的实践维修经验,并且还应组织专业性考核来选择确定人员。

基地级大单位还要注意与地方军工单位的合作与发展,利用好军地资源,共同来培育地导装备战场抢修保障人才。比如,地导部队可以与一些专业对口的科研院所组织共建共育人才交流学习,例如每年组织选派地导营抢修小组维修工程师安排去到科研院所或工厂去跟学跟训,交流经验,学习先进的装备修理技术,建立从装备研制阶段开始直到后续装备使用维修阶段的长期培训机制。通过军地双方统筹谋划战场抢修人才培养计划,充分利用好军地教育培训资源和科研、维修基地,开展有计划、多层次的培训,为地导战场抢修方面培养英才。同时基地总部也可以依托院校丰富的教育资源,与院校合作,充分发挥其在人才培养上的优势,结合部队培训需求,共同协议制定培训方案、编写培训教材,借助相关院校来开设有关战场抢修方面的课程来培养抢修保障人才。军地合作要确实立足于培养部队真正需要的高技术维修人才,培养一批精通专业战场抢修的人才骨干,以便日后健全完善抢修小组编制力量,从而提高装备的战场抢修能力。

8.2.2 制定战场抢修方案

1)建立和完善战场抢修方案。事先制定抢修方案对抢修部队的重要性不言而喻,因此基地战场抢修总部要根据基层抢修小组所担负的作战任务,建立一套完整的战场抢修方案,以便基层抢修小组能够在战时科学、快速且高效地展开与实施战场抢修工作。战场抢修方案的内容要包括抢修力量动员、抢修工作实施具体流程、明确抢修人员具体分工、抢修组织实施的指挥、抢修保障资源的准备与筹措等。在抢修方案中应明确实施装备的战场抢修时要坚持几个原则:先急后缓、先主后次、优先保障。而抢修方案的制定要紧贴日常训练实际,通过分析总结日常装备出现的故障情况、作战中可能会出现的装备损伤情况,然后将这些问题收集、整理、汇总,再建立装备损伤数据库,来系统研究装备的损伤规律,从而不断地完善战场抢修方案,以便基层抢修分队更好地开展战场抢修工作。

2)战场抢修组织与实施的基本任务包括战前装备战场抢修的准备工作、战时装备战场抢修的组织与实施、战后装备战场抢修的组织实施。下面就战场抢修活动实施的具体步骤展开叙述:

a.战前准备工作。战场抢修小组在作战前,应开展战前动员,明确抢修力量编组和任务分工,有计划、分步骤地开展各项准备工作。根据战场抢修任务量预估,开展抢修器材、设备工具、备件等抢修资源的装备。

b.评估受损装备、确定抢修方案。在接收到营里指挥所装备受损的通知后,应立即组织评估小组对受损装备部位做出评估。评估的小组一般由抢修小组组长、相应各专业修理工程师组成。评估的具体内容主要是判断受损部位、受损程度及对作战造成的影响及危害,提出修理方法和措施,估算确定抢修需要的人员、器材、时间等。在战场上,对于一些不会影响装备基本任务的损伤,只需要做一些必要的修理,随即让装备立刻投入战斗。

c.组织抢修力量、下达抢修任务。根据装备受损评估情况,抢修小组指挥员要明确组织抢修人员,传达修理任务,进行抢修分工,明确抢修要求及修理方法和规定完成时限。

d.运用多种手段、抢救损坏装备。抢修小组组长在划分完任务后,应当立即带领抢修人员进行抢修,在战场损伤装备抢修中,根据危害程度和战场环境,选择合适并且有效的方法,只修复严重影响装备发射或者发射精度的损伤故障,确保及时完成修理,在抢修中要灵活运用换件修理、拆拼修理、应急修理综合修理等各种方法手段,怎么快速怎么修、怎么有效怎么修等问题。

e.抢修完成后的测试、登记。在抢修完成后,抢修小组指挥员要组织对修复的装备进行测试,以确保其功能正常。同时要将修理情况进行认真登记,登记的主要内容有装备受损部位、车号、损伤种类、修理方法、修复时间等,对于应急修理的损伤装备在战后进行正规修理。

f.组织总结讲评。对此次抢修过程中出现的问题、做出的抢修决策、使用的抢修方法、抢修任务的完成情况等做出总结,积累经验,为下一步工作的更好开展打下基础。

3)制定配发便携式战场抢修手册。便携抢修手册主要是配发给基层抢修人员作为培训学习与抢修实施的依据,来指导其具体工作的开展。在制定过程中要切实贴近基层部队日常训练与工作实际,首先通过科学的损伤评估方法分析装备可能出现的故障和损伤模式,然后通过实践分析找出具体故障和损伤的原因,针对每个故障和损伤的原因,在大量调查和分析的基础上,结合我军丰富的战场实践经验,提出最符合实际的战场应急抢修的方法。该手册所列的方法都适用于战场条件下,也可以纳入院校和部队平时训练内容。

手册可以按人员类别分为三类:抢修小组指挥人员指挥决策手册、高级维修工程师评估分析手册、各专业抢修人员故障修复手册。其中指挥人员的指挥决策手册主要是方便指挥员统筹组织管理战场抢修工作,其内容包括:战场抢修的组织与实施,战场抢修资源的确定,包括战场抢修的基本原则和指导思想,战场抢修机构的设置,战场抢修力量的配置;高级工程师配备的评估分析手册主要是用于高级工程师来对损伤装备进行损伤检查、检测、定位和评定,并给出抢修措施和方案。快速、准确地损伤评估是成功实施战场损伤修复的前提与基础。因此该手册可以帮助维修高级工程师快速、准确地做出损伤评估,并给出有效的抢修方案,为成功实施战场抢修打下良好基础。该手册主要包括战场损伤评估与修复基本内容、战场损伤评估的基本程序、装备战场损伤分析与确定方法、装备应急修复评估与决策等;各专业抢修人员配备的故障修复手册主要是给予抢修人员具体实施方法的指导,能够规范平时的训练,使其变得合理化、正规化。其内容主要是针对各专业所负责的车辆装备常见、易发的故障及其修理方法,该方法可能是现有维修规程中规定的常规修理方法,也可能是一些简单的,临时的修复措施,方法的选择以满足作战要求所允许的时间为依据,选择的方法都经专业评审合格后才编入战场抢修手册。

8.2.3 组织学习训练

战斗力都是练出来的,要始终聚焦备战打仗,从实战需要出发,从难、从严训练,广泛开展轰轰烈烈的岗位练兵。同时还应做到严格按纲施训,从严治训,严格落实训练制度,周密制定战场抢修训练计划,并且要定期地严密组织训练考核评估。此外还可以充分借鉴中外联训、国际竞赛、国内比武先进训练理念和做法,也可以开展相关地导战场抢修训练大比武来促进训练。与此同时也应坚持科技兴训,积极创新训练方法手段,持续深化开展基地化、模拟化、网络化训练。

(1)理论学习

通过信息化网络、多媒体或者专家教员来给抢修小组开展理论授课,课程则分为战场抢修通用课程和专业课程。其中战场抢修通用课程则学习战场抢修的理论知识。如,战场抢修的概念、特点、系统化的程序,战场损伤评估方法、战损应急修复方法、抢修对策以及战场抢修的一般步骤与方法。专业课程则包括针对地导装备各个不同专业所涉及的装备(雷达车、发射车、指控车、电源车等)在战场上可能会出现的故障进行分析然后对相应的修复方法和应急修复技巧(包括学习一些高效的维修手段,各种现代技术的检测诊断手段,如机内检测、自动检测设备;先进的快速修复手段,如黏结、焊接、涂敷技术等)。通过扎实全面的理论基础来指导战场抢修的实践工作,从而能够使战场抢修小组更加有效、出色地保障好战场装备抢修工作,从而增强部队战斗力。

(2)专业实践训练

基层抢修分队日常实践操作训练应该严格按照训练大纲实行。首先按专业划分训练单兵科目,比如组织雷达、发射、电源等专业的抢修人员上车进行故障查明、分析、排除。其次按计划有序组织合同操作科目的训练,比如组织战场损伤修复训练,训练的抢修人员要按照训练大纲规定的方法利用好战场上可能得到的资源进行应急抢修,要充分发挥主观能动性,既要按照规定流程方法来进行,又要根据战场上复杂多变的情况做到随机应变,以达到良好的训练结果和训练目的。最后通过模拟设置装备损伤故障情况,开展组织应急抢修训练。

第 8 章　战场抢修与抢修性

无论是理论学习还是实操训练都应该制订详细、合理的训练计划,并严格按照训练计划来实施开展,并且组织一定的考核来检验训练的效果。通过制定训练大纲来规范抢修小组的日常训练,对其进行全面系统科学的训练,从而提高装备和人员战场抢修的能力、战斗力。地空导弹兵战场抢修训练计划的制定,应紧贴部队日常训练的实际情况,确保训练计划科学、高效的进行。

下面就以地空导弹抢修小组为例,来简要制定一份战场抢修小组周训练计划表(见表8-1)。

表 8-1　地空导弹兵部队战场抢修小组周训练计划表

日期	训练时间	训练课目		实施方法	组织者
星期一	8:30—11:00	理论授课	战场抢修基本工作类型	教室教学	组长
	3:00—5:00	单兵训练	各专业对应装备故障分析与排除	讲解示范、组织练习	专业骨干
星期二	8:30—11:00	理论授课	战场抢修典型损伤模式修复方法	教室教学	组长
	3:00—5:00	操作协同	模拟发射车损伤组织战场抢修	统一组织实施	专业骨干
星期三	9:00—11:00	操作协同	模拟雷达车损伤组织战场抢修	统一组织实施	专业骨干
	3:00—5:00	体能训练	3 km 及 30 m 折返跑	分组练习	专业骨干
星期四	9:00—11:30	单兵训练	维修设备操作与使用	讲解示范、分组练习	专业骨干
	3:00—5:00	操作协同	模拟电源车故障组织战场抢修	统一组织实施	专业骨干
星期五	8:30—11:00	单兵训练	各专业对应装备故障分析与排除	讲解示范、分组练习	专业骨干
	2:40—4:40	总结研讨	周工作总结和研讨交流	统一组织实施	营连主官

注:1)单兵训练的理论及通用知识以集中学习为主,专业技能主要以老带新和集中训练为主。
　　2)各专业学习训练内容如下:
　　雷达:天线收发车故障分析与排除;雷达车故障分析与排除。
　　发射:导弹发射车故障分析与排除,发射控制机柜故障分析与排除。
　　测试:筒弹测试车故障分析与排除,筒弹故障分析与处置。
　　电源:电源车故障分析与排除。
　　保障专业:快速更换和车辆快速排故。

旅团级可以定期组织举办战场抢修专题比武竞赛,聚集各个地导营的战场抢修小组参加,通过比武竞赛设置科目,设计逼真战场环境,模拟战时可能出现的一些突发情况导致装备故障及战损情况的发生,开展战场抢修训练来检验战场抢修小组的作战能力。也可以结合地导部队综合野营驻训任务,在实战背景下的一体化作战,在模拟战场环境中的开展武器装备战场抢修行动。以此来提高联合作战下与主战装备密切协同的战场抢修训练的实战性和有效性。随后在行动结束后,基地总部召开一个经验交流座谈会,各个抢修部队互相分享总结各自经验。

结合部队可能要担负的任务,通过模拟作战装备的战损情况,按照战场抢修方案规定的战场抢修程序、步骤和人员编配,有针对性的展开战场抢修训练,从而来提高战场抢修训练的针对性、时效性,有效提升部队战场抢修能力。而在训练过程中,要着重加强规范抢修人员对于装备损坏的抢修程序,对分析方法、修复方法等重要内容进行强化训练,还要注重培养训练分队人员的相互协同抢修能力,同时在训练过程中还要注重不仅要练技术,还要练组织、练作风。

8.2.4 研发先进装备

随着时代的不断发展,地空导弹武器装备信息化、科技化程度不断提高,对于武器装备的可靠性要求更高,相对维修保障要求更尖刻,保障难度大。另外,如今不断升级更新的地导武器装备集各种高新技术于一体,涉及电气、液压、机械、自动化等众多技术方面,要求军事保障人员不仅应具有较高的专业知识及对保障的操作、维护技能,而且应具备较高的装备维护理论水平和组织管理能力。这对于基层部队来说,实施战场抢修的工作就增大了难度。因此,基地总部要联合地方装备科研单位进行新型战场抢修装备的研发,通过拥有高新技术的抢修装备来提高基层部队对于装备保障抢修的能力。

为适应时代发展,必须加快改进或者研发新型战场抢修装备。比如抢修专用工具箱(电缆修理工具箱、液压元器件修理工具箱、轮胎底盘修理工具箱、电气元器件修理箱等),内装用于结构、液压和电气修理的各种手工工具和少量消耗品紧固件和液压软管等。对于配发机械维修车应具备多种设备和功能,如液压检测仪、砂轮机、切割机、充电、焊接多功能一体机、无级变速钻铣床、数控车床使用、空气压缩机等设备应集成与一辆车内。还要加强信息网络技术方面装备的研发,完善信息系统建设。比如研究制定关于地空导弹装备战场抢修的交互式电子技术手册。由于地空导弹装备科技含量高,因此在操作和维修时都要借助于厂家配备相关的手册来加以指导,尤其是在进行拆卸维修保养的过程中。而纸质的资料、手册等相对繁多复杂、携带和使用都相对不方便,尤其是在战场抢修需要及时性的要求。因此,需要将纸质的文档转换为电子文档,设计关于导弹装备的战场抢修交互式电子手册和便携式快速抢修设备和工具,从而保证在战场抢修中,在装备出现故障的情况下能够快速查找出故障的原因、准确找到相关故障技术信息的问题,并且及时地提出维修方案,提高战场抢修效率。甚至发展到后期,还可以将人工智能技术应用于装备的战场抢修工作中。人工智能在战场抢修领域中的应用可以集中于故障诊断、专业训练、技术管理、保障评估等方面。比如,采用专家系统进行故障检测诊断,根据故障现象,利用专业知识和经验建立专家系统为抢修人员提供故障检测与诊断的智能决策。

8.3 战场损伤分析

8.3.1 战场损伤

1. 基本概念

战场损伤(Battle Field Damage)是指装备在战场上发生的妨碍完成预定任务的战斗损

伤、随机故障、耗损性故障、人为差错、偶然事故，以及维修供应品不足和环境变化的事件。

战场损伤涉及众多因素。在各种因素中，战斗损伤是人们最熟悉的因素。它是指因敌方武器装备作用而造成的装备损伤。

随机故障、耗损性故障和人为差错不仅在平时可以造成装备不可使用，在战时也同样可以发生，妨碍装备完成规定的任务。因此，对这些故障或差错，不仅在平时应注意研究，而且应结合作战条件下进行具体分析和研究。

"装备不适于作战环境"是海湾战争后美军提出的，作为战场上需要排除、处理的一个问题。海湾战争中，由于风沙的影响，飞机发动机每工作 50 h 就要吸入 40 kg 的细沙，涡轮叶片就会结一层硅石粉，造成 15% 的供能损失，油耗增加 10%，还可能造成发动机叶片断裂。虽然直升机都装有防沙尘设备，发动机工作寿命还是会大大缩短，平均工作 100 h 就要更换。战后，美军提出要把"装备不适应于作战环境"作为战场损伤的一个因素，重视武器装备环境适应性研究，是很有必要的。

2. 战场损伤与生存性的关系

生存性或称生存力（Survivability），也是武器装备的一种重要的质量特性。它是指装备（系统）抗御和（或）经受人为敌对环境的影响而不引起持久的性能衰弱并保持连续有效地完成指定任务的能力。

生存性主要体现在以下 4 个方面：

1）战场上不易被敌人发现和识别，如各种伪装、隐形技术的应用，使敌方各种侦察手段都难以发现或察觉。

2）发现后不易被击中，如在装备中利用各种电子干扰、快速规避技术。

3）击中后不易被破坏或破坏较轻，如设置各种装甲防护，合理配置各部件位置以减少要害部位被破坏的可能等。

4）遭受战损后能迅速修复或自救，即战场抢修的能力，或称抢修性。

此外，生存力还包括克服特殊环境的能力。

由上文可见，武器装备的生存性是系统的设计特性，它既取决于装备的软/硬件的设计，又与装备的保障密切相关，必须从装备的论证、研制抓起，通过装备设计和保障性分析及一系列规划实现装备的生存性要求，而装备生存性与战场损伤有着直接的关系，导致生存力破坏的因素，或者说生存力的对立物就是装备的战场损伤。预防战场损伤，减弱战场损伤的影响，克服战场损伤的后果，就是生存力的要求或体现。

8.3.2 损坏模式及影响分析

所谓损坏模式（Damage Mode）是指装备由于战斗损伤造成损坏的表现形式。这里的战斗损伤主要是指装备遭受到敌人的枪、炮、炸弹、导弹或激光、核辐射、电磁脉冲等直接或间接作用造成的损伤、破坏。常见的损坏模式有穿透、分离、震裂、裂缝、卡住、变形、燃烧、爆炸、击穿、烧毁。

广义的损坏模式或战场损伤,它包含装备在战场上发生的需要排除的各种损伤。分析损伤模式及其影响,即进行损坏模式及影响分析可为装备生存性评估提供依据,同时也可为战场抢修的准备和抢修性的设计提供依据。

损伤模式及影响分析步骤如下。

(1)确定装备执行任务的基本功能

装备的基本功能是指任务阶段完成当前任务所必不可少的功能。例如,地空导弹武器系统执行任务中,其基本功能是发射导弹,包含进行搜索、识别、跟踪、发射、制导及引战配合等。

(2)确定完成基本功能的重要部件

重要部件是指那些对系统基本功能和任务有重要影响的分系统或部件。为此,利用系统简图或功能框图,逐一分析各子系统、装置、组件、部件,确定其是否为基本功能单元。

(3)分析损伤模式及其影响

对各重要部件进行损坏模式及影响分析,列出各自可能的损坏模式。

(4)提出对策建议

根据损坏模式及影响分析结果,分析研究预防、减轻、修复损伤对策,提出从装备设计和维修保障(抢修)资源方面的建议。进行损坏模式及影响分析通常采用填写表格(参照前述故障模式、影响及危害性分析表格)进行。武器装备几种典型的损伤现象见表8-2。

表8-2 典型武器装备损伤现象及分析

序号	损伤现象	分析
1	冒烟	说明装备内部线路等部位发生了损伤,可能会引起线路发生短路或内部起火
2	起火	说明装备内部线路等部位发生了起火,可能会发生引燃或引爆
3	丧失机动	说明装备突然不能行驶或转向失灵,说明车轮、履带、车轴、传动系统等发生了损伤
4	系统损坏	如转向机构、制动装置、气压装置、冷却系统、通信系统、火控系统、炮塔、装填机构、传动系统等发生损伤
5	异常声响	如发动机、传动装置、变速箱、车轴、行驶等部位发生了损伤,如果继续使用,会加重损伤程度,乃至更为严重的装备二次损伤
6	故障报警	说明装备的某个部位发生了故障或处于不可用状态,如果不立即排除而继续使用,可能危及人员的安全和装备的正常使用,需要进一步分析处理
7	液体泄漏	说明水箱、油箱、油路、液压管路、散热器、制动系统等部位发生了损伤,具有刺激性气味的液体有损人的身体健康,易燃液体的泄露和挥发有可能会造成爆炸
8	异常气味	说明某种物质发生燃烧或泄露。如果发生了泄露,根据燃油、冷却液、液压油等不同液体的特殊气味,就会判断出哪里发生了泄露;如果发生了燃烧,橡胶、油漆、液体、塑料、绝缘体、织物等易燃物品,也会散发出异味

8.4 战场损伤评估与修复分析

8.4.1 概述

1. 概念

战场损伤评估与修复是制定装备战场损伤评估与修复大纲进而准备抢修手册及资源的一种重要手段,其目标是在战时以有限的时间和资源使装备保持或恢复当前任务所需的基本功能。分析的主要工具是逻辑决断图。

(1)战场损伤评估(Battle Field Damage Assessment,BDA)

在装备战场损伤后,迅速确定损伤部位与程度、现场可否修复、修复时间和修复后的作战能力,确定修理场所、方法、步骤及应急修理所需保障资源的过程。

(2)战场损伤修复(Battle Field Repair,BFR)

损伤评估后,在战场上运用应急修理措施,将损伤的装备迅速恢复到能执行当前任务的工作状态或能够自救的一系列活动。

(3)战场损伤评估与修复大纲

战场损伤评估与修复大纲是关于装备战场损伤评估与修复要求的纲领性文件,它规定了战场损伤评估与修复分析的项目、损伤评估方法、抢修工作类型和修复对策。战场损伤评估与修复分析大纲是战场损伤评估与修复分析分析的输出信息,是编写战场损伤评估与修复分析手册、教材、训练人员和准备战场抢修所需资源的重要依据。

2. 基本观点

1)产品(项目)的损伤或故障有不同的影响或后果,应采取不同的对策;关键是应从作战需求、装备应执行的当前任务和抢修可用的时间及资源角度综合权衡,确定是否需要在战场抢修。

2)产品损坏或故障的规律和所处条件是不同的,应采取不同的抢修方法:

a. 作战任务要求迅速恢复最低限度的功能。

b. 没有时间迅速恢复全部功能。

c. 常规修理需要的资源完全没有或数量不足。

此时,将采取应急抢救措施进行抢修,否则,应采取常规的维修程序和方法;

3)抢修方法不同,其所需资源、时间、难度和装备的可恢复程度是不相同的,应加以排序。

3. 一般程序

在装备遭到战场损伤时,应迅速判定损伤部位与程度、是否需要立即修复、能否在现场修复、修复时间和修复后作战能力如何;确定修理场所、方法、步骤及应急修理所需保障资源。战场损伤评估的一般程序见图8-3。

8.4.2 战场抢修性要求

抢修性是指在预定的战场条件下和规定的时间内,采用可能的抢修手段和方法,将损坏的装备恢复到能执行某种任务状态的能力,是装备在战场上损伤后能迅速地恢复到执行任务状态的一种设计特性。关于抢修性的要求,原则上说也可分为定性要求和定量要求,但在实践中这些指标往往难以确定,难以验证。因此,直到目前为止,抢修性主要还是一些定性要求,主要包括:

1)容许取消或推迟预防性维修的设计。在紧急的作战情况下,往往要求取消或推迟平时进行的某些预防性维修。

2)便于人工替代的设计。在装备设计的各种自动装置,应当考虑在其自动功能失灵时,可用人工替代继续进行工作。为此应该:

a. 尽量减少使用专用设备、设施、工具,使所设计的装备尽可能由人员使用手工工具进行维修。

b. 可修单元的重量大小应限制在一个人就可搬动的程度。

c. 重量较大的产品要设置人工搬动时使用的把手或起吊的系点。

d. 尽可能放宽配合和定位公差,以便人工安装和对中。

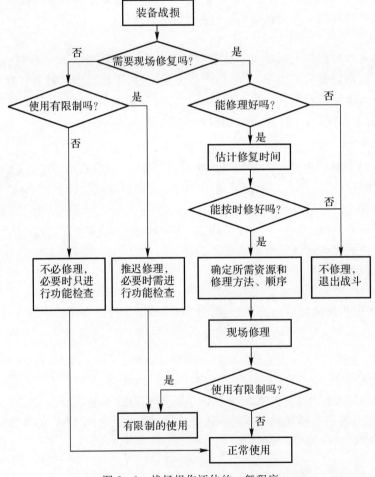

图 8-3 战场损伤评估的一般程序

3)便于截断、切换或跨接。

4)便于置代的设计,如发动机的功率不同,但基座相同,在战场紧急情况下损伤时就可替代。

5)便于临时配用的设计。零部件应使之结构、形状简单、公差大,易于对中、易于装配。

6)便于拆拼修理的设计。标准化、通用性、互通性和互换性,特别是模块化都是便于拆拼修理的。

7)使损伤装备易于脱离战斗环境。例如:飞机设置牵引钩、牵引环;坦克设置机械手以便不出车情况下连接牵引钢索进行救援。

8)选用易修的材料。

9)使装备具有自修复能力。如各种自补(轮胎)、自充(气、液)、自动切换等。

此外,要形成战斗恢复力(抢修性),还要从保障资源上考虑。按照要求,在研制结束投入批量生产和使用之前,提供战场抢修手册等资源。

8.4.3 战场抢修对策

按照战场损伤评估与修复分析的基本观点,应采取如下抢修对策。

(1)划分基本项目和非基本项目

所谓基本项目(BI)是指那些受到损伤将对作战任务、安全产生直接的致命性影响的项目。对于非基本项目,因为其影响较小,可以不做重点考虑。

(2)按照损伤故障后果及原因确定抢修工作或提出更改设计要求

对于基本项目,通过对其进行战场损伤评估与修复分析,确定是否需要考虑开展战场抢修工作。其准则如下:

1)若其损伤或故障具有安全性或任务性后果,必须确定是否能够通过有效的战场抢修予以修复。

2)应按照抢修工作可行性准则,确定有无可行的抢修工作可做,若无有效的抢修工作可做,应视情提出更改设计要求。

(3)根据损伤规律和故障规律及影响,选择抢修工作类型。

在战场损伤评估与修复分析分析中,7种抢修方法是最常见的抢修工作类型:

1)切换(Short-cut):在液压、电气、电路等系统中,经过转换开关或改接管路,完全脱离损坏部位,连接作为备用的部分,也可以把原来担负非基本功用的电路的完善部位拆换到基本功用的电路中。比如,电力设备的线路被损毁,可连接冗余的电路,若无冗余设计,可将担负非基本功能的线路移植到基本功能电路中,进而保证装备的基本功能。在机械装备中,也可按照装备基本原理采用转换,如电动操作失效,可以用手工操作替代;火炮瞄准具标尺装定器损坏,可使用炮目高低角装订器替代标尺装订射角;光学瞄准镜损坏,换成简易瞄准具。

2)切除(By-passing):就好像对伤病员做切除手术一样,把损伤部分甩掉,以使其不影响基本功能项目的运行,也称为"旁路"。在电气设备上,对完成次要功能支路的损伤可进行切除(如将管路堵上、电路切断)。对机械类装备也可广泛采用切除方法,如枪炮平衡机损坏后、高低机打不动时,可拆除损坏的平衡机,在瞄准使用几名炮手抬身管以打动高低机,进行高低瞄准;炮口制退器被打伤变形后,不能进行射击,可取下炮口制退器,用小号装药继续射击。

3) 拆换(Cannibalization):拆卸同型装备或不同装备上的单元替换损坏的单元,也称"拆拼"修理。如担负重要功能的部件损坏后,可以拆卸非重要部分用于修复担负重要功能的部件;再如有同型号装备都遭到损伤而不能作战,但各装备的损伤部位不同,可将各自的完好部位拆下,重新组装成能战斗的装备。拆换的方法主要包括以下几种:

a. 备件更换。拆卸损伤部件,用备件进行更换,即平时的标准修理。

b. 拆次保重。再笨装备上拆卸下非基本功能项目,替换损伤的基本功能项目。抗美援朝战争中,我军某部76 mm加农炮驻退机螺塞损坏,修理人员卸下高低机涡轮箱螺塞替换,从而使火炮恢复战斗。

c. 通型拆换。从同型装备上拆卸相同单元,替换装备损坏的单元。

d. 异性拆换。从不同型装备上拆卸下相同单元替换装备损坏的单元。

比如:当装甲车辆一侧负重轮损坏达到2个,而另一侧无损伤时,即可将完好一侧的第三负重轮拆下,安装在受损一侧;发动机飞轮齿圈因单边磨损而影响正常启动时,也可将齿圈翻面安装再用。

4) 替代(Substitution):用性能上有差别的单元或原材料、油液、仪器、仪表、工具,代用损伤或缺少的物件,以恢复装备基本功能或自救,也称为置代。替代的对象包括装备元器件、零部件、原材料、油液、仪器仪表、工具等。替代是指应急性的、非标准的,可以是"以高代低",即用性能好的物资代替性能较差的物资、器材;也可以"以低代高",只要没有安全上的威胁,应当根据战场实际情况"灵活采用"。例如:用小功率发动机代替大功率发动机工作,可能使运转速度和载重量下降,但能应急使用;驻退机液体减少后,暂时加水代替。

5) 原位修复(Repair):又称元件修复,即运用各种修理工艺,对损伤部件进行修理,或者利用在现场上实用的手段恢复损伤单元的功能或部分功能,以保证装备完成当前作战任务。除传统的清洗、调校、焊补、冷热矫正、加垫等技术外,还要着重探讨与应用新材料、新工艺和新技术,如刷镀、喷涂、涂敷、等离子焊接技术等。根据我国我军实际情况和武器装备发展情况,应当更多地研究电气设备、气液压系统、非金属件中应用原件修复的可能性与就便修复手段。

6) 制配(Fabrication):制作或加工新的零部件,替换装备中的损伤单元。制配不但适合于机械零部件损伤后的修复,也适用于某些电子零器件损伤后的修复。在我军长期实践中,战场修复中的制配也有多种形式,主要包括以下几种:

a. 按图制配。根据损坏或丢失零件的设计图样加工所需备件。

b. 按样制配。根据样品确定尺寸和原材料。若情况紧急,次要部位或不受力部位的形状和尺寸可以不予保证。

c. 无样制配。再无样品、图样时,可根据损伤零件所在机构的工作原理,自行设计制作零件,以保证机构恢复工作。

7) 重构(Reconfiguration):指在装备主要系统损伤后,重新构成完成其基本功能的系统。

上述7种抢修工作类型,大体上是按以下原则排序的:

1)恢复功能的程度由好到差。
2)抢修的时间由短到长。
3)抢修的人员技术及资源要求由低到高。
4)抢修后的负面影响由小到大。所谓负面影响包括对人员及装备安全的潜在威胁,增加装备耗损或供应品消耗,战后按标准恢复状态的难度等。

8.4.4 战场损伤评估与修复分析的步骤与方法

1. 战场损伤评估与修复分析所需信息

进行战场损伤评估与修复分析,根据分析进程要求,应尽可能收集如下信息:
1)装备概况。
2)装备的作战任务及环境的详细信息。
3)敌方威胁情况。
4)产品故障和战斗损伤的信息。
5)装备维修保障信息。
6)战时可能的维修保障资源信息。
7)类似装备的上述信息等。

2. 战场损伤评估与修复分析的一般步骤

1)确定基本项目(BI)。
2)进行故障模式及影响分析/损坏模式及影响分析及危害等级评定。
3)应用战场损伤评估与修复分析的逻辑决断图案确定抢修工作类型。
4)确定抢修工作的实施条件和时机。
5)提出维修级别建议。

3. 确定基本项目

目的是找出那些一旦受到损伤将对作战任务和安全产生直接致命性影响的项目,基本项目是战场抢修的重要对象,也即基本项目是战场损伤评估与修复分析决策的研究对象。
基本项目具有如下特征:
1)在装备中起着重要的必不可少的作用。
2)在当前作战任务中担任主要的任务,实现其工作目的。
3)该项目作用发生变化,将影响装备整体的变化。
满足上述条件之一的项目均属基本项目。

4. 故障模式及影响分析/损坏模式及影响分析及危害等级评定

危害等级可依据损伤的影响程度和损伤出现的频率定性的确定。损伤危害等级是确定是否需要采取战场损伤评估与修复分析或更改设计措施的依据。

5. 应用战场损伤评估与修复分析逻辑决断图确定抢修工作类型

(1)战场损伤评估与修复分析逻辑决断图

进行战场损伤评估与修复分析也可采用逻辑决断图见图 8-4。

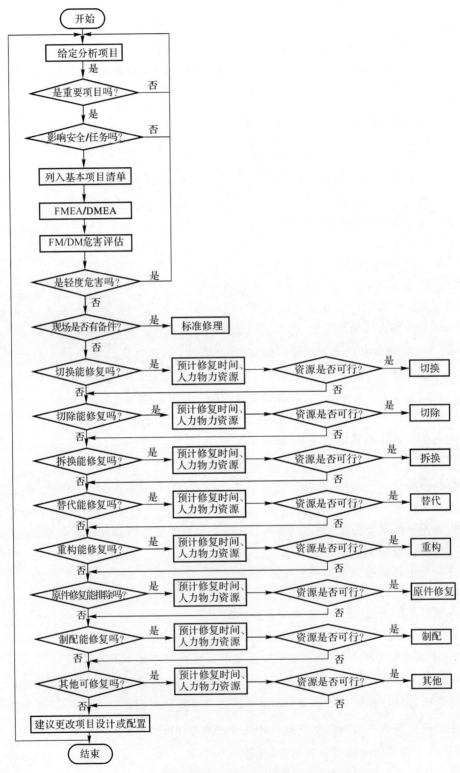

图 8-4 装备战场损伤评估与修复分析逻辑决断图

在战场损伤评估与修复分析逻辑决断图中,通过回答一系列具体问题,确定所需进行的抢修工作或做出战场损伤评估与修复决策。

(2)战场损伤评估与修复分析工作可行性准则

1)抢修时间在允许范围内,应根据装备的配备、使用特点和作战任务等情况确定战场抢修允许时间。

2)所需的人力及技术要求应是战场条件下所能达到的。

3)所需的物质器材应是装备使用现场所能得到的,或者至少在抢修时间允许范围内可获得的。

(3)确定抢修工作实施的条件和时机

通过战场损伤评估与修复分析逻辑决断确定了抢修工作类型后,对于具体装备,还应指明该类型工作实施的条件和时机。这是因为上述应急抢修工作是对损伤装备抢修的权宜之计,在和平时期是不允许的。

(4)提出维修级别的建议

对每一个基本项目确定了抢修工件的类型及其实施条件和时机后,还应根据部队编制体制及装备战术使用、预计的敌对环境情况等,提出维修级别建议。

8.4.5 损伤修复方法

损伤评估后,在战场上运用应急修理措施,将损伤的装备迅速恢复到能执行当前任务的工作状态或能够自救的一系列活动。下面介绍几种典型损坏模式的修复方法。

1. 漏气、漏液

由于地空导弹装备都是依载与重型车辆上以此来实现其机动性的要求,因此车辆漏气漏液的问题就会普遍出现。车辆漏气漏液问题有很多表现形式,比如水箱、油箱的渗漏、轮胎的气压不足、破裂、扎裂等。而在战时猛烈地碰撞、挤压,或者弹片的损伤、严重磨损、密封件失效等都可能会引起重型车辆的漏气漏液。

在战场上应当先进行损伤评估,再进行漏气漏液的修复。只有"对症下药"才能高效地完成任务。因此,在损伤评估时应先做好三步工作:明确现象、查找部位、探明原因。明确现象就是搞清楚车辆到底是渗漏还是泄漏,查找部位是找出是箱体漏还是管道漏或者阀等元器件,探明原因就是弄明白是裂缝还是破孔,还是密封元件失效。只有针对具体的故障现象、部位和原因,才能及时确定最合适的抢修方法。

密封元件失效是造成车辆漏气漏液的常见原因之一,通常修复方法是用新密封件更换。若在没有新密封件的情况下,且要求修复要快速及时,则多选择使用性能较良好的密封带通过缠绕来达到密封的效果。通常在使用时将密封带拉紧后一圈一圈地缠于外螺纹上,然后旋紧螺纹即可。该密封带不仅抗腐蚀、氧化,而且密封性能优良,使用方便,操作简单,是应对密封元件失效的最佳修复方法。在战场抢修时,若没有配备密封带,还可以利用擦拭布麻丝面纱等当作替代品,来进行应急修理也是可行的。

在分析箱体或管道裂缝所引起渗漏时首先区分判别是轻微渗漏还是重度渗漏。若是轻微渗漏且不影响武器装备完成任务的基本功能,如发现装备车辆有漏水或者滴油但不太严重时,可先不予修理。若是渗漏程度严重时,如发射车管路漏油,已严重影响车辆的液压调平功能,导致其影响导弹发射,这时可用肥皂或其他黏性较大物体对裂缝进行堵塞,作为战时应急修理措施。当然,也可以提前购置配备市场上许多专门用于堵塞箱体或管路渗漏、泄露的新材料,如水箱止漏剂、易修补胶泥等。水箱止漏剂是一种专门针对水箱渗漏问题的"灵丹妙药",仅需 3 min 即可立即止漏,再固化 1~2 天,就可以做到保持一年不漏,且操作简单,使用方便,是修复水箱渗漏的第一选择。易修补胶泥是一种适用于对钢铝材料的破孔,穿透等损伤进行快速和永久性修补通用的堵漏材料。这种胶泥固化强度极高,只需固化 5~10 min 就会变得结合牢固、硬如钢铁。如发射车液压油箱焊口处或者管接头处出现大量漏油时,或者发射车液压支腿渗油,在战时等紧急情况下,在没有焊接器材的情况下,就可以使用易修补胶泥这种材料用来快速焊接堵漏。

破孔是造成严重漏气漏液的主要原因。一旦出现破孔,气体或液体会很快漏完,会严重影响装备车辆的基本功能。因此,对于破孔应做到快速及时的修理。对于平面内的破孔(如水箱油箱上的破孔)可以利用易修补胶泥来补孔。若破孔直径较小可以直接涂胶泥修补,若大于 15 mm 可先制作一盖片,将破孔盖上或堵上后再进行修理。对于管道上的破孔除使用易修补胶泥外,还可使用前面提到的密封袋(或石棉、塑料布等),其方法是将密封带缠于管道上,然后用铁丝箍紧住密封袋后旋紧止漏。装备车辆轮胎破孔会导致轮胎瞬间漏气,从而影响装备的行军,部队的机动能力。因此当轮胎上出现破孔应立即修复。目前市场上有一款自动补胎充气剂可快速解决这个问题。这款产品在被注入轮胎后:一部分会立即在破洞处聚合,纵向堵住破洞;另一部分则气化后膨胀,使修补后的轮胎充满气,非常方便、快捷。在战时,部队机动性是非常重要的战斗力指标,因此保证车辆正常行驶是非常重要的工作。因此,一旦车胎发生漏气等情况,可以立即使用这种快速又简便的补胎剂来修复故障,保障车辆的正常行驶。

2. 锈蚀

锈蚀是装备机械类零件常见的故障之一,产生锈蚀将影响零件的正常功能。例如:螺纹的锈蚀会导致零部件拆卸困难,进而影响抢修的时间;若精密光滑的零件表面产生锈蚀会影响其精度或动作,其他部位的锈蚀也会对零件的功能产生不同程度的影响。产生锈蚀的主要原因是空气中的氧、水分与钢铁表面发生化学或电化学反应,在钢铁表面生成铁锈。由于战场环境较之平常更严酷、恶劣,且武器装备经常处于露天摆放状态,因此战场环境中装备锈蚀更加严重。

在战场抢修的范围中,锈蚀一般是不予清除。但有时为了抢修装备损坏的重要部件,需要拆卸锈蚀的紧固件或零件,因此在这种情况下锈蚀也需要快速的处理。在战场抢修时,通常用金属调节剂除锈、有机溶剂除锈、机械除锈等方法来达到快速除锈的目的。

金属调节剂是市场上常见的一种压力罐装的有机溶剂,具有对金属表面展现强吸附力的特性,除锈、去湿、清洁的功能,对锈斑超强的清除作用。在使用时将其喷到锈蚀部位,待其渗透锈蚀部分表面后即可通过擦拭来除掉锈斑。喷在锈蚀处,不仅能使铁锈脱落并防止机械零件生锈,还能去除装备表面湿气水分,使装备免受腐蚀。当遇到锈蚀比较严重的连接件或锈死的螺栓时,必须要有足量的喷淋,以使铁锈变得疏松。在使用时若遇到锈蚀的零件被油漆盖住的情况,要注意先去除油漆,再使用金属调节剂。这是因为本产品对油漆的渗透力较差。

有机溶剂除锈常见于日常维修的轻微锈蚀。具体方法是:利用常见的有机溶剂(如汽油煤油柴油等)来清洗、擦拭锈蚀部位以达到除锈。这些有机溶剂具有很好地溶解零件上的油污、锈蚀,使用简便,无须加温,对金属无损伤等特点。在战时不具备其他除锈条件或情况特殊时,可以利用液压油等有机溶剂来达到快速除锈的目的。

机械除锈,也是装备抢修时常用的方法,是指通过机械零部件相互之间的摩擦、切削等手段来清除零件表面的锈蚀,可划分为手工机械除锈和动力机械除锈两大类。而最简单有效的手工机械除锈,就是利用人力,通过使用钢丝刷、刮刀、纱布等工具来不断刷刮或打磨锈蚀表面,以此达到清除锈层的目的。此法的优点是操作简单,所需工具器材常见。其缺点是效率低,劳动条件差,除锈效果不太好。而动力机械除锈是利用电动机、风动机等机器作动力,来带动各种除锈工具清除锈层,如电动磨光、刷光、抛光、滚光等。磨光轮可用砂轮,抛光轮可用棉布或其他纤制品制成。滚光是把零件放在滚筒中,利用零件与滚筒中之间的摩擦作用除锈。磨料可以用沙子、玻璃等。在抢修时具体采用何种方法,可以根据所需零件形状、数量、除锈等条件以满足战场抢修的要求为主。

3. 断裂

随着装备的长时间使用,再加上恶劣的战场环境,零件、组件折断也是常见的故障模式之一。在战场抢修中,零部件的折断一般属于较严重的故障现象,其原因是因为修复难度较大。在经过战损评估后,应当立即对其进行修理,以保证装备保持发挥基本功能。

在战场抢修中用来修复折断的方法通常有焊接、胶接、机械连接三种方法。焊接方法修复是最常用的也是最行之有效的方法,需要用到的工具有电源、焊接设备等,且适用于一般钢铁材料的组部件。胶接法是使用金属通用结构胶进行粘接修理。金属通用结构胶可用于钢铁零件破损的修复和再生,抗磨性强,耐腐蚀性强,耐老化性好,强度和硬度也很高,黏结后还可进行机械加工。黏结工序为脱脂、酸洗、调胶、涂胶、固化等。机械连接法也是一种很好的抢修方法,可采用捆绑、紧固件连接、销接、铆接等方法。修理时首先确定连接方法,然后确定连接形式,最后实施连接。抢修时可首选捆绑方法,即用铁丝(或其代用品)将折断零件连接起来,这种方法最简单。当然,应根据折断的实际情况,选择合适的方法。

4. 磨损

磨损是彼此之间直接接触的物体外表面在相对运动中表面的物质随着产生摩擦导致连续耗损的情形。机械零部件间的相互传动、运动都可以引发零部件的受损。战场上的武器装备,出于常用次数多、强度大的原因,再加上战场环境会不断恶化,会明显加快零部件的磨耗。

一般认为,产生磨损主要是以下几个原因造成的。

(1) 黏着磨损

相互接触的表面,即使表面光滑度很高,实际上也是凹凸不平的,所以零件接触时总是局部接触,也叫局部黏着。在做相对运动时,黏着部位受力很大,当超过材料的屈服极限时,表面极薄的金属层产生塑性变形和强化,在表层金属分子相互吸引作用下,接触点被撕脱,并重新形成新的接触面。这种黏着撕脱再黏着的循环过程,构成了材料的黏着磨损。

(2)磨料磨损

摩擦表面由于存在一定的粗糙度,摩擦副在摩擦过程中,表面突出部分相互发生切割、撞击、挤压等,导致零件摩擦表面突出部位被磨下,这些金属微粒又落入摩擦表面之间,再加上战场上武器装备是在露天和尘土飞扬的操作环境中使用的,外来的硬质微粒(如尘土、沙砾、火药残渣等),便形成磨料,在零件相互运动时,使配合件摩擦表面进一步产生金属微粒剥落,磨损加剧。这种现象称为磨料磨损。

(3)表面疲劳磨损

两接触表面做滚动或滑动复合摩擦时,在交变接触压应力长期反复作用下,使材料表面疲劳而产生的物质损失。

(4)腐蚀磨损

在摩擦过程中,金属同时与周围物质发生化学或电化学反应,形成氧化磨损、特殊介质腐蚀磨损及微动腐蚀磨损等。

磨损是一种低层故障模式。使用条件不同,使不同零件间或零件的不同部位的磨损所造成的后果是不一样的。有的零件磨损几小时就出现故障,而有的零件磨损几十年仍未出现故障。由于装备零件间的相互作用形式千差万别,因此磨损造成的故障现象也有很大差别,如传动零件磨损会造成传递精度的下降、零件间的间隙过大等。连接螺纹磨损会造成螺纹松动,紧固性能或连接性能下降。

磨损会造成零件尺寸变化,而有时直接恢复零件尺寸也是比较困难的。磨损过大出现故障后,应根据零件的尺寸、位置、性能等要求的不同采取不同的维修策略。

磨损将造成间隙过大,通常可分为轴向间隙过大和径向间隙过大。轴向间隙过大可采取加垫方法修复(补偿),用铁皮或钢皮制作一垫片加于适当位置,减小轴向间隙;径向间隙过大修复较难,可采用刷镀或喷焊方法修复。但刷镀和喷焊所需设备较为复杂,对操作人员技术水平要求较高。也可根据零件工作原理,选用其他较简单的修复方法,以满足战场抢修的要求。

5.断路、短路、过载

断路(开路)是电气系统常见的故障模式,电路中的多种元件(如电阻、电容、电感、电位器、电子管、晶体管、集成块、开关、导线等)均可能发生断路故障。元器件遭弹片损伤或爆炸冲击波引起设备的振动、位移,都有可能造成断路故障。一个元器件的断路,可能导致设备或系统的故障,应高度重视。由于电器元件的种类较多,因此断路的形式也很多,如电阻烧断会引起断路,电位器断线、脱焊、接触不良也会引起断路。

断路的抢修可以采用短路法,即将损坏的元件或电路用导线连接起来。连接的方法可将导线缠绕在需断路的两点上,或用电烙铁焊接或在一根导线两端焊上两个鳄鱼夹,使用时直接将鳄鱼夹夹住需断路的两点则更方便、快速。

如开关类,包括乒乓开关、组合开关、门开关、琴键开关等不能动作或接触不良,可将有关触点短路。如果是高压开关,直接接通可能影响大型电子管的寿命,可以把开关两触点用导线引出,打开低压后再短路这两根线。

电线及电缆一般都捆扎成匝或包在绝缘缘胶层内,当发现内部某线开路时可在该线的两段用一根导线短路。有时一条线路通过几个接插件、几个电缆或电线匝,当发现这条线路开路时，不必再继续压缩故障范围，可直接将两端短路。

接插件接触不良是经常发生的，而且也不易修复，可将接触不良的触点上相应的插针、插孔的焊片或导线短路。

自保电路，通常由继电器、门开关等元器件组成。如果仅仅是自保电路本身故障，可将自保电路全部或部分电路短路即可使电路恢复正常。

短路是电流不经过负载而"抄近路"直接回到电源。由于电路中的电阻很小，因此电流很大，会产生很大热量，致使电源、仪表、元器件、电路等被烧毁，致使整个电路不能工作。如元器件战斗损伤、振动、电容的击穿、绝缘物质失效等均可能造成短路。短路最明显的特征是起动保护电路，如保险丝断。

如果将这些元件开路，电路即可恢复正常或基本恢复正常。这是电路发生短路时应急修复最常用的方法。开路的方法可以剪断导线、焊下元件或将导线从接线板（柱）上拧下来，究竟采用哪种方法，应根据具体条件而定。注意，不要将开路的导线与其他元器件相碰而产生短路。

例如，滤波电容击穿后会造成烧电源保险丝而产生电源故障。可将击穿的电容开路，电路即可恢复正常。指示灯是用于指示电路工作状态的，指示灯座短路后将其开路，电路即可恢复正常。冷却用的风机风扇发生短路或绝缘性能降低时，影响其他电路不能正常工作。可将其引线开路，其他电路即可恢复正常，但大型发热元件很容易被烧坏，故应尽量采取措施对装备进行通风冷却，如打开机器盖板或用另外的风扇吹风。

过载也是电子（气）系统常见故障模式之一，过载会使某些元器件输出信号消失或失真，保护电路会起动，电路全部或部分出现断电现象。应该指出，过载造成的断电现象，只有在保护电路处于良好状态时才会发生；否则，将会损坏某些单元。过载会引起短路和断路。例如，导弹发射车发控计算机电源模块故障。若出现发控计算机屏幕黑屏，发控机柜无法正常开机故障有三种可能：

1）发控机柜交流短路器损坏没能给发控机柜供电。

2）控制计算机开关旋钮损坏。

3）发控机柜电源模块损坏，导致无法正常供电。

首先应该检查控制机柜供电线路和断路器以及旋钮开关是否损坏，然后打开发控计算机面板观察板件是否有烧毁现象，利用万能表对各个插件进行排查，若排查发现发控计算机电源模块热敏电阻烧毁。故判断为发控机柜电源模块烧坏。这时应立即打开发控计算机，利用测量发控计算机电源模块电压，发现无电流，故障定位为发控计算机电源模块，更换电源模块后正常。

第 9 章 导弹贮存与延寿

随着导弹数量的增加及服役时间的增长,导弹贮存与延寿越来越受到各方的高度重视。本章在借鉴国外导弹贮存与延寿做法的基础上,重点论述导弹贮存与延寿的工作方法和内容。

9.1 概 述

9.1.1 导弹贮存与延寿的定义

导弹贮存是指导弹验收合格后,在正式部署和使用前存放于库房期间采取各种技术措施保持其完完好可用状态的过程。

导弹延寿是指对已到使用寿命(或贮存寿命)期的导弹,通过检查测试,并采取分解、替换影响导弹继续使用的零部件等措施,使导弹在后续的一定时间内仍能满足使用要求,保持作战能力的工作过程。

由于导弹结构复杂,工作和自然环境条件多样,因此设计制造、材料、服役使用问题都会在贮存期间暴露出来。导弹贮存与延寿是一项具有持续时间长、投入经费大、技术要求高、综合效益好的系统工程。导弹贮存与延寿是指在规定的保障条件下,着眼保持和提升导弹的战术/技术性能,以可靠性、维修性理论为指导,挖掘导弹的技术潜力,围绕恢复和改进性能和退役处理过程,针对导弹贮存延寿薄弱环节,采取设计、维修、管理等措施,延长导弹贮存寿命所进行的全部活动。

导弹的贮存期是从起出厂之日开始算起,在规定的保养、维护条件下,仍然具备符合标准的可靠性,算一个贮存周期。和常见的民用产品不同,导弹的贮存期并不能完全地看作是保质期,这是因为民用产品并没有规定在保质期内必须确保多高的合格率,而导弹作为军用品,其必须保证在贮存期内任何时间段都可以随时拉出去进行发射。如某型防空导弹在弹库贮存,贮存期限不小于 8 年,导弹贮存期间,满 5 年后发射飞行可靠度不低于 0.8,满 8 年时不低于 0.75。

洲际弹道导弹往往是贮存期最长的导弹,主要原因是:洲际弹道导弹技术非常复杂,制造难度高,价格极为高昂;战略核导弹性质非常特殊,日常训练中极少进行实际发射打击演习,消耗量非常小。要知道,即使是目前定期抽检发射战略导弹最频繁的国家——财大气粗的美国,一年也打不了几枚战略导弹。所以,洲际弹道导弹要求拥有很长的保质期,以确保它能够稳定度过数十年的服役战备期。

以美国目前唯一的陆基洲际弹道导弹——"民兵Ⅲ"洲际弹道导弹为例,目前正在服役的 400 余枚"民兵Ⅲ"洲际弹道导弹都是在 1970—1975 年期间服役部署的,目前最老的"民兵Ⅲ"洲际弹道导弹已服役约 50 年。

9.1.2 导弹贮存与延寿的分类

导弹按贮存目的和条件可分为战备贮存、简易库房贮存和战斗贮存。

1)战备贮存通常将导弹存放于条件良好的库房内,使之处于长期冬眠性贮存状态,有良好的维护、管理和环境条件,易于使导弹保持的更长的贮存寿命和完好可用状态。

2)简易库房贮存,由于不具备良好的环境和维护条件,只适于短期存放。

3)战斗贮存随阵地而转移,要经过运输、振动、冲击等条件变化的考验。

贮存方式导弹类别不同,贮存方式也有所区别。战略导弹可用散装贮存,核弹头、发动机燃料或推进剂通常都和弹体分开贮存,定期对其进行检测。战术导弹多用整弹贮存或部分散装贮存或存放在注有惰性气体的贮存包装箱内,定期进行检测。导弹在贮存过程中要经受温度、湿度、风沙、雨雪、盐雾、霉菌、昆虫以及机械应力和电磁应力等环境因素的影响,其使用性能日渐下降,甚至失效和报废。

9.1.3 导弹贮存与延寿的特点

导弹贮存与延寿主要研究导弹本身的贮存寿命问题、如何恢复导弹的状态问题和使用新技术改造旧装备即性能改进问题,主要具有以下特点。

(1)持续时间长、综合效益高

导弹贮存与延寿研究涉及的基础学科专业多,专业面很广,跟踪监测、试验分析对国家的工业基础依赖很强,需要长期跟踪监测产品的性能变化情况,研究的时间往往很长,一般要持续十几年甚至数十年。为了提高性能,各种新材料、新技术不断在导弹研制过程得到应用,新产品的研制不断带来新的贮存与延寿问题,导弹贮存与延寿是一项长期的研究任务。世界各国都竞相开展导弹贮存延寿工作,这是因为通过贮存与延寿的研究,不仅可以回答导弹的贮存使用寿命问题,还能为长寿命导弹的设计奠定基础,并带动国家工业基础和科技水平的提升,综合效益非常高。

(2)分级试验、逐层验证

固体导弹贮存延寿技术的基本思路是"分级、分类、分步"开展试验:"分级"一般分为非金属材料及元器件、部组件及整机、舱段及整弹;"分类"一般分为装药类、结构类、机电类、电子类;"分步"一般采用先底层,后高层逐层递进的方式。总体上采用的是"金字塔"结构,底层是基础性试验,上一层级是下一层级的综合性、验证性试验。材料、器件级作为基础需要开展大量的试验;组件、整机级是关键,需要有足够的试验支撑;舱段、全弹级的贮存试验,是以整机以下大量试验为基础开展的综合性验证试验,是导弹贮存与延寿试验不可或缺的。

(3)共性技术多,产品间可借鉴程度高

尽管各型导弹的组成结构差异很大,但开展贮存与延寿研究涉及的技术是相似的,包括贮存失效分析技术、加速贮存试验技术、贮存寿命分析评估技术等。"一点突破,多方受益"

的技术研发与管理模式具有很强的优势,导弹贮存与延寿研究正逐步走向专业化发展的道路。由于导弹造价昂贵,就某型导弹而言,用于贮存试验的产品十分有限,部分产品甚至只有1~2件,是典型的小子样问题。通过分析不同导弹的结构组成,发现在非金属材料、电子元器件、电池、火工品等大量产品中,产品间的共用程度很高。还有部分产品,其工作原理、材料、制造工艺是相同或相近的,相互之间也可以借鉴。统筹考虑多型导弹的试验项目和试验件,解决单一产品试验件有限、不同产品之间试验项目一定程度上重复等问题,有利于实现统计评估,提高评估结果的准确性。

9.1.4 导弹贮存与延寿的发展

据报道,美国空军最初估计,为"民兵Ⅲ"洲际弹道导弹(见图9-1)。延寿的成本只比"陆基战略威慑"(GBSD)项目花费多出11亿美元,但是现在成本差距已经飙升到380亿美元,"民兵Ⅲ"导弹延寿费用高达1330亿美元。380亿美元的差额能够让"民兵Ⅲ"导弹延长服役到2075年,这与GBSD下一代洲际弹道导弹的寿命相同。

图9-1 (美)发射井中的"民兵Ⅲ"导弹

目前,"陆基战略威慑"项目的花费约为950亿美元,长期以来一直被批成本过高,反对者们表示,"民兵Ⅲ"导弹还能在未来的一段时间内确保美国的国家安全。但实际上,想要在新型洲际弹道导弹制造出来之前维护这些"民兵Ⅲ"导弹并不容易。"民兵Ⅲ"导弹的某些部件太过老旧,承包商已经不知道如何制造它们。而且"民兵Ⅲ"导弹的系统是在互联网出现前搭建的,想要把现在的网络安全软件融入这一系统中代价很昂贵。

"民兵Ⅲ"导弹延寿会让美国战略导弹部队的可信度和安全性下降。想要让洲际导弹的威慑有效,对手必须相信美国的战斗能力会如预期那样正常发挥。

另外,维护一枚50年前生产的弹道导弹也不像维护一枚新型导弹那样安全。每当"民兵Ⅲ"导弹需要进行维护时,核弹头本身就会暴露。有了"陆基战略威慑"项目新型导弹,美国空军预计核弹头的暴露次数将减少2/3,这将降低事故风险和维护成本。

早在1959年,美军就启动了"导弹发动机老化监视计划"。第一批发动机一出厂,就成了贮存寿命和老化现象的观测对象。这一观测结果恰好与第二批发动机的测试情况形成对照。每隔6个月,美国希尔空军基地就会启动一台导弹发动机进行测试,每隔18个月就对推进剂试样做一次化学检测。另外,美军还对发动机药柱进行解剖,以检验计算应力和实际应力之间的差别。美军认为,将这些数据与统计计算和结构分析等技术相结合,能够提前4年预判导弹的状况。

另外,在加速贮存试验技术、性能检测技术、信息化等新技术的发展推动下,导弹贮存与延寿主要朝以下三个方向发展:

1)从材料级、元器件级加速寿命试验向整机级、全弹级加速寿命试验方向发展。

研究表明,仅做低层级产品的加速贮存试验并不能反映高层级产品的真实失效情况,很多在高层级产品上暴露出来的失效现象,不能够通过由其包含的低层级产品的加速贮存试验反映出来,加速贮存试验的产品层级越高,得出的结论越可信。

2)从分布试验、分段预测寿命向实时监测、在线寿命分析方向发展。

伴随着监测手段的进步,积极探索对影响贮存寿命的特征参数进行实时监测、在线分析。

3)从贮存与延寿向贮存延寿与性能改进、装备再制造相结合方向发展。

随着环境保护意识的加强,导弹的再使用、再制造、无污染再循环问题越来越受到世界各国重视。在军事需求的牵引和新技术的推动下,导弹贮存与延寿逐渐与性能改进、装备再制造相结合。

9.2 工作内容与原因计划

9.2.1 工作内容

导弹各阶段贮存与延寿主要工作内容见表9-1。

表9-1 导弹各阶段贮存与延寿主要工作内容

序号	阶段	主要工作内容
1	论证阶段	确定贮存寿命、贮存可靠性的定性定量要求,维护保障要求,纳入导弹的战术技术参数及指标
2	方案阶段	论证与分配指标要求,找出影响产品贮存的薄弱环节,对贮存寿命进行初步分析,控制原材料和元器件的选用
3	工程研制阶段	初样研制阶段,进行贮存环境影响分析和防护设计,选择与控制元器件、零部件及材料,对选用的新材料、新元器件和其他需要进行寿命试验的产品,用加速贮存试验暴露其薄弱环节或进行工艺的对比,给出初步估计的贮存寿命分析结论。 试样研制阶段初期,对零部件、整机和分系统,用现场贮存试验和实验室模拟加速贮存试验评估产品贮存寿命,制定贮存试验总体方案。 安排一定数量的元器件、零部件和整机等产品作为自然贮存试验件,用于在使用阶段验证产品贮存寿命及其有关参数

续表

序号	阶段	主要工作内容
4	定型阶段	综合利用非金属材料、元器件、零部件和整机的加速贮存试验数据和同类产品、相似产品的数据对比,分析导弹的贮存寿命,给出贮存寿命评估结论
5	使用阶段	在产品交付使用后,根据贮存试验总体方案,在产品的实际贮存、维护、训练和发射等过程中采集贮存信息并有效管理起来,在节点年进行例行试验、试车和飞行试验,评定产品的贮存寿命,并对加速贮存试验的结果进行修订

9.2.2 原因和计划

美国"民兵Ⅲ"导弹,1970年6月开始服役,延寿工作持续约50年,美军计划服役到2030年,服役时间长达60年,是目前计划服役时间最长的洲际弹道导弹。

美国军方是怎么让导弹60年后还"保质"呢?这就需要用到相当强悍的检测技术了。

比实时检测更直接的"保质期"判定方法是加速老化试验。将同批次导弹中的若干枚置于特殊环境中加速导弹的老化,能在短时间里获得导弹长期老化的规律。

当然,为营造所需的"特殊环境",要斥巨资建造专门的实验室。俄罗斯对C-300导弹进行6个月的综合试验来确定其10年的贮存期;美国洛克希德·马丁公司为"铜斑蛇"炮射激光制导武器量身定做的试验箱可以提供温度为85℃、湿度为85%的加速老化环境。美军认为,如果固体发动机在其规定的极限高温和极限低温环境中各贮存了6个月后,仍能在地面试车中满足性能要求的话,那么该型发动机的最低贮存期限可被认定为5年。几种典型导弹的保质期见图9-2。

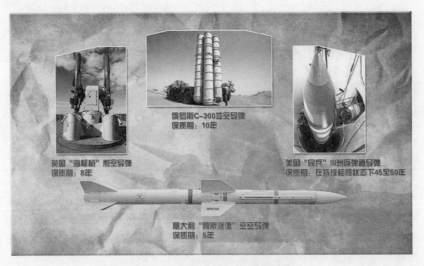

图9-2 几种典型导弹的保质期

导弹为什么会"过期"?其实也不难理解,导弹不是个体单元,而是一个庞大而复杂的系统,其组成部分不乏金属、塑料、橡胶等材质做成的零部件,所以损坏、老化不可避免。

金属在自然环境中会发生腐蚀,最常见的就是生锈。在焊接、铸造这些复杂工艺中,金属中也会产生一些持续作用的力。这些力和化学腐蚀协同作用,会加速金属构件损坏。

塑料、橡胶则会随时间而发生老化。以橡胶为例,良好的橡胶弹性高、密封效果好,是防漏器材的重要材质,但在盐雾、微生物以及高温的影响下,橡胶会逐步老化从而弹性变差。在导弹里,橡胶老化就会引起高压容器漏气、伺服机构漏油、燃料箱漏液。

另外,在潮湿环境中(如地下洞库、丛林和一些低纬度地区),裸露的导弹还容易霉变。弹体内部的印刷电路板和弹上的光学仪器都会受到霉菌影响。

美国军方的数据显示,库存状态下,由环境造成的武器装备损坏或失效比例占到60%。美国沿海基地的装备故障中有52%是由环境效应引发失效产生的。再细分,由温度引起的占40%,由振动引起的占27%,由湿度引起的占19%,由盐雾、沙尘、冲击等引起的占14%。

美国"民兵Ⅲ"导弹的贮存与延寿研究包括初期老化监视计划、发动机解剖计划、远期工作寿命分析计划。

初期老化监视计划包括全尺寸发动机老化监视计划、实验室部件监视计划和服役发动机监视计划共三部分。

1)全尺寸发动机监视计划的试验件包括全尺寸发动机、随附小发动机以及推进剂试样。试验件在可控环境下贮存和定期检验,贮存结束后返厂;全尺寸发动机进行重量、质心测量、X射线检查、运输试验(一级、二级)、振动试验(三级),安装测试仪表后进行试车,同时进行随附小发动机和推进剂试样试验,并与未老化时的发动机数据进行比较。通过获得的老化性能数据预估发动机服役的贮存寿命,并确定运输对贮存老化的影响。

2)实验室部件监视计划包括发动机所有部件的加速老化试验、实验室环境下的老化趋向观测试验,以及小组件的无损试验、破坏试验和拆卸老化组件的观测。

3)服役发动机监视计划包括贮存发动机静态试车和块状推进剂批试样试验。通过该计划,获得发动机及其部件的可靠性退化程度,验证已有工作寿命,确定各零部件的最大允许寿命和更换时间,建立实验室老化数据与全尺寸发动机老化数据的关系。

9.3 技术措施和基本途径

9.3.1 技术措施

怎样才能延长导弹的"贮存期"?

第一个办法是改善贮存环境。既然把食品放进冰箱能延后食品变质,那么改善贮存环境当然也可以使导弹"变质"延后。导弹贮存环境可分为三类:原厂贮存、弹药库贮存和野战贮存。放在原厂的导弹有良好环境和大量专业人员保养,而普通弹药库和野战环境则往往不利于导弹的贮存。例如某型设备在高原地区和寒冷地区可使用9年,到了温度和湿度比较高的地方则只能使用2年。因此,延缓导弹老化的一项重要举措就是隔绝不良环境,极致的做法是将导弹存放在密闭的贮运箱里,并在箱中充入高纯度氮气。我们现在能够看到的形形色色的"弹舱",最主要的用途就是贮存与发射。

第二个办法是改善工艺。比如,为防止金属腐蚀,导弹上的铝制构件和铜制构件需要进行特殊处理。常温或者低温黏结工艺等新工艺的出现,能防止印刷电路板霉变,大幅延长导弹的贮存期。美军早期装备的"霍克"和"陶式"导弹的寿命仅有 3~5 年,引入新的工艺后,这两种导弹的贮存期都达到了 10 年以上。

另外,检测导弹虽有助于发现问题,但过度检测也会严重影响设备的可靠寿命。例如某设备的工作寿命是 200 h,出厂前已工作 65 h,每次检测需工作 13.5 h,那检测 10 次后设备的寿命就耗尽了。因此,耗时短、效率高的检测方案也能延长导弹的贮存期。

"过期"的导弹真的就不能用了吗?和"过期就得扔"的食品不一样,导弹是由许多不同材质的零部件组装起来的。不同的零部件贮存期是不一样的,那些贮存期较短的零件,就成了拉低全弹贮存期的短板。如果能定期对这些零件进行检修和更换的话,导弹的贮存期就会相应增加。这些因素综合,就形成了标定的贮存期和真实的使用寿命之间的差别。

以"海标枪"导弹为例,该弹于 1973 年装备部队。1982 年,英阿马岛冲突,英国海军用该型导弹击落了阿根廷军方 6 架飞机。贮存期标定为 8 年的导弹为何在 9 年后仍具有不错的作战效能呢?

展开来看,从"海标枪"导弹主要零部件的贮存期就能发现原因。该弹的前弹身、液压系统、电气系统等部件贮存期为 15 年,中弹身、后弹身、引信和战斗部的贮存期为 10 年,而助推发动机、燃气发生器等部件的寿命不足 8 年。可见,只要在适当的时候更换超过贮存期的零部件,"海标枪"导弹是能够有效服役 10 年的。

这种通过替换易坏零件、修修补补来逐步延长整个系统贮存期的做法,在 20 世纪 50—70 年代中期十分流行。但这种做法的缺点也很明显:需要频繁对导弹进行检测,以保证能及时发现并更换状态不佳的零部件。这大大增加了导弹的使用成本。

"海标枪"导弹每隔 26 个月就要进行一次规模比较大的检修。装在导弹上的点火器最多使用 3 年就需要换一个新的。如果把点火器从导弹上拆下来放到专门的地方妥善保管的话,可以存放 6~7 年。

因此,以前很多战术导弹在平时都是散开存放的。那些不适合在导弹上长期放置的零部件被单独存放在专用的箱子里,等到了战备值班的时候再安装回弹体。也带来平时花大力气保养,战时预热时间长的缺点。

相比之下,俄罗斯 C-300 导弹 10 年内无须进行任何检测的设计是相当贴心的。从 20 世纪 70 年代开始,以 C-300 导弹为代表,可在很长时间内保持战备状态的导弹迅速成为各个战术导弹设计部门追求的目标。这些导弹可以在发射阵地上一站就是 10 年。在这 10 年中,导弹可以随时进行发射。

还有一些导弹则转到新的岗位去发挥余热:美国把退役的 SM-75"雷神"导弹去掉弹头,改造为运载火箭的第一级发动机使用,没想到,后来陆陆续续发展出了 20 多个型号,形成了著名的"德尔塔"运载火箭家族。俄罗斯和乌克兰把不再执行战备任务的 SS-18"撒旦"洲际导弹也改造成了运载火箭,取名为"第聂伯",这个由世界上最大的导弹改造而成的火箭从它原来驻守的地下发射井中发射,创造过一箭发射 37 颗卫星的世界纪录。

为什么导弹会过期呢?首先因为导弹大多数都是由金属、塑料、橡胶等组成的,这些材质本身就有老化损坏的特性,所以由它们制造而成的导弹也必然会被自然而然的损坏和老化。比如金属容易被腐蚀,塑料橡胶等会受到高温的影响,这些都对它们的性能发挥有巨大的影响。其次因为任何东西在潮湿的环境中都容易发生霉变,而且还容易被霉菌所腐蚀,导弹也不可能会例外,还有一些其极端天气也会对导弹造成伤害,环境是导致搞的损坏的最重要的原因之一。

"过期"的导弹去哪儿了?这些导弹有的会被直接销毁;经检测后确信还能用的,可超期服役;有的则把状态尚好的零部件拆出来进行翻修;有些还会被卖给其他国家。

那怎样才能最大限度地保持导弹的性能呢?一般就是从两个方面着手:一个是改变外在的贮存条件,这与我们发明冰箱用来保存食品是一样的道理,可以最大条件改善的贮存环境就是原厂的贮存环境。那如果是在贮存条件不好的环境下应该怎么办呢?那就将导弹存放在密闭的贮运箱里,并在箱中充入高纯度氮气。第二个是提高制作的技术,比如对一些材料进行特殊化的处理,在做得比较好的情况下导弹可以贮存 10 年以上。

那么过期的导弹该如何处理呢?导弹许多零部件是可以更换的,所以必须要对零部件进行及时的检验和更换,延长其贮存期。但是这是非常麻烦,而且耗费时间和精力的,随着科学技术的进步,现在有些国家已经设计出了长时间不用更换检查的导弹了。另外,可以把导弹进行分解,把他的部分零件用到那些火箭上面,这可以说节省了很多的人力、物力、财力。因此只有那些最终被销毁的导弹都是经过测验后已经不能用的了,而那些经检验后还可以使用的导弹,就会被再次翻新并延长其服役期。

国内导弹贮存延寿方面研究起步较晚,目前主要采取以自然贮存试验为主的工程分析方法,主要采取措施:

1)采用全弹野外加速寿命试验和模型诊断技术相结合的方法,获取了贮存寿命的预测结果。

2)利用超期导弹进行战备值班试验、分解检测及整机地面例行试验,根据定期测试数据用统计方法评估贮存寿命,并结合飞行试验验证。

3)收集导弹的现场检测与修理数据,对导弹和弹上整机进行地面试验,通过飞行试验给出导弹寿命。

9.3.2 导弹延寿的基本途径

导弹延寿的基本途径有

1)以加速贮存试验为主,进行适当外推,综合利用相关信息,提前 3~5 年给出贮存期的"评估值",解决批量战斗弹整修所需的时间提前量问题。

2)自然贮存试验产品到期后,开展地面试验和验证性飞行试验,以自然贮存试验为主给出贮存期的"评定值",弥补加速贮存试验所给"评估值"的不够准确问题。

3)重点针对自然贮存试验和加速贮存试验中的失效模式开展失效分析,解决自然贮存试验和加速贮存试验的针对性问题,为贮存寿命评估技术和试验技术优化提供支撑,为长寿命导弹设计奠定基础。

4)根据同类产品的先进成熟技术,结合整修节点实施"嵌入式"性能改进、再制造,把恢复状态与提高性能有机地结合起来。

9.4 导弹贮存可靠性

导弹大部分时间是处于使用装备状态。特别是战略导弹,有一部分在地下井内成垂直状态,具有高度的准备程度;有一些长期贮存在保持一定温度和湿度的专用库房内。

在这种情况下,可靠性在很大程度上取决于在贮存和利用工具运输的过程及其后导弹元件仍不断保持其参数在规定范围内的能力。这种性能叫贮存性。贮存性水平决定导弹在各种情况下使用的可能性。

如果导弹视为可修复的技术系统,那么,在使用维护条件下,可利用贮存期内平均故障间隔时间——贮存时间与在这一时间内发生 T_{cp} 的故障平均数之比作为贮存时可靠性指标。在个别情况下,评价贮存期内平均故障间隔时间 T_{cp},有公式:

$$T_{cp} = \frac{1}{n}(t_1 + t_2 + \cdots + t_k) = \frac{1}{n}\sum_{j=1}^{k} t_j \tag{9-1}$$

式中:t_j——在所研究的条件下第 j 个导弹的贮存时间;
  k——评价可靠度的导弹数量;
  n——全部导弹的故障总数。

所得贮存期内平均故障间隔时向的评价精度,可用求置信区间的方法确定。

据外刊资料,导弹从一种准备程度转入另一种准备程度的检验和操作,涉及导弹许多元件,在地面条件下,这些元件的可靠性,按平均故障间隔工作时间评价。与贮存期内平均故障间隔时间相似,平均故障间隔工作时间为元件工作时间(工作次数)与故障次数之比。

贮存期内平均故障时间,用于评价储备导弹的使用准备程度。为此,要计算准备程度系数。该系数为任意贮存时间内导弹保持工作能力的概率。

研究一下贮存时间间隔 t。在评价准备程度系数时,取导弹技术状态两次检查之间的时间作为时间间隔。因为对可靠度要求很高,所以这一时间间隔大大小于贮存期内平均故障间隔时间($t \ll T_{cp}$)。

因此,准备程度系数为

$$K_b \approx 1 - \frac{t}{2T_{cp}} \tag{9-2}$$

如果取 $T_{cp} = 1\,000 \times \frac{月}{故障}$,而贮存时间 $t = 40$ 个月,那么,$K_b \approx 1 - \frac{40}{2 \times 1\,000} = 1 - 0.02 = 0.98$。

这说明,在大量使用导弹而在任意时间取其中每枚导弹情况下(贮存时间 t 为 40 个月范围内时),平均有 2% 导弹失去工作能力。

在贮存期结束时,导弹或导弹单元保持能力的概率,可以按下式近似求出:

$$P \approx 1 - \frac{t}{T_{cp}} \tag{9-3}$$

于是,利用计算 K_b 所取的初始数据,可得

$$P = 1 - \frac{40}{1\,000} = 0.96$$

第 9 章 导弹贮存与延寿

这说明,经过 40 个月贮存后,失去工作能力的导弹,平均为 4%。

这种特性也可以用来确定运输时导弹的可靠度。在这种情况下,与贮存期内平均故障间隔时间相似,可计算出运输中平均故障距离 s_{cp}:

$$s_{cp} = \frac{1}{n} \sum_{j=1}^{k} s_j \qquad (9-4)$$

式中:s_j—— 第 j 个导弹的运输距离;

k—— 某种运输工具所运输的导弹数量;

n—— 全部导弹的故障总数。

在时间间隔 t 内贮存后和运输距离 s 后,导弹保持工作能力的概率,可以利用下式算出:

$$P = \left(1 - \frac{t}{T_{cp}}\right)\left(1 - \frac{s}{s_{cp}}\right) \qquad (9-5)$$

因为 T_{cp} 和 s_{cp} 通常远远地大于 t 和 s 的实际值,所以,下列近似式是正确的:

$$P \approx 1 - \frac{t}{T_{cp}} - \frac{s}{s_{cp}} \qquad (9-6)$$

对于混合维护使用状态(贮存和运输),导弹战斗使用的准备程度系数为

$$K_b = \left(1 - \frac{t}{2T_{cp}}\right)\left(1 - \frac{s}{2s_{cp}}\right) \qquad (9-7a)$$

或

$$K_b \approx 1 - \frac{t}{2T_{cp}} - \frac{s}{2s_{cp}} \qquad (9-7b)$$

在解题时要考虑到,对于各种贮存和运输条件(铁路、公路、空中、海上运输),T_{cp} 和 s_{cp} 值是不一样的。因此,为了评价各种状态下维护使用期满后导弹的可靠性,取下面的更复杂的关系式:

$$P \approx 1 - \sum_{i=1}^{m} \frac{t_i}{T_{cpi}} - \sum_{j=1}^{k} \frac{s_j}{s_{cpj}} \qquad (9-8)$$

式中:m—— 贮存状态的方案数(保温库房和不保温库房,野外条件和其他等);

k—— 运输方式数;

T_{cpi}—— 在 i 贮存状态下贮存期内平均故障间隔时间;

s_{cpj}—— 在 j 运输状态下运输中平均故障距离。

例如,利用汽车运输工具运输时导弹元件所承受的负荷,不仅取决于运输工具的种类(发射装置、运输车辆等),而且取决于道路的类型(汽车路干线、公路、土路),因此,运输中平均故障距离对每一种道路各不相同。

已知各种贮存和运输状态下算出的 T_{cpi} 和 s_{cpj} 值,就可以求出一组导弹准备程度系数:

$$K_b = 1 - \sum_{i=1}^{m} \frac{t_i}{2T_{cpi}} - \sum_{j=1}^{k} \frac{s_j}{2s_{cpj}} \qquad (9-9)$$

这时,准备程度系数表示各种条件下贮存或运输的任一瞬间导弹能工作的概率。

如长期观察大批贮存的导弹,导弹可靠度,可用故障率表示。

如在随机时间间隔内产生,故障就组成事件序列。在随机时间间隔内一个接一个产生的事件(故障)序列,叫事件流或故障流。

下面研究一下规定的一组导弹作为例子。在时间轴上标明每一枚导弹的故障发现时间。相应的各点在 t_0-t 轴上的投影就构成所研究的一组导弹故障发现的时间的序列,即故障流。研究故障流,可以解决贮存时导弹技术状态检验周期的选择,提出备件计划,确定战斗使用情况下导弹预备量等问题。在保持一定可靠度的情况下,故障率是固定的并且与贮存期内平均故障间隔时间有关,其关系式如下:

$$\omega = \frac{1}{T_{cp}} \tag{9-10}$$

在长期贮存时,故障率数值可能变化,例如,在不利的外部因素影响下或由于材料的老化,数值可能增大。这时,故障率在不同的时间间隔内是不一样的。在一般情况下,从贮存时刻 t 算起,Δt 一段时间内故障率为

$$\omega(t) = \frac{n(\Delta t)}{N_0 \Delta t} \tag{9-11}$$

式中:N_0——导弹元件总数;

$n(\Delta t)$——故障总数,表示没有故障的导弹元件故障 $n_1(\Delta t)$ 和有故障加以排除或更换了元件的导弹元件故障 $n_2(\Delta t)$ 的总和:

$$n(\Delta t) = n_1(\Delta t) + n_2(\Delta t) \tag{9-12}$$

从式(9-11)中可知,故障率是由所研究的单位时间内应修复系统(导弹或其元件)的故障平均数表示的。

导弹的寿命指标就是工作期限,即从制造时起到极限状态(继续使用不可能或不适合)时止的使用日期。现代导弹的工作期限为 5~10 年以至更长。在确定工作期限时,要注意导弹的人工老化的预报期限,为 10 年左右。

导弹元件的工作期限,利用统计理论方法结合导弹元件样品和模型的试验结果来确定。计算方法以对材料中产生的物理化学过程的研究为基础。为了考查工作期限,导弹元件的贮存时间要长。

从导弹的使用观点来看,重要的寿命指标是在某一置信度(γ)下的工作期限。例如 $\gamma = 90\%$,那么,平均 90% 导弹在相应的工作期限内保持工作能力。

在导弹元件的工作状态下,确定技术寿命和 $\gamma\%$ 寿命。

技术寿命为产品达到极限状态前的已工作时限。对于导弹元件来说,技术寿命应保障导弹在最大允许时限内贮存时实施全部预先检验和预防措施,导弹发射前的准备和飞行。实际上导弹元件的寿命按平均寿命评价。

$\gamma\%$ 寿命与 $\gamma\%$ 工作期限相似为导弹元件没有达到 $\gamma\%$ 概率的极限状态时的已工作期限。

整个导弹系统的效能在多数情况下决定于其寿命,导弹元件的寿命不仅影响战斗准备程度,而且影响武器装备制造费用。根据美国专家的计算,一枚"民兵"导弹工作期限仅仅延长一年,就可节省 24 亿美元。

导弹的贮存性首先由各种状态下贮存和运输后导弹的使用性能来评价。贮存和运输时导弹的负荷,在地面没有引起故障,但可能成为飞行中导弹故障的原因。因此,在评价导弹的可贮存性时,主要的是研究贮存和运输条件对发射时和飞行中导弹元件工作能力的影响。

第9章 导弹贮存与延寿

贮存状态中导弹的贮存性由导弹在库房、井内或野外条件下贮存时间来评价。但是，可靠度的下降仍在规定范围内，而运输时的贮存性则由一定条件下的运输时间来评价，但是，运输后可靠度的下降不超过允许范围。

导弹的贮存性和寿命既取决于元件的内部性能，也取决于外部因素对元件的影响。例如，构件中微小裂纹的存在，就与材料的内部结构有关，但是，这种裂纹的发展速度则取决于对结构加荷的条件，而首先取决于有无振动负荷及其性质（振幅、频率、加荷周期数）。

材料老化也是一个内部特性，由元件内产生的物理化学过程来决定。但是，这些过程产生的性质则取决于外部因素，首先取决于介质的温度和湿度。

外部影响按其产生的特点和影响方式可分为两类：

1）影响取决于自然条件（气温、湿度、大气状态、辐射程度）、机械负荷、生物因素以及电磁场的影响。

2）影响与人员和技术装备的协调有关。为了保障高度的战斗准备和成功的使用导弹，要评价维护使用中要完成的各种工作对导弹性能的影响。影响的特点一方面取决于工作的延续时间和复杂程度，结构适应要完成的相应工作的程度，而另一方面取决于人员的训练程度和心理生理特点。

外部因素的影响程度决定于一定类型导弹的维护使用状态（贮存条件、运输条件、技术维护种类）。如战术导弹元件的热流强度取决于导弹在野外条件下在运输筒内和没有运输筒时的贮存允许时间，风负荷取决于在垂直位置上的停留时间；而机械负荷程度取决于各种运输工具的允许延续时间和速度。许多因素的影响决定于与设备启封、接通有关的检查周期和范围。

表示环境和操作人员影响的因素以及维护使用制度，都会严重地影响导弹的可靠性

研究外部因素对导弹性能的影响，可以正确地确定可行的维护使用制度。在各种条件下的贮存时限，利用各种运输工具运输的容许距离和速度等。按外国专家的意见，最重要的是正确地确定导弹的维护使用制度。

采用运弹筒可以造成导弹贮存和运输的有利条件。

对于地下井内处于战斗准备状态的远程弹道导弹，力求保障标准的贮存状态。如在民兵导弹地下井内要保持恒温20℃左右。导弹运输到地下井所利用的运弹筒内也要保持这样的温度。按美国专家的意见，这样的条件可以保障导弹很高的贮存性和寿命。

附　录

附录 1　常见的寿命分布及其模型

一、指数分布

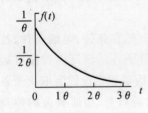 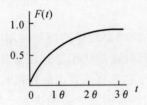 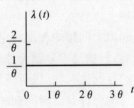

$$f(t)=\lambda e^{-\lambda t}=\frac{1}{\theta}e^{-\frac{t}{\theta}} \qquad F(t)=1-e^{-\lambda t}=1-e^{-\frac{1}{\theta}} \qquad \lambda(t)=\lambda=\frac{1}{\theta}$$

二、伽马分布

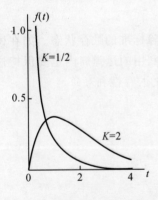 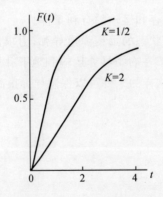 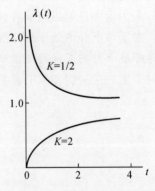

$$f(t)=\frac{\lambda^k}{\Gamma(k)}t^{k-1}e^{-\lambda t} \qquad F(t)=1-\sum_{i=0}^{k-1}\frac{(\lambda t)^i}{i!}e^{-\lambda t} \qquad \lambda(t)=\frac{f(t)}{1-F(t)}$$

三、正态分布

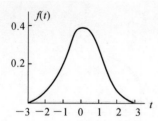 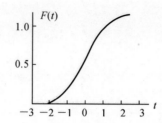 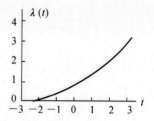

$$f(t)=\frac{1}{a\sqrt{2\pi}}e^{-\frac{1}{2}(\frac{t-\mu}{\sigma})^2} \qquad F(t)=1-\Phi\left(\frac{t-\mu}{\sigma}\right) \qquad \lambda(t)=\frac{f(t)}{1-F(t)}$$

四、对数正态分布

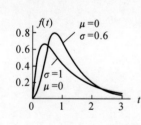 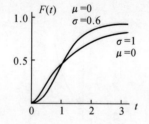 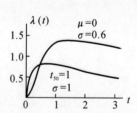

$$f(t)=\frac{\lg e}{at\sqrt{2\pi}}e^{-\frac{1}{2}(\frac{\lg t-\mu}{\sigma})^2} \qquad F(t)=1-\Phi\left(\frac{\lg t-\mu}{\sigma}\right) \qquad \lambda(t)=\frac{f(t)}{1-F(t)}$$

五、威布尔分布

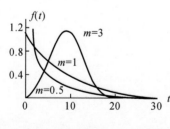 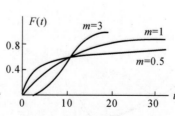 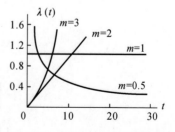

$$f(t)=\frac{m}{\eta}\left(\frac{t-\gamma}{\eta}\right)^{m-1}e^{-(\frac{t-\gamma}{\eta})^m} \qquad F(t)=1-e^{-(\frac{t-\gamma}{\eta})^m} \qquad \lambda(t)=\frac{m}{\eta}\left(\frac{t-\gamma}{\eta}\right)^{m-1}$$

六、极值分布

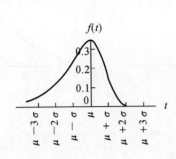 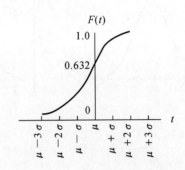

$$f(t) = \frac{1}{\sigma}\exp\frac{t-\mu}{\sigma} \cdot \exp\left(-\exp\frac{t-\mu}{\sigma}\right) \quad F(t) = 1 - \exp\left(-\exp\frac{t-\mu}{\sigma}\right)$$

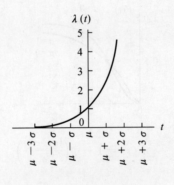

$$\lambda(t) = \frac{1}{\sigma}\exp\frac{t-\mu}{\sigma}$$

七、超指数分布

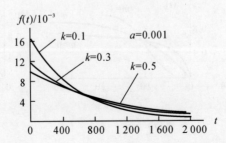

$$f(t) = 2k^2 a\exp(-2kat) + 2a(1-k)^2\exp[-2at(1-k)]$$

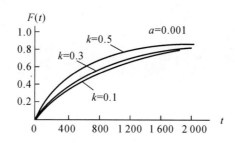

$$F(t)=1-k\exp(-2kat)-(1-k)\exp[-2at(1-k)]$$

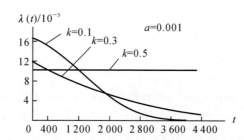

$$\lambda(t)=\frac{2a\{k^2+(1-k)^2\exp[-2at(1-k)]\}}{k+(1-k)\exp[-2at(1-2k)]}$$

附录2 可靠性、维修性和保障性术语

预防性维修(Preventive Maintenance)

修复性维修(Corrective Maintenance)

应急性维修(Emergency Maintenance)

精确维修(Precision Maintenance)

改进性维修(Modification or Improvement Maintenance)

基本可靠性(Basic Reliability)

任务可靠性(Mission Reliability)

后勤可靠性(Logistics Reliability)

发射可靠性(Launching Reliability)

飞行可靠性(Flying Reliability)

贮存可靠性(Storage Reliability)

安全可靠度(Safety Reliability)

固有能力(Capability)

风险评价(Risk Assessment)

失效率(Failure Rate)

故障率(Fault Rate)

目标值(Objective/Goal)

门限值(Thresholds)
规定值(Specified Value)
最低可接受值(Minimum Acceptable Value)
使用寿命(Useful Life)
总寿命(Total Life)
平均寿命(Mean Life)
可靠寿命(Life Profile)
寿命剖面(Life Profile)
任务剖面(Mission Profile)
平均拆卸间隔时间(Mean Time Between Removals,MTBR)
平均故障间隔时间(Mean Time Between Fault,MTBF)
平均修复时间(Mean Time To Repair,MTTR)
平均失效前时间(Mean Time To Failure,MTTF)
平均维修间隔时间(Mean Time Between Maintenance,MTBM)
平均维修活动间隔时间(Mean Time Between Maintenance Actions,MTBMA)
恢复功能的任务时间(Mission Time To Restore Function,MTTRF)
平均需求间隔时间(Mean Time Between Demands,MTBD)
致命性故障间的任务时间(Mission Time Between Critical Fault,MTBCF)
平均维护时间(Mean Time To Service,MTTS)
最大修复时间(Maximum Time To Repai)
维修停机时间率(Mean Downtime Ratio,MDT)
翻修间隔期限(Time Between Overhaul,TBO)
成功率(Success Probability)
任务成功率(Mission Completion Success Probability,MCSP)
故障模式、影响及危害性分析(Fault Model Effect and Criticality analysis,FMECA)
故障模式及影响分析(Fault Model Effect Analysis,FMEA)
约定层次(Indenture Level)
初始约定层次(Initial Indenture Level)
故障树分析(Fault Tree Analysis,FTA)
被测单元(Unit Under Test,UUT)
机内测试(Buite-In Test,BIT)
自动测试(Automatic Test)
功能测试(Functional Test)
无损测试(Nondestructive Test)
故障检测(Fault Detection,FD)
故障识别(Fault Recognition)
故障定位(Fault Localization)
故障隔离(Fault Isolation,FI)

综合诊断(Integrated Diagnostics,ID)
固有测试性(Inherent Testability)
接口装置(Interface Device,ID)
自动测试设备(Automatic Test Equipment,ATE)
专项测试设备(Special Test Equipment,STE)
计算机辅助测试(Computer Aided Test,CAT)
故障检测率(Fault Detection Rate,FDR)
故障隔离率(Fault Isolation Rate,FIR)
虚警率(False Alarm Rate,FAR)
以可靠性为中心的维修(Reliability Centered Maintenance,RCM)
修理级别分析(Level of Repair Analysis,LORA)
战场损伤评估与修复(Battlefield Damage Assessment and Repair,BDAR)
基层级维修(Organization Maintenance)
中继级维修(Intermediate Maintenance)
基地级维修(Depot Maintenance)
车间可更换单元(Shop Replaceable Unit,SRU)
外场可更换单元(Line Replaceable Unit,LRU)
工程研制样机(Engineering Development Model)
寿命周期费用(Life Cycle Cost,LCC)
系统效能(System Effectiveness)
作战效能(Operational Effectiveness)
费用效能(Cost Effectiveness)
作战适应性(Operational Suitability)
持续作战能力(Sustainability Operational Capability)
战备完好性(Operational Readiness)
固有可用度(Inherent Availability)
可达可用度(Achieved Availability)
使用可用度(Operational Availability)
作战能力(Operational Capability)
出动架次率(Sortie Generation Rate,SGR)
能执行任务率(Mission Capable Rate,MCR)
质量控制(Quality Management)
全面质量管理(Total Quality Management)
项目采办费用(Program Acquisition Cost)
环境应力筛选(Environmental Stress Screening)
基于状态的维修(Condition Based Maintenance,CBM)
精确维修(Precision Maintenance)
便携式维修辅助装置(Portable Maintenance Aids,PMA)

交互式电子技术手册(Interactive Electronic Technical Manual,IETM)
虚拟仿真(Virtual Reality,VR)
寿命周期评估(Life Cycle Assessment,LCA)
维修工作分析(Maintenance Task Analysis,MTA)

附录3 环境因素对导弹可靠性的影响

附表3-1 环境因素对导弹可靠性的影响

环境因素		主要影响	典型的故障模式	提高可靠性的途径
高温		元件电气参数发生变化	电气性能变化	采用散热装置
		设备过热	元件损坏、低熔点焊锡缝开裂、焊点开裂	采取绝热措施
		材料老化	绝缘失效、橡胶塑料出现裂纹	设计冷却、空调系统
		促使氧化或发生化学反应	接点接触电阻增大、金属材料表面电阻增大	选用耐热材料
		物体膨胀	结构故障、机械应力增加、活动部件卡死或磨损增加	必要时采用遮阳罩
		黏度下降和蒸发	丧失润滑特性	定期维护、更换润滑脂
低温		脆化	丧失机械强度、出现破裂、电缆损坏、橡胶及塑料变脆、绝缘失效	采用加热装置
		元器件参数发生变化	石英晶体不振荡、电池容量降低	采用绝热措施
		物理收缩	结构故障,活动部件磨损增加,衬垫、密封垫弹性消失引起泄露	选用耐冷材料
		结冰	电气、机械性能变化	采用保温措施
		黏度增大;凝固	丧失润滑特性	定期维护、更换润滑脂
温度冲击		机械应力	机构毁坏或强度降低、密封破坏、电器元件封装损坏、焊接开裂	综合利用高温和低温技术
湿度	高湿	吸收潮气	材料膨胀、外形破裂、物理性能下降、电气强度下降、绝缘电阻值降低、丧失抗电能力	选用耐潮材料、采取密封措施、安置去湿器或去湿片剂、加保护罩等
		化学反应;锈蚀	影响功能、机械强度下降	
		电解	电气性能下降、增加绝缘体的导电性	
	低湿	干燥引起脆裂	机械强度下降、结构破坏	
		表面呈颗粒状	电气性能变化	

续表

环境因素	主要影响	典型的故障模式	提高可靠性的途径
低气压（高空）	气体膨胀	容器爆炸或破裂	提高电容器的机械强度，改进绝缘和传热
	密封失效	电气性能变化、机械强度下降	
	空气绝缘强度下降	绝缘击穿、跳弧，出现电弧、电晕放电现象，可能形成臭氧，更容易漏气	
沙尘	磨损	划伤和磨损精加工的表面、增大磨损、轴承损坏	采用密封措施、过滤空气等
	堵塞	堵塞过滤器、机械卡死、影响功能、电气性能变化	
	吸附水分	降低材料的绝缘性能，可能构成电晕电路	
	静载荷增大	产生电噪声	
盐雾	化学反应:锈蚀和腐蚀	增大磨损、机械结构强度下降、电气性能变化、绝缘材料腐蚀、导电性增加、表面破坏	采用密封措施，在接触处少用不同的金属，表面喷涂"三防"漆，加设保护套等
	电解	产生电化学腐蚀	
霉菌	霉菌吞噬和繁殖	有机材料强度降低、损坏，活动部分阻塞	选用防霉材料，表面喷涂"三防"漆，采取密封措施，条件允许时，可采用空调，控制温度
	吸附水分	导致其他形式的腐蚀，如电化学腐蚀	
	分泌腐蚀液体	光学透镜表面薄膜侵蚀、金属腐蚀和氧化	
风	风力的作用	结构毁坏、妨碍功能、机械强度下降	
	材料沉积	机械影响和堵塞、磨损加快	通过结构设计技术满足规定要求
	耗热(低速风)	加速低温影响	采取密封、过滤空气等措施
	加热(高速风)	加速高温影响	

续表

环境因素	主要影响	典型的故障模式	提高可靠性的途径
雨水	物理应力	结构破坏	采取密封措施
	吸水和浸渍	增加重量、增加散热、结构强度降低、绝缘阻值下降、电气故障或性能变化	假设防护套、防护罩，喷涂"三防"漆
	锈蚀	破坏防护镀层、结构强度降低、表面特性下降	
	腐蚀	加速电化学反应	
振动	机械应力	丧失机械强度，加剧磨损，元器件引线、管脚、导线等断裂，电子元器件瞬间开路或断路，陀螺漂移增大，加速度表精度降低，电气功能下降	采取加固措施，控制共振，减少自由运动，采用合适的安装和结构技术，选用适用的材料
	疲劳	结构破坏	
加速度	机械应力	结构变形或破坏	采取加固措施
冲击	机械应力	结构故障、机械功能受损、机件断裂、电子设备瞬间短路	采取加固部件，防冲击措施，减小惯性和力矩
电磁辐射	电子、电气干扰	输出假信号或错误信号、电气故障	采取屏蔽、滤波措施，选用适用的元器件类型，选用合适的接地方法
臭氧	化学反应；破裂、裂纹	电气和机械性能下降	提高结构件的机械强度，改进绝缘材料和方法
	脆化	机械强度下降	
	粒化	影响功能	
	空气绝缘强度下降	绝缘性能下降，发生电弧现象	

附录4 固体火箭发动机的 FMECA 分析

某固体火箭发动机由装药燃烧室、点火系统、推力终止机构和喷管4个单元组成。该系统以装药燃烧室为主体,分别通过顶盖与点火系统螺纹密封相连,通过螺套与推力终止装置螺纹相连,通过螺栓与喷管法兰密封相连,以达到接口结构的强度和密封要求。

固体火箭发动机的主要故障模式有壳体爆破,药柱出现裂纹或存在空穴,喷管烧蚀、烧穿,喉衬破裂,绝热层或衬层脱黏、烧穿,密封结构漏气或蹿火,连接杆断裂,点火系统不发火或误发火,反喷管未打开或不同步,摆动喷管卡死以及整机性能超差、启动失败、点火延迟、压力急升和爆炸等。固体火箭发动机的主要故障机理有高压爆破、低应力脆断、高温失强、温度应力裂纹、黏结故障、老化、烧蚀、侵蚀燃烧、不稳定燃烧和爆燃转爆轰等。据不完全统计,固体火箭发动机不同组件的故障百分比为:点火装置12.3%,壳体14.6%,药柱32.9%,喷管30.5%,其他组件9.7%。按故障不同来源统计的百分比为:设计45.9%,制造工艺及装配37.6%,原材料5.9%,贮存5.9%,试车操作4.7%。由此可见,设计、制造工艺及装配是影响发动机可靠性的主要因素,这些方面要引起高度重视。

由于固体火箭发动机结构和各部分的功能特点,任何一部分的故障将可能导致整台发动机的故障。因此,从系统功能逻辑关系方面来讲,固体火箭发动机实际上是一个串联系统。某固体火箭发动机的系统功能逻辑框图如附图4-1所示。

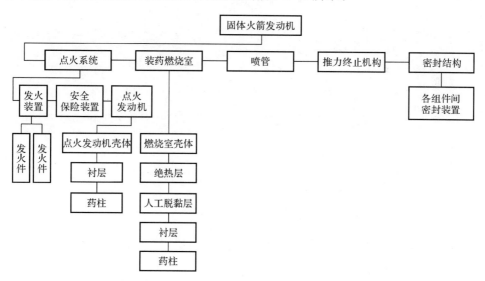

附图4-1 某固体火箭发动机系统功能逻辑框图

按照FMECA的分析过程和方法,对固体火箭发动机组成部分的每一单元进行详细分析,归纳总结出该系统的 FMECA 分析表格(见附表4-1)。表中:"局部影响"是指对项目和功能本身的影响,确定局部影响的目的是作为最终提出预防改进措施的基础,局部影响可能是故障模式本身;"上一级影响"即对固体火箭发动机的影响;"最终影响"即对全系统(如火箭或导弹)的工作、功能或工作状态的影响。

附表 4-1 某固体火箭发动机 FMECA

序号	项目名称	功能	故障模式及原因	任务阶段或工作模式	故障影响 局部影响	故障影响 上一级影响	故障影响 最终影响	故障检测方法	改进与补救措施	危害性级别
1	点火系统	点燃发动机主装药	1. 瞎火 (1)发火件未发火；(2)装药受潮变质；(3)点火通道堵塞	导弹点火阶段	点火系统瞎火	发动机不工作	导弹不能发射	(1)抽检；(2)遥测	(1)控制产品质量与装配质量；(2)改善贮存条件，注意防潮	Ⅳ
			2. 点火发动机爆炸 (1)发火件点火药量过大；(2)点火发动机装药脱黏、裂纹或壳体有缺陷	导弹点火阶段	点火系统爆炸	发动机损坏或爆炸	导弹毁坏	(1)抽检；(2)无损探伤、观察；(3)遥测	(1)科学计算点火药量；(2)控制产品质量和装配质量；(3)改善产品贮存、运输条件，减震并防止冲击	Ⅰ
			3. 误发火 (1)发火件误发火；(2)静电感应；(3)冲击、振动	导弹准备发射	点火系统误发火	发动机误工作	导弹误发射或毁坏	尚无办法	(1)设置安全保险机构；(2)点火系统壳体接地；(3)限制运输、吊装和起竖速度，减震并防止冲击	Ⅰ
2	装药燃烧室	(1)贮存固体推进剂（药柱）；(2)推进剂燃烧的高温高压容器；(3)导弹的一个舱段	1. 壳体爆破 (1)壳体材料机械性能过低，有缺陷或壁厚过薄；(2)焊缝机械性能过低，缺陷或严重错位；(3)燃烧室工作压强过高	导弹飞行主动段	装药燃烧室毁坏或爆炸	发动机毁坏或爆炸	导弹毁坏	(1)壳体探伤；(2)地面试车抽检；(3)遥测	(1)控制壳体材料质量；(2)严格工艺检验，注意焊接工艺，调匀处理质量；(3)水压试验验收；(4)防止药柱裂纹、衬层脱黏和人工脱黏层失效	Ⅰ
			2. 壳体穿火 (1)绝热层设计厚度不够；(2)绝热层材料隔热和耐烧蚀性差；(3)绝热层与壳体严重脱黏	导弹飞行主动段	装药燃烧室毁坏或爆炸	发动机毁坏或爆炸	导弹毁坏	(1)第一界面无损探伤；(2)地面试车抽检	(1)控制绝热材料质量；(2)实测试验后绝热层剩余厚度并优化设计；(3)提高黏结工艺水平	Ⅰ

— 252 —

续表

序号	项目名称	功能	故障模式及原因	任务阶段或工作模式	故障影响 局部影响	故障影响 上一级影响	故障影响 最终影响	故障检测方法	改进与补救措施	危害性级别
2	装药燃烧室	(1)贮存固体推进剂(药柱);(2)推进剂燃烧的高温、高压容器;(3)导弹的一个舱段	3.药柱裂纹 (1)设计不合理或工艺粗糙,造成应力集中;(2)推进剂力学性能和老化性能不满足设计要求;(3)冲击、振动	导弹飞行主动段	(1)产生高压,燃烧室爆炸;(2)压强曲线偏离设计值	(1)发动机爆炸;(2)压强曲线偏离设计值	(1)导弹毁坏;(2)导弹打不到目标	(1)无损探伤;(2)地面试车抽检;(3)遥测	(1)改进药型设计;(2)提高推进剂力学性能和老化性能;(3)改善运输条件,减震并防止冲击;(4)裂纹灌浆处理	Ⅰ
			4.药柱点不着 (1)点火系统瞎火;(2)脱模剂过厚;(3)推进剂受潮变质;(4)喷管堵盖失效	导弹点火阶段	药柱不燃烧	发动机不工作	导弹不能发射	(1)地面试车抽检;(2)遥测	(1)改进工艺尽量减薄脱模剂;(2)改善贮存条件,注意防潮;(3)气密性检验	Ⅳ
			5.药柱误发火 (1)点火系统误发火;(2)静电感应;(3)冲击、振动;(4)跌落、磕碰	导弹准备发射	药柱误发火	发动机误发火	导弹误发射或毁坏	尚无办法	(1)燃烧室壳体接地;(2)改善运输条件,减震并防止冲击;(3)严禁产品跌落、磕碰	Ⅰ

续表

项目序号	名称	功能	故障模式及原因	任务阶段或工作模式	故障影响 局部影响	故障影响 上一级影响	故障影响 最终影响	故障检测方法	改进与补救措施	危害性级别
3	喷管	1.控制燃烧室压强，维持药柱正常燃烧；2.把燃气热能转换成动能，产生推力	1.喉衬破裂飞出 (1)钨渗铜材抗震性能差；(2)钨渗铜坯料有缺陷；(3)喉衬两端配合间隙过小	导弹飞行主动段	喉径扩大	发动机推力减小，工作时间加长，总冲降低	导弹达不到预定目标或毁坏	(1)无损探伤；(2)地面试车抽检；(3)遥测	(1)严格控制生产工艺和质量；(2)无损探伤检验；(3)每批抽出1~2件进行地面试车考核	Ⅱ
			2.喉衬前、后端结合面穿火 (1)配合尺寸超差；(2)装配工艺不符合要求	导弹飞行主动段	喉径扩大	推力减小，工作时间加长，总冲降低	导弹达不到预定目标或毁坏	(1)地面试车抽检；(2)遥测	(1)保证加工尺寸精度；(2)提高装配工艺水平	Ⅱ
			3.扩散段、收敛段严重烧蚀或烧穿 (1)设计不合理；(2)绝热材料耐烧蚀、冲刷性能差；(3)绝热材料有缺陷	导弹飞行主动段	扩散段、收敛段型面碳化或窜火	发动机推力减小或偏斜	导弹达不到预定目标或毁坏	(1)地面试车抽检；(2)遥测	(1)保证加工尺寸精度；(2)提高装配工艺水平；(3)改善设计，提高绝热材料性能	Ⅱ

续表

序号	项目名称	功能	故障模式及原因	任务阶段或工作模式	故障影响 局部影响	故障影响 上一级影响	故障影响 最终影响	故障检测方法	改进与补救措施	危害性级别
4	推力终止机构	终止发动机推力,并提供一定分离力	1. 反喷管都打不开 (1)打开装置失效; (2)燃烧室压强过低	飞行主动段终点,头体分离	反喷管均未工作	发动机推力不能终止	导弹达不到预定目标	(1)地面试车抽检; (2)遥测; (3)单项冷试	(1)控制加工质量和装配质量; (2)提高打开装置可靠性; (3)必须在燃烧室压强大于2.5 MPa时打开反喷管	Ⅱ
			2. 反喷管未都打开 (1)打开装置失效; (2)燃烧室压强过低	飞行主动段终点,头体分离	反喷管未都工作	发动机推力终止或发动机偏转	弹头受到很大干扰或弹体折断	(1)地面试车抽检; (2)遥测; (3)单项冷试	(1)控制加工质量和装配质量; (2)提高打开装置可靠性; (3)必须在燃烧室压强大于2.5 MPa时打开反喷管	Ⅰ
5	密封机构	(1)密封防潮; (2)确保发动机正常工作	1. 喷管堵盖漏气 (1)黏结质量差; (2)堵盖材料老化变质或有缺陷	导弹点火阶段	喷管漏气	发动机点火延迟或点不着	导弹命中率降低或不能发射	(1)气密性检验; (2)肉眼观察	(1)保证材料的质量; (2)提高黏结质量	Ⅳ
			2. 配合密封处漏气窜火 (1)密封圈配合面超差; (2)O形密封圈失效未涂密封腻子	导弹飞行主动段	漏气窜火	发动机工作不正常或毁坏	导弹发射失败或毁坏	(1)气密性检验; (2)地面试车抽检; (3)遥测	(1)控制加工质量和装配质量; (2)确保密封圈的质量; (3)气密性检验	Ⅱ

— 255 —

附录5 某导弹"引信瞎火"故障 FTA 分析

对于某导弹机械引信的作用可靠性故障顶事件选定为"引信瞎火"。引起引信瞎火的因素有4种：

1) 雷管作用失效。
2) 雷管未被引爆。
3) 隔爆机构在解除隔爆前,火工品过早作用。
4) 隔爆机构未能解除隔爆。

由于这4种因素中的每一种都可以引起引信瞎火,因此顶事件下面是一个或门,每一种因素都是一个中间事件,由此逐级分析并化简,直至底事件为止,故障树如附图5-1所示。

附 录

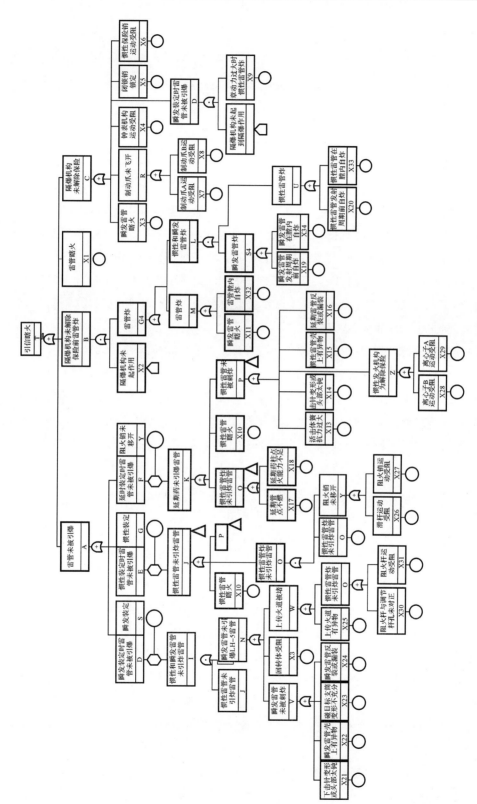

附图 5-1 某导弹机械引信作用失效故障树

参 考 文 献

[1] 甘茂治,康建设,高崎.军用装备维修工程学.北京:国防工业出版社,2014.
[2] 高峰,陈锋莉,刘力,等.机械装备失效分析与预防.西安:西北工业大学出版社,2021.
[3] 胡起伟,王广彦,石金,等.装备战场抢修概论.北京:国防工业出版社,2018.
[4] ELSAYED A E.可靠性工程:第二版.杨舟,译.北京:电子工业出版社,2019.11..
[5] FRANKLIN R N.可靠性评估:概念和模型及案例研究.刘勇,冯付勇,刘树林,等译.北京:国防工业出版社,2018.
[6] 韩晓明,张琳,肖军.防空导弹概论.西安:西北工业大学出版社,2021.
[7] 康锐.可靠性维修性保障性工程基础.北京:国防工业出版社,2014.
[8] 朱敏波,曹艳荣,田锦.电子设备可靠性工程.西安:西安电子科技大学出版社,2016.
[9] 刘力.导弹维修工程.西安:空军工程大学,2022.
[10] 吕川.维修性设计分析与验证.北京:国防工业出版社,2016.
[11] 谭松林,李宝盛,液体火箭发动机可靠性.北京:中国宇航出版社,2014.
[12] 孟涛,张仕念.导弹贮存延寿技术概论.北京:中国宇航出版社,2013.
[13] 梁开武.可靠性工程.北京:国防工业出版社,2015.
[14] 汪民乐,李勇,孙永福.导弹武器系统作战可靠性分析方法.北京:国防工业出版社,2017.
[15] 周正伐.可靠性工程技术问答200例.北京:中国宇航出版社,2013.
[16] 张晓今,张为华,江振宇.导弹系统性能分析.北京:国防工业出版社,2013.
[17] 石君友.测试性设计分析与验证.北京:国防工业出版社,2015.
[18] 朱美娴.防空导弹武器系统可靠性工程设计.北京:中国宇航出版社,2009.
[19] 郭其一,冯江华,刘可安,等.可靠性工程与故障诊断技术.北京:科学出版社,2016.
[20] 宋笔锋,冯蕴雯,刘晓东,等.飞行器可靠性工程.西安:西北工业大学出版社,2006.
[21] 可靠性维修性保障性术语集编写组.可靠性维修性保障性术语集.北京:国防工业出版社,2002.
[22] 林玉琛.防空导弹武器系统维修工程.北京:中国宇航出版社,2009.
[23] 王峥,胡永强.固体火箭发动机.北京:中国宇航出版社,2009.

参 考 文 献

[24] 谢干跃,宁书存,李仲杰.可靠性维修性保障性测试性安全性概论.北京:国防工业出版社,2012.

[25] 刘力,赵英俊,杨建军.空地巡航导弹作战效能的分析研究.战术导弹技术,2005(5):3.

[26] 焦志刚,岳明凯.弹药可靠性工程.北京:国防工业出版社,2013.

[27] 宋保维.系统可靠性设计与分析.西安:西北工业大学出版社,2008.

[28] 陈怀瑾.防空导弹武器系统总体设计和试验.北京:中国宇航出版社,2009.

[29] 陈云翔.可靠性与维修性工程.北京:国防工业出版社,2007.

[30] 于本水.防空导弹总体设计.北京:中国宇航出版社,2009.